下——聞き書き篇

不知火海民衆史 下

色川大吉

揺籃社

1976年（昭和51年）夏
「不知火海総合学術調査団」の船上にて、筆者

水俣川河口のヘドロ状況を
視察する筆者

石牟礼道子さんと筆者

右から、石牟礼道子さんの義弟・西弘さん、社会学者・鶴見和子さん、道子さんの夫・弘さん、薬学者・綿貫礼子さん

道子さんの母・吉田ハルノさんの話を聴く筆者、机の上にテープレコーダーが見える

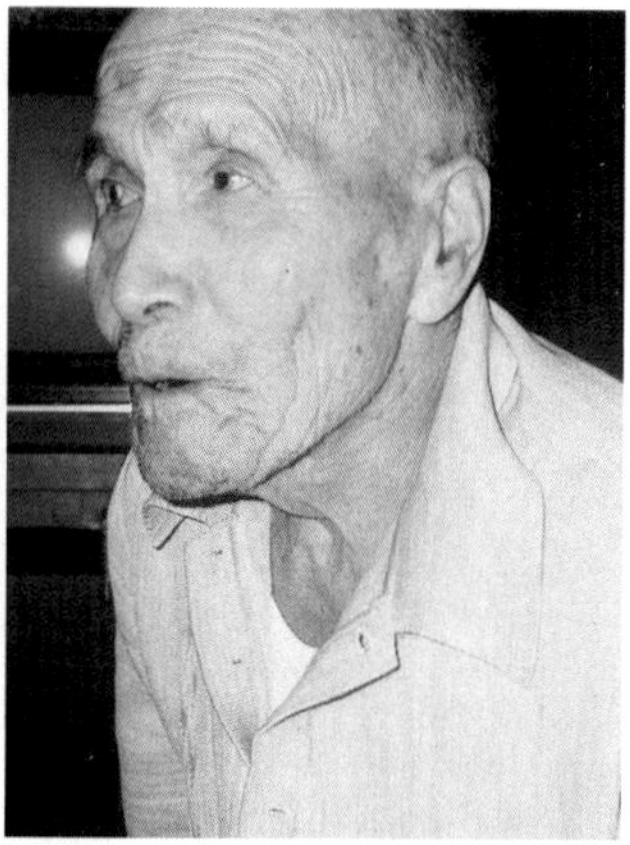

古老・下田善吾さん（元漁師）とその妻

右から、調査団事務局・羽賀しげ子さん、石牟礼道子さん、地元の語り部・前田千百さん、現地スタッフ・角田豊子さん

◎上巻内容

◎凡　例

一、本書、色川大吉著『不知火海民衆史』（上巻・論説篇、下巻・聞き書き篇）は、東京経済大学教授だった時代の著者が、「不知火海総合学術調査団」の団長として、約十年間（一九七六年〜一九八五年）、不知火海沿岸の水俣病関連の調査に不定期で赴き、その成果として様々な媒体に発表した論考をまとめたものである。

一、著者の水俣病関連の論考は数多くあるが、本書掲載の採否は、発表当時に大学などの機関誌に載ったのみで、現在では閲読が困難なものとした。

一、下巻は、羽賀しげ子による『不知火記　海辺の聞き書き』（一九八五年、新曜社）にて発表された聞き書きが主体であるが、残念ながらすでに絶版で入手困難のため、この機会に、東京経済大学の紀要に発表された当時のまま掲載することとした。

一、掲載媒体と発表年月については、各論考の末尾に記した。

一、各論考は、発表当時のままの執筆形態を保持している。すなわち、本書編纂にあたり、数字表記や語調などの統一は図っていない。ただし、発表当時の明らかな誤字や脱字、事実誤認などは修正を施してある。

一、写真や地図などの図版はそのほとんどの原版を探し出せなかったため、印刷物からスキャンせざるを得なかった。一部、粗が目立つ面がある旨、予めご了解を願う。

一、現在の観点からすれば不適切と思われる用語も含まれるが、執筆当時の社会情勢を背景にした論考である点を鑑み、特に修正は加えなかった。ご賢察いただきたい。

不知火海民衆史（下）——聞き書き篇

熊本水俣病裁判原告団代表　渡辺栄蔵翁の記録（1）

『苦海浄土』から――初代互助会会長

この渡辺栄蔵とはどういう人であろうか。水俣病事件の象徴的な人物の一人に違いないのに、一般には忘れ去られようとしている。渡辺栄蔵の名を私が知ったのは、今から二〇年前の一九六八年に書き上げられた石牟礼道子《いしむれみちこ》作『苦海浄土《くかいじょうど》』で「昭和三十四年十一月二日」の章を読んでである。所は水俣市立病院前の広場「不知火海区漁協の大集団は、水俣病患者家庭互助会代表と、国会派遣議員団十六名、その他県議員、水俣市関係者等々を十重二十重《とえはたえ》にとりかこむ形でこれを見守っていた」時である。

「水俣病患者家庭互助会代表、渡辺栄蔵さんは非常に緊張し、面《おも》やつれした表情で、国会議員団の前に進み出ると、まず、その半白の五分刈り頭にねじり巻いていたいかにも漁師風の鉢巻を、恭《うやうや》しくとり外《はず》した。すると、彼の後に立ち並んでいる他の水俣病患者家庭互助会の人びとも彼にみならい、デモ用の鉢巻をとり払い、それから、手に手に押し立てていたさまざまの、あののぼり旗を地面においた。

このことは、瞬間的に、水俣市立病院前広場を埋めつくしていた不知火海漁協の大集団にも感応され、あちこちで鉢巻がとられ、トマの旗が、ばたばたと音を立てておろされたのである。」（『苦海浄土』八二ページ、昭和四四年一月刊、講談社）

渡辺栄蔵がはじめて歴史的舞台に姿を現したときの情況である。『苦海浄土』にはもう一度出てくる。それから九年後の昭和四四年一月一二日、じつはこの間、患者たちは、あの事件以来、完全に封殺され、最も絶望的な苦しみと孤絶の状況の中におかれていたのであるが――その数日前に結成されたばかりの水俣病対策市民会議が、患者互助会の歴代会長を招いた時である。市民会議設立の当事者の一人である石牟礼道子がこう記している。

「信じがたいことだが、水俣市民の組織と水俣病患者互助会とのそれは、初めての顔合わせだった。水俣病の公式発生は昭和二十八年末とされているから、この間の年月は十四年間である。ながい初発の時期がそこにあった。初代患者互助会渡辺栄蔵氏は七十歳、現会長中津美芳《みよし》氏は六十一歳、渡辺氏は昭和三十四年十一月二日、不知火海沿岸漁民の一大暴動を招いた日、初めて水俣を訪れた国会議員団様方に同漁民団よりもさらに孤立した患者互助会の会長として陳情をした人である。当時、氏の頭は半白であったが、まったくの白髪となり、その沈痛な面《おもて》はいちだんと細長くなった。

……水俣病患者およびその家族は、この十四年間、まったく孤立し放置されている。」（『苦海浄土』二六一、二ページ）

患者を地域総ぐるみの迫害阻害情況に追いこんだきっかけの一つ「不知火海漁民暴動」事件については、私、色川が調査し、分析した論文がある（「不知火海漁民暴動」（1）（2）、『東京経済大学会誌』一九八〇年九月、一九八一年一月）。「孤絶の十年」に追いこまれた患者たちに立上りの転機をあたえたのは、今からちょうど二〇年前の、その昭和四三年（一九六八）九月のことである。

それは天草出身の厚生大臣岡田直《すなお》の水俣入りからはじまる。岡田が重症患者のいる市立病院を見舞い、入院患者の婦人から「てん、のう、へい、か、ばんざい」の絶叫で迎えられたのは有名な話だが、その折、岡田は互助会の人びとから悲痛な陳情を受けた。そして帰京後の九月二六日、厚生省で初めて、「熊本水俣病は新日窒水俣工場のアセトアルデヒド酢酸設備内で生成されたメチル水銀化合物による公害病である」との政府正式見解を発表した。それをきっかけとして、患者たちは満身の怒りを爆発させ、闘いに立上ったのである。

互助会はチッソ工場で直接交渉に入ったが埒《らち》があかない。チッソ側は患者の分裂を策動する一方、調停を第三者機関に委ねて、追及の鉾先をかわそうとした。患者互助会はそのために内部対立をまねき、直接交渉を諦めて第三者機関に調停を一任しようという患者グループ（一任派）と、裁判に訴えてもあくまでもチッソ会社と正面から争おうというグループ（訴訟派）とに最終的に分裂した。

昭和四四年四月五日、水俣病患者家庭互助会の総会は激論のすえ、ついに流会となり、事実上互助会は分裂、四月一三日、自主交渉派は提訴を決定した。この時、訴訟派の原告団代表として推挙されたのが、渡辺栄蔵であり、一任派互助会の会長として残ったのが、中津美芳《みよし》であった。それから、昭和四八年三月二〇日、熊本水俣病裁判の判決にいたる、長いきびしい闘いが始まったのである。

その先頭に七〇歳を越えた渡辺栄蔵老が立った。その歴史的な第一声、「今日、ただ今より、国家権力とたたかうことに決しました」は有名な挨拶である。この裁判闘争を支援するために「水俣病を告発する会」が本田啓吉、渡辺京二、半田隆、松浦豊敏氏らによって熊本で結成された（四月二〇日）。この間の事情が、当事者である渡辺京二や栄蔵によって、その時々に記録されている。栄蔵記録のものはたいへん読みにくい、あて字やカナ表記の多い書き下しの原文であるが、以下にそれを復元して紹介するものは、栄蔵資料の中心的な部分といってさしつかえない。

渡辺栄蔵の原資料

資料紹介に入る前に、私の目に触れた限りでの渡辺栄蔵関係資料の全体について概略を述べておきたい。その大部分は、熊本大学文学部の丸山正巳《まさみ》教授の研究室に保管されている。丸山教授は水俣病研究会の中心人物の一人で、水俣病史料集成刊行のために集積した厖大な関係資料を自分の研究室に整理、保管されていた。私もそこに通って閲覧することを許されていた。そこは水俣病事件史研究のための宝の山であるが、その山の中に渡辺栄蔵の原ノートやメモの断片類が入っていたのである。

① まず、「原告・被害調査録」（昭和46、47年水俣病市民会議基本調査記録）の№32に「渡辺栄蔵・渡辺シズエ」の家庭調べがあった。その家族は、良子、菊子（共に石田姓）、三郎、信太郎、大吉、長男は渡辺保、嫁マツ。その子松代、栄一（栄蔵の孫に当る）、この三代家族の内、四人が水俣病と認定された。

② 「記録・渡辺栄蔵―昭和48年1月15日から初むる」と表紙に記入してある一冊の大学ノート。本稿に紹介したもの。内容は昭和32年から45年までの記録で、水俣病事件史の内幕を記した貴重な資料となっている。「昭和48年渡辺栄蔵ノート」としてカード化されているが、内容はご覧のように違う。

③ 「渡辺栄蔵氏メモ・昭和40年～45年」とされているもので、内容は運動上の手紙、恋文、政治批判の断簡、演説用メモ、挨拶下書きなどで、この頃の考えがよく現れている。

④ 「渡辺栄蔵手記」終戦の時の思い出、昭和45年10月15日の第一回口頭弁論における原告代表の意見陳述の草稿類、昭和49年3月20日の熊本水俣病裁判判決に際しての挨拶等を含む、丸山研究室にあるのは原物でなくコピイであった。原物は色川大吉のもとにあった。以下、全。

⑤ファイル「渡辺栄蔵氏ノート」。原物で「赤崎資料」という紙袋の中に入っていた。昭和44年頃のメモが中心で、小さなノートに記されたもの、メーデーでの挨拶の下書き、44年7月8日の野口孝作宛、長文の返事、それに45年5月14・15日の東京で記したメモ、便箋五～六枚のもの等である。

⑥尚、渡辺栄蔵自宅（水俣市湯堂）で見せられた自筆で「非売品」の但し書のある「手記」は、裁判闘争中、彼が婦人患者に激しいラブをし、数年間の熱い情交の後、最後に決別に終る内面的な告白の文章で、人間渡辺栄蔵の面目躍如たるものがある。これを渡辺老は自伝の中に入れるつもりであったようだ。老が八四歳の時、昭和五七年四月八日、私は土本典昭監督と渡辺宅を訪問し、その「非売品」を自筆春画と一緒に見せられ、目をみはったものである。なぜなら、そこにはハード・ポルノ作家も顔負けのリアリティを持った性描写が平仮名文字で生々しく記されていたからである。この時、私、色川が栄蔵老に、あなたが自伝を書けなかったら、私が『渡辺栄蔵一代記』を書きますよと言ったら、彼は大いに喜び、そうなったら賞金はあんたにあげると言った。そして、自分の若い頃からの行商の旅の経験や漂泊の想い出を語ってくれた。その時の録音テープは、まだ私の手元にそのまま残っている。（今は私の所蔵していた資料類は水俣病センター相思社《そうししゃ》に送ってある）

バルザック老人

私が渡辺栄蔵老人と最後に逢ったのは、昭和六〇年（一九八五）八月二一日、暑い日のことであった。それまで私は一〇年間、毎春、夏の休暇を利用して水俣に通い続け、そのたびに湯堂の御宅に電話をしたのだが、栄蔵老に逢えることはめったになかった。たいがい留守で、突っ込んで聞くと、「彼女の所に行ったのでしょう」との笑い声が返ってくるばかりだった。一度は私は、その隠れ家を遠い宇土《うと》の町まで出かけていって、さがし歩いたこともある。

八月二一日、水曜日であった。私たち調査団の定宿《じょうやど》の大和屋《やまとや》から渡辺宅に電話したら、「今、家に居ります」という。「これからすぐ訪ねたい」というと、長男の保《たもつ》さんの奥さんが「どうぞ」という。「しめた！ようやくつかまえた」と喜んだ。私は調査団仲間の長谷川宏さんとカメラマンの宮本茂美さんと同行する。次の文章は、その日の私の日記の一部である。

栄蔵さんはいちだんと痩せ、骨と皮になっていた。腕などは〝アスターナのミイラ〟のようだ。それなのに、挨拶もそこそこ、すぐに女の話だ。明日はまた宇土《うと》に行くという。おなごをもじょがる（可愛がる）ことを止めたら、人間は寿命をなくすという。つまりセックスへの渇望は人間生命力のしるしだというのである。栄蔵さんは明治三一年（一八九八年）三月三日生れの満八七歳。耳はよく聞え、頭は衰えず、目もたしか、発声はまるで壮年者と変りがない。宇土に愛人を持って、そこに通うことが生甲斐となっている。しかも、口をひらけば、なぜ自分にノーベル賞をくれなかったのかと慨嘆する。まさに文豪バルザックの描くフランスの老人像にひけをとらない凄まじさである。そのバルザック的な生命力に、私は圧倒された。

息子の保さんも、はや六〇代の半ば、孫の栄一君が胎児性患者ながら立派に成人している。保さんの髪も白くなった。ところが、こちらバルザック老人は五年前と少しも変りがない。欲情が枯れるどころか、まだ百歳まで生きたいという。「死んだら魂はどうなりますか」と聞いたら、「何もこの地上には残らない」という。栄蔵さんはまるで抹香臭くない。西方浄土など信用していない。死んだら永劫のかなたに飛び去って、きれいさっぱり消えるのだというのだから、この明治人まことに合理的なのである。

「もし、死人の魂がいつまでも残っていたら、人間は悪い風に吹かれてたいへんじゃないか」という。この思想は海上他界とも無縁である。墓中他界も信じていないようだ。こういう水俣病患者と話していると、われわれ調査団の一員、宗教学者の宗像巌《むなかたいわお》さんの仮説もあやしく思えてくる。（『水俣の啓示』上巻参照）

栄蔵さんの話はきれぎれのものだが、録音することには成功した。小学校をビリから七番目に出ただけの無学な自分が、あれだけの闘いを指揮できたのだから、よくしたものだと自分で満足している。誇りに思っている。だから、誰も表彰してくれないと知ると、自分で自分の業績を顕彰する御堂を庭の真中につくった。そこには水俣曼陀羅を背にした渡辺栄蔵自身の胸像が安置してある。その胸像を彼は残念がる。「あんなのじゃなく、俺が立っていて、手を挙げている銅像にしてもらいたかったよ」と。「俺は世界の人間のために闘ったのだから、ノーベル賞もらって当然だった」と。

私が、「栄蔵さん、私はあなたの一代記を書きますよ、おなごの話まで含めてね」というと、「一代記書いてくれるんなら、ノーベル賞になるようなものを書いてくれ。そしたら賞金はあなたにあげる。わしは賞状だけでよいよ」と繰り返し言って、笑った。一同大笑いとなる。この少し前、角田豊子、羽賀しげ子の御両人も合流したので、座があかるく、賑やかになる。保さんがいうには、「こんな風に冗談をいって笑ってられる時が、いちばんよかよ」と。栄蔵さんの、この時の嬉しそうな、目を細めて笑う顔が忘れられない。

その翌年、渡辺栄蔵は、米寿を祝った直後、その若々しい一生を終えた。

（この研究は東京経済大学の研究助成費に負ったものである。）

渡辺でございます 皆さん方のあたたかい長い間だの御支援
で水俣病裁判斗争は不自由なく今日に至りました
思えば チッソ企業には 人間味のないケンカ 人間を動物
あつかいにする 金力 および 産業界《カイ》と 言ふ あと押し
此のあついかべを。押.のけ押のけ今日迄で斗いつづけ
いよいよ 今月二十日に 判決となりました 此の判決こそ
哭公害裁判の しめくくりです 完全勝利でなくて
はなりません ユーキ水銀中毒水俣病は薬りも有りません
全快の見通しも有りません 日に益し 病気が重《オモ》く
なります これが 実タイデス 又若い患者 タイジ性水俣病
患者は これからさき 五十年の 長い間だ 苦るしみ つづ
けねば なりません

渡辺栄蔵自筆草稿／昭和48年3月20日熊本水俣病裁判判決に際しての原告団代表の挨拶の草稿

（資料紹介）

記録（昭和32年―45年）　渡辺栄蔵

水俣病患者家庭互助会

昭和三二年八月十五日互助会設立す。約一週間前から四、五名の人、松田、岩坂、松本、田中、私しが、どうしても個人でわ何にも出来ない、一ツの団体をつくり会社と交渉せねば現在の患者達ちをすくう道はないと言ふ事で、各患者家庭をほーもん（訪問）してまわり、全部の人達ちのいけんがまとまり、八月十五日集合をする。此の会の中に渕上《ふちがみ》市会議長が来ヒン（来賓）として来て居た。話は色々と各人から発言が有った。何にが何んでも会社と交渉する事が最大な義（議）決だった。

そして百間《ひゃくけん》の尾上光雄の兄が、会長には一番年の多い渡辺さんに御願いすると言ふ事で全員一致できまる。副会長に田中義光、会計に坂本武義と三役がきまる。そして早速《さっそく》会社交渉する事にきまる。此時渕上《ふちがみ》（末記）さんが、私しが会の名前をあとでかんがえましょうとの事で、あとできまる。きやく（規約）と言う物も渕上さんがつくる。あまりふくざつな物でわないが、今私しは其のキ約がどんな物かはっ切りは知らないが、多分三役、毎年八月十五日に総会、役員のカイセン（改選）、きん急の場合会員をしょー（う）集する、会費は二十円とするぐらいだったと思。此のキ約書は現在会長がもって居るとすいていする。

そして我々は会社交渉の第一歩をふみ出した。月日ははっ切りおぼえて居ないが、日時をおいて数会（回）に渡り会社と交渉をかさねた。会社がわは大てい川村外二名だった。話し合は初めも終りも返事は同じだった。（それは）原因さえわかればあなた方の言われる通り致しますと言ふ。我々はあく迄会社が流すドベ（ヘドロ）が原因だとし（ゆ）ち（よ）う（主張）するが、原因さえわかればあなた方の言われる通りにすると言ふので、どうにも話しにならない。交渉に行けば早速御茶、夏はサイダーとサービスは万点。又湯《ゆ》の児《こ》、湯の鶴と案内されるやり口はひれつで上上だ。だが私しはそんな事で相手にのまれはせぬ。

不知火海区漁民そーどー（騒動）起る

三四年十一月不知火海区漁民は魚なが売れなくなり、生活がおびやかされるきょーふ（恐怖）となる。熊本市内鮮魚店でわ日《ひ》奈《な》久《ぐ》い（以）南のさかなわ有りませんと戸板一枚大のカンバンを店さきに立てかけて居る事実が有り、漁民はいかり（怒り）、第一回交渉にも

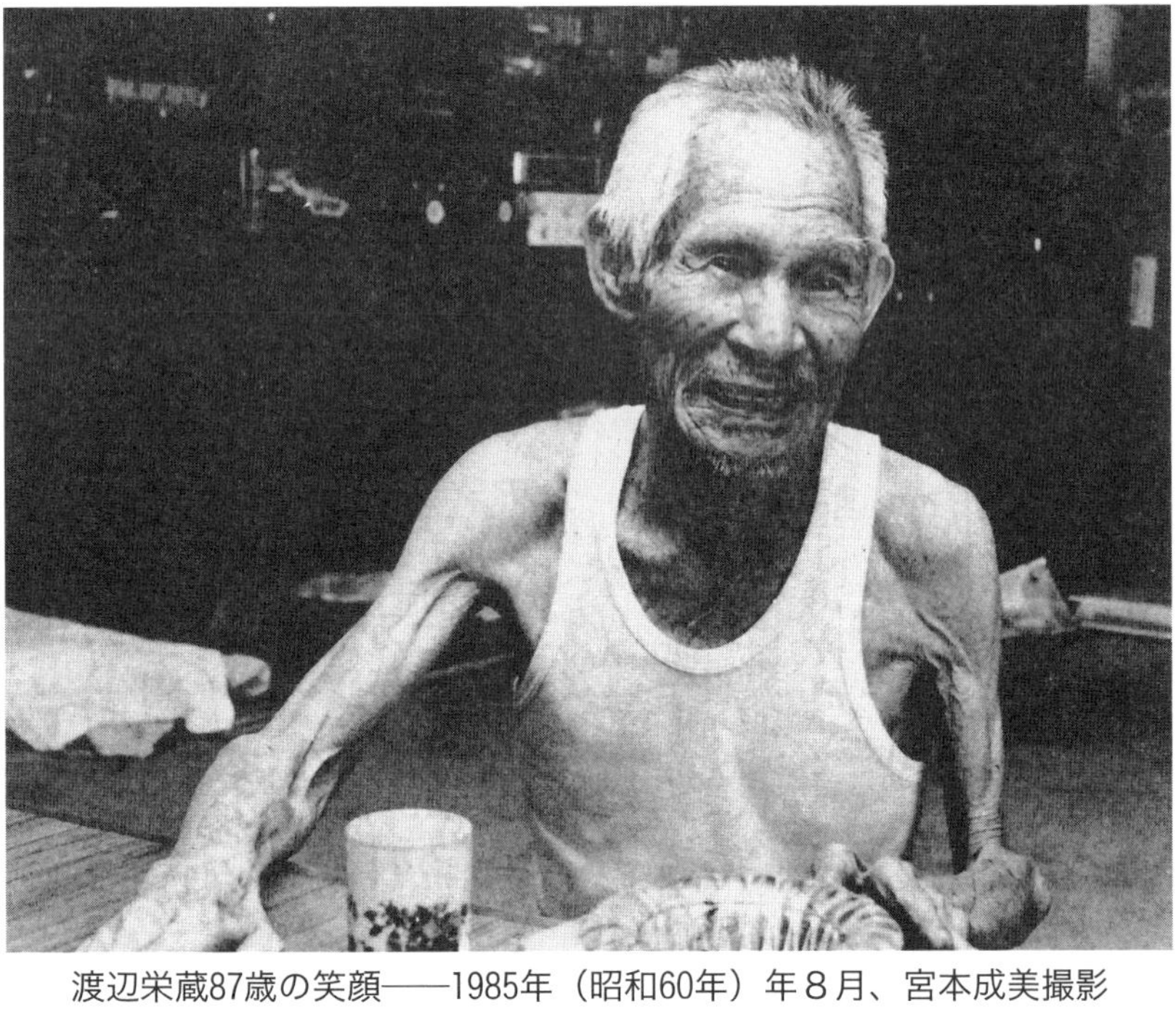

渡辺栄蔵87歳の笑顔——1985年（昭和60年）年８月、宮本成美撮影

チッソは誠意を見せない（はい（排）水をとめろの交義（抗議）。漁民はいよいよばくはつ（爆発）。二回目は正門から打入り、社内事務所全部打ちこわし、ケイ官出働。引ぱられた漁民多すー出る。此の時も水俣漁民は何にもせず高見の見物だった。苦るしめられて居る水俣漁民で有りながら、何にもしなかった事はおかしな気がした。

ここでいよいよふんそーチョ（ウ）テイ（紛争調停）に熊本県知事が立ちまして、そこで私達ち互助会としては今だ、今ここで此の海区チョ（ウ）テイの中に加へてもらわなくてわ、いつかいけつ（解決）するかわからないと申し合せ、坐り込を決行した。此時ケイサツに行（き）署長に合いデモを申入れたら、署長はなる可くしずかにして下さいとたのまれた。いよいよ十一月三十日だと思ふ。正門前に坐込初じまる。其時丁度労働組合の天ト（テント）が立って居たので、其ままかり受ける様組合にそーだんがきまる。此の時の組合長はたしか丸島の江口さんだったと思ふ。さあ坐込みがいよいよ本番と成りこれからが大変だ。まづ斗争資金かくとくをかいけつせねばならぬ。

カンパ。熊本、八代、日奈久《ひなぐ》、出水《いずみ》、地本（元）水俣と各地でやる。会社には交渉する。カンパ中、出水で市役所吏員が出て来て、出水ではカンパはおことわりしますと言ったそーで、其の時の出働者はみななきべそをかいてかえって来た事も有る。日奈久でも店の女主人公がめいわ（く）だ、かえってくれと言ふ事も有った。水俣でカンパ中は親切な人達ちが大分多かった。又島倉千代子さんが一万円もぽいと出した時はうれしかった。又西田工場長のおくさんが一万円カンパしてくれた事もある。会社との交渉は相かわらず、原因がわかればあなた方のいわれる通りにします一本やり。

地本（元）水俣では市義（議）会に水俣病対策協義（議）会が有り、県、国に打合や、チンジョ（ウ）（陳情）に行く。行く時には我々に対して今度こそみやげをもって来ると言ふが、何にもない。話に聞く所でわ、御みやげと云ふのはまくら草子どん買てくるとの事だ。かれ等だけやって居たのでわ何にをして居るのかわからぬ。会の方からも行かなくては安心も出来ないと言ふ事で、七回目に私しが東京に行く事に成り、特急はやぶさにて出水駅より出発。渕上《ふちがみ》、城山外二名、中村市長、私し、厚生省、大蔵省、通産省、水産省に行く。ヤドは県公ニン（認）の菊地屋。

昭和三四年、政府に陳情

各省に行って見たら思った通り御願いしますだけ。押《おし》の一手はない。話しが進まず出来ないのもあたり前だと思った。大蔵省でわ大臣がるす（留守）、中山次官が出て来た。相かわらず御ねがいだけ。私しは貴君《あなた》（方）たわ鹿児島の方と聞き、また熊本県人鹿児島県人は正月と中元にはかならずかえると聞いて居ります。もし御かえりに成る事があれば、是悲（非）水俣に立より、水俣病の実たいを御らん下さいませ。そーすれば、おそろしさと悲惨さがわかりますので見て下さい。そしたら与（予）算も早目にくまなくてわ成らぬと御思いになると思います。是非御願いしますと言った。通産省でも同じ様（な）事しか言わぬ市義会員、そして菊地屋へ引上る日は厚生、農林水産庁の予定。

夜るおそく渕上義員が渡辺さん一寸と言って我がへやに呼ぶ。行って見たら、渡辺君二ツの願いでわどちらも出来ない様だから、今度は水俣病センヨー（専用）病床だけをつくってもらう様にしてくれと言ふので、二ツ出来なければ仕方ないからそーしましょー、それでわ市が水俣病のためにたしか二百万ばかりつかって居るが、一つにすれば今迄の事に付いて御礼は言いませんよと私しは言った。

よく日、朝食をすませ厚生大臣に合ふ。あの大広間、その広間の一番あとの話し声も聞えぬ所に私をすえた。何を話して居るのかわからない。あたまばかりペコペコさげる有様だ。私しはわからぬから尚いらいらする。とうと（う）まてずに大臣の前に行き、「大臣、今度私が参入《まい》りましたのは水俣病床ばかりでわ有りません。家庭でりょ（う）養して居る患者に対してえん助の手を差しのべられます様是悲（非）御願いに来ました。又患者の皆さんからも患者家庭の皆さんからも是悲実現出来る様にとつーせつ（痛切）なたのみでした。是悲御願い致します。」其時大臣は協力致しますと言ふ。

いよいよ水俣病セン要（用）病床が出来上る。落成式もあったと思ふが、はっ切りおぼえがない。時候は寒い時だったと思ふ。早速病院長副院長ほかすー（数）名、入院キボー者をつのるため私の内（家）で総会を開き、約三七、八名が新病床に入院する。何日かして寺本知事が初めて見舞いに来る。金三万円だったと思ふ。これは病院のケースワーカ（ー）だった徳富が、これは病院の患者に何かするからこちらにくれと言ふので尾上、中津、私で話し合って渡した。行（く）えは私し達ちにわからない。

見舞金契約の調停依頼

国にも行った。県にも何回となく行った。田之浦の田中県義（議）の所にも、市長にもかず多く合った。色々の事もたくさん有った。三四年一二月にいよいよチョーテイあん（調停案）がしめされた。成人十万（円）小共（子供）一万、死忘者三〇万人、ソーサ（イ）（葬祭）料二万と出た。

これを、初めミす屋で市長からしめされた。私しは小共（子供の患者の慰籍料）の一万にびっくり。ここで返事は出来ない、会員と話合してから返事すると言って引上げ、会員にしめした。だれもが安いと不満だった。そこで又知事に交渉す（る）事にきまる。

県に行く。尾上、竹下、私し、まず鋼工科長横田に合ふ。小共一万とは何事だ、回とう（答）せろと言ふ。横田は小共は親がやしなう義務が有るので、一銭もないがかわいそー（う）だから一万円出したのだと言ふ。（「）我々は、親がやしなう義務などもってのほかだ、一生よくならない病人だ、又小共が病気なるがゆえに親の働きも出来ないのだ、又其のために生活は益々苦しくなる、どうするのか（。」）と言へば、横田は知事に話をしてくれといってせ（き）にんのがれに言ふ。

私達ちは其日は帰り、よく日二度《ふたた》び県に行く。此の日は市長同はんで知事に合い、おとな小共、死忘者全ホショーを倍にしてくれと知事に言ふと、知事は横田をよび、ケイヤク（契約）書のせつめいを横田にさせる。其時小共一万の所で知事はそのへんの所はまだよゆー（余裕）が有るではないかと言った。私は知事と交渉中に知事のケンゲン（権限）で、会社が有毒物を流（し）たり、すてたりする時は、知事（は）工場をヘイサ（閉鎖）又はテイシ（停止）する事が出来るでしょうとたづねたが、知事はカほ（顔）を真赤にして其の返事はしなかった。一おー（応）のねがいをして、きと（帰途）に付いた車中で、「熊日（熊本日日新聞）夕刊」を見て、渡辺さ、あなたはえらい事を言いましたねと私しに不満そー（う）に言って来たので、何を言ふか、あたり前の事を言ったのに、えら（い）事は有りますまい、会社をヘイサ（閉鎖）させる可きですよ。よく日、小共三万と内よー（容）がかわった。それでも会員はなっとくしない。

又ある日は県からかえり車中で、中村市長は私しに、（「）あなたは会長ですよ。あなたのケンゲンで皆をせっとく（説得）してくれ（。」）と言った事（も）有る。私しは市長に対して、（「）あなたは何にを言われます。私ですら今の金ガク（額）ではなっとくして居りませんよ。それに会員をなっとくさせ（ろ）はもってのほかです。あなたも患者の幸わせのためもっとよくかんがえて下さ（い。」）と言った事も有る。

坐込《すわりこみ》中は何にもかいけつ（解決）して居ないのに、市のおえら方がもー此の辺で坐込みはと（解）いてわどうかとせっとく（説得）に来る。思えばはらが立つばかりだった。まだまだ色々の難関が思いうか（浮）べないほど有る。

私しは最終の二四、五日頃から病気で坐込に行かなかった。二六、七日頃と思う。坐込から是悲（非）来てくれと電話が有る。私しは頭がいた（痛）くて行く気になれない。次々と四回目には天ト（テント）に行く。あたまわいたい。重要な事と言ふので仕方がない。行って見たら、市からこれが来たと言って私に見せた。内容はこれでの（呑）むかのまないか今五時迄で返事せよとの事、私しはそれを見てカンブ（幹部）達ちに何にかかんがえが付きましたかと、と（問）えば、何にもかんがえは付かぬと言ふので、まず一とまず日をのべなさいと言ったら、あるカンブはそれでわ一時間ばかりの（延）べる事にしよー（う）と言、私は何をばかな事を言ふか、もー（う）五時はすぐだ、あすにのべる様市に通知しなさいと言って市に通知する。私しはあす全カンブできょ（う）ぎ（協議）しようと言って自宅に引上る。此の日の前日だったと思ふ。浜本フミオ（ヨ）がカンブの所に来て、渡辺さんあんたは小共だち三万になったけんよかろうがな、と言って、あのやぶれ口《く》ちで（へちまんはちまん）言った。

よく（翌）日天ト（テント）に八時出きん（勤）した。しばらくすると前日の書るい（類）のとう義（討議）もせぬ内に、一般の坐込天トから半すー（数）の人が出て行（く）。向からの知らせで私しは出て見たら、私達ちはこれでの（呑）むのだ、市役所に行って話しをすると言ふ。私がどんなにまってくれと言ってもさっさと行くので、一人ではどうにもならず引返し天ト（テント）に居る中津、尾上をつれて追いかける。すがた（姿）わ見えぬ。私しは市役所にいそぐ。あとから中津か尾上がここに居るぞとよぶ。渕上末記の内（家）だ。行て見たら皆な上り込んで居、其時市長の声で、それではのむ人だけ会社から金《か》ねを取る様に話ししましょと言って居る所だった。もーこーなればどうにも集々（収拾）が付かない。私しがどんなにせっとくしても受入れない。此のままではいけない、話合しようと思って一《ひ》とまず公会堂前に引上げ、中村シメ宅に行く。もー話しも出来ない。正中（焼酎）が出る。さかなが出る。もーやぶれかぶれだ。私しものんだ。だが半分は天トに居る、これをどーするかといったら、中津が、私しがなみだ流してでもせっとく（説得）すると言ふ事で天トに行き、まづまづの事は出来たので、あすわいよいよチョーテイ（調停）だ。のむ事を市に通知す。ここで不思義な事は、半分の人達ちが天トから出て行た事だった。これはあとでかく。

二九日、県知事代理として森永水産部長、ココー（工業カ）課長横田外に一人か二人来た。市からチョ（ー）テイするといって通知がきたので、中津、尾上、竹下、前田、私し代表が市へ行、会社から工場長外三名来て居た。そしてこれを見てくれとチョ（ー）テイ書の本文が渡された。初めて見る書るい。何枚もくさった書るいだ。一《いち》おー（う）見て見たが、何しろ夕方六時頃だった。もちろん全部見たが、何にもかんがえるよゆう（余裕）がない。それに竹下は小共の三万円が少ないと言って、そればかりにこだわり、どうする事も出来ない。会場からは早く来てくれと矢《や》のさいそく（催促）、どうすることも出来ず会場に行った。

もーこうなれば仕方ないと思っ（て）居たが、竹下は場内でも小共の事にこだわり、チョーイン（調印）しようとせぬ。私しは何にも言わずにいる。何を思ったか竹下は（が）私しに打ちかかろうとするのを尾上、中津が止めた事も有る。私はもーどうでもなれと思って居た。すると知事代理は、私し共は何にもかもこれで手を引きますと言って立ち上り、どあ（ドア）そば（傍）まで出て行く。あとを追って県義（議）長野、深水《ふかみ》助役等が引きもどすあり様だ。私しは、もし知事が手を引いたらあとはだれにたのむか、これでは私しも手の打様《よう》がない。時に、午前一時をまわって居る。はら（腹）をすえた。私しは印カンを出した。次々に中津、尾上、前田も出すが、竹下が出さぬ。尾上等が何にか話しをして居る。終わったら竹下も印カンをポイとなげ出した。いよいよチョーイン（調印）が終る。一同ホットして居た様だった。役所を出てうどん屋により、竹下をまって居たら、自テン（転）車で通ったのでよんだがあとも見ず行ってしまった。そして自宅へ。

よく日、天ト洗いして干《ほし》上げ、労働組合へ返納する。ここで渕上末記が、小共の少ない分はボクが会社から三百万ばかりもらってやるからチョ（ー）セイ（調整）金にせよとは言ふたが、これもだましの手であった事が後でわかった。三十日は市に金受取りに行く。出足もよかった。各銀行から、私しの方にお出で下さいと引ぱりだこ。自動車でつれて行く銀行もあった。受渡しもすみ、百間の田中の内（家）に代表あつまる。二、三の代表が、今日の費用は私し達が出すと言ふ。竹下がまず、チョ（ー）セイ金の話を言い出す。すくない物（者）からたれ（誰）はいくらたれはいくらと言ふ。全部でそれはよかろというが、大事なチョーセイ金は天にも地にもない空話《カラ》しだ。前にも言ったが、渕上が言ふ様に会社はおいそれと金は出さない。次に竹下は今迄《ま》で（の）カンパ金が有るのを今ここでカン（幹）部一同で分け様と言い出した。私はこまった事を言い出したと思い、ぎ（く）っとして居たら、尾上がこの金はチョーセイ金にし様と言ふ。竹下はやっき（躍起）となって出しなさいと言ふ。なかなか話しは付かぬ。空気は分け様と思って居る物（者）が八分、いや九分だと思ふ。尾上は、今ここにはもって居ないと言、渡辺さ（ん）どうするかと言ふ。返事にこまる。他の物（者）達ちがもって来なさいと言ふ。けっ局、取（り）にかえる。とうと（う）分配と成る。だが私しは、今迄で御世話に成った人達に何か御礼をしなくてはならぬと言えば、竹下初（め）全部が、あの人達ちはするのがあたり前だから、何にもする必要はないとつよく言ふので、とうと（う）私しのま（負）け。それからいれい（慰霊）祭《サイ》もしたいと言ったけれ共も、これもひけつ（否決）されてしまった。ほんとうに人の心と言ふ物はおそろしい物と思（う）。よく（欲）だ。いれいとう（慰霊塔）建設も思って居るが、何にを言っても此の人達ちでわだめ（駄目）と思い、あきらめ（て）言わなかった。

昭和三五年以降の患者家庭互助会と会社の交渉

三四（五ヵ）年八月カン部カイセン（改選）、竹下がなる。あまり事もなかった様に思ふ。それから二回目の会長に付く。さあ今後こそいれい祭をやるぞと心にちか（誓）った。副会（長）役員をつれ会社に行き、いれい祭をやるからきふ（寄附）してくれとそーだん（相談）する。会社は十万上げますと言ふので、少ないが受取り、グリンカ工場からも五万、各人からのき（寄）付金も有った。市役所にも申し入れたら衛生課長徳富は、市としてはあとのたらぬ分だけ出すから其の金は市役所にくれ、何もかも市で世話すると言ふ。私達もカン（幹）部で話し合い、渡す事に（し）て、体育館でいれい（慰霊）祭をおこなう。津奈木町長、出水町長、各有志家を来ひんにまねき、セイ（盛）大におこなわれた。これで私も一安心したが、あとわいれいとうの事が気に残る。

其日から幾日か立った。会社から一寸会社に来て下さいと電話で申し入れが有ったので、私は何をぬかすかと思って会社に行く。いつもの間に通される。新工場長、名前はオボ（覚）エヌが、カバ（樺）山外（他）一名がやって来た。通れいのあいさつがすみ、会社がわかから話しが出る。ほかでも有りませんが、今度工場長がかわり、患者の皆さんに暮れと中元になにか見舞差上げたいと思いますので、どんなものでしょうかとの事だった。私しは、それわよい事と思いますのでよろしく御願いします。そして私は二十万で打切った人達ちにも同じ様にと言ったら、会社は、それは当然の事ですとの事で、私しは会社から帰る。此の事は総会の時一同につたえる。

第二回目は、よく（翌）年市がいれい（慰霊）祭をしてくれる。此の日は私しは少しおくれて会場に付く。前の方は一パイ。一番あとに、おくれて来たのだろ（う）竹下君が居たので、私は竹下君とならんだ。私しは三四年二つに別れた時の事を聞き出すためによいきかい（機会）と思い、色々世間話しをしてきっかけをつくり、竹下さん坐込み中に患者を二ツに割ったのはあなたではなかったかと高び（飛）車に出たら、竹下君は何にをあんたは言ふかな、あんたが知っとる様に私しは安定所に行くからひる間はあまり出んとばい、二ツに割ったのはえーあれは中津と浜本の兄にき（貴）がやったとばいと、はっ切り竹下から聞き出す事が出来た。此の日迄《まで》で中津がしたとは思って居たが、にくしみはもった事もない。又その一寸前、浜本（元）の兄が水俣から賀古川にかえり、中津に手紙が来た。中津は私しに見せて、これを全患者に見せ様と言ふので、一寸まちなさい、其中の（セイゼイ二〇万ぐらいだろう）と書いて有る部分をすかし見ても見えない様にケ（消）シてから見せてくれと私しは言ふたので、真黒にけしして見せた（と）思ふ。此の三四年当地（時）から私しはロボットで居たらよかったのだ。中津は長シャボヅカイだと見て居たので心ゆるした事はなかった。又副会長だからなる可く大切にあつかって居た。此の頃は色々の事が有ったが今思い出せない。

第一回目物価へんどう（変動）で見舞金引上げ交渉を会社に申入れる。其時会長副会長は、道案内人として（水俣漁協）組合長松田市治郎をたのもうと会長副会長が言出したので、私は其の必要はないでわないかと言えば、山本、中津は、松田は会社にいつも出は入りするから会社もすぐ合（う）でしょうと思ふので、気に入らないけれどもたのむ事にした。交渉にうつれば、会社はボーとう（冒頭）から十万を七万にさげてくれと出た。私しは、何にを言われる、金を引上げるための話合に七万にさげてくれとはもってのほかだと言えば、中津もカンカンになっていかり出した。会社は引下ろと云事は引込んだが、今度はランク付《づけ》しようと言い出した。私しは患者を差別するとはもってのほかだと言った。長い事、会社がわは別の部屋に行たり来たりした。そして会社は一万五千円、重しょ（う）（症）十一万五千円、小共三万迄で出（し）て来た。話し合いが付かぬ。此の時松田は、もー（う）私は知らぬ。引上げると言い出した。けっ局、二五才になったら成人者なみになす事でチョ（ウ）イン（調印）と成った。最後に料理屋で一パイ。松田をたのんだばっかりにランク付をよぎなくされた思いがする。自身（信）のな（い）会長副会長と思（う）が仕方がない。私しもだめな男だ。思った事をやり通せないんだもの。会社に何かの用事で行くともてなし万点。たまには湯之児《ゆのこ》、日奈久《ひなぐ》（温泉）と案内される。私らにたいしては、おそろしいのでし（ょ）う、サービ（ス）は万（満）点。

昭和四三年、政府正式見解発表、公害病認定となる

四四（三ヵ）年は国が水俣病ニン（認）定するとのうわさがあるはづだ。我々は県出身義（議）員園田直さんが厚生大臣と成られた今だ、此の機をぬ（の）がしてなる物かと、患者にたいしてのエンゴ（援護）のねがいや水俣病ニン定をせまったのだ。新潟の人達ち共たのみに行った。大臣は、ほかの省からわ、引出しのおくに有る物を今さら引き出さなくてもよいではないかと言って来るが、私しは水俣と新潟を一所に出すと言った。けれ共も何んのさ（し）さわりが有ったのか、水俣病だけ国のニン（認）定発表が出た。会では、八月十五日が役員カイセイ（改選）だが、ニン定の出てからカイセンスルと言ふのでそれ迄まった。園田大臣御国入り、水俣え来る。患者一同市役所に出（む）かえる。そして早くニンテイ発表を御願いする。大臣は我々の前ではっ切《きり》出すといわれた。発表は其後まもなく有った。

総会はしょ（う）（招）集された。カン部カイセンダ。あとで聞いたが会社もオーエン（応援）した由し

聞いた。中津は、今度は山本を会長に、私しを副会長にしてくれと、湯戸《ゆどう》（堂）方面、月浦、出月《でづき》と各方面に運働したとの事だった。私しは何気なく会長など思いもしなかったが、茂道《もどう》の牛島から総会当（日）電話で、渡辺さ、今度はあんたが会長になってくれと言ふので、あんた達ちは今になって何にを言ふか、今日は総会ですよと言って、もーおそいと言って電話を切る。それからまもなく牛島と宮内が私の内（家）にやって来た。渡辺さん今度はあんたがしてくれ、今の会長ではだめだと言ふ。私しは前に言った様に言ふ。もー時間だと言って総会場へ行く。おもしろい事に今度の総会場は出月の（欠ケ）方をかり、報道陣をいっさい入れぬと言ふひみつ（秘密）会だ。公開すべき会だのに。そしてカン部かいせんにうつり、きんちょう（緊張）の中でおこなわれる。片（型）通り発表、山本会長、中津副、嘉一会計ときまる。私も会長副会長と票が入って居た。

そ（し）て会長副会長から今度は自主交渉、アッセン（斡旋）、裁判と出る。自主交渉で片付かない時はアッセン。アッセンで片付かない時は裁判で、今度こそ今迄のかたき（仇）をてっていてきに討つと三コー（項）目を上げて意よく（欲）がもやされた。此時、浜本フミオが私しは裁判すると言ったので、山本がいかり出し、お前は裁判するならせよと言ってはげしいやり取りも有った。上村も裁判すると言った事を、山本ははげしくひなん（非難）した。元元、裁判と言ふ事は山本自身が打出して居るでわないか。そして交渉委員をえらび、死亡者がわから三名、オトナ（大人）から三名、小共（子供）から三名えらび出される。此の時竹下が私の所に来て、二〇万で打切た方の代表を出さねばと言ふので、私は山本に竹下をすいせんした。竹下は、一人りでわいけない、渡辺さんあんたも出てくれと言ったので、私も出た。これで今の会は終った様に思ふ。

補償要求額を決める

何日かして総会が有り、会長は、あんた達ちの方で会社がどのくらいの金がく（額）で申し込むかかんが（考）えてくれと言ふ事で、四ツの組に別れて話し合ふ事にきめ、よく日、湯戸（堂）の坂本フジヱ宅にて四はん（班）に別れ、けんとう（検討）する。私し、竹下は別々の組に入る。竹下はオトナの組、私しは小共の組には入る。もちろん私は重ふく（複）するので仕方がない。小共の方にはゆうしう（優秀）な人が多い。坂本、東、長井、瀧下とつよい人ばかり。なかなか話しが付かぬ。金がく（を）出す人も居ない。そこで私は言った。私が聞いて居る事だ、新潟がいしゃ（慰藉）料五百万出して居る。それで我（々は）補しょう（償）もいしゃ料も何もかも一所（諸）にして、いしゃ料五百万、補しょう（償金）五百万、他に色々のそんがい（損害）金三百万、合せて一三〇〇万ではと言って、これをきそ（基礎）にしてかんがえてくれと言って中座する。座にかえって見たら一四八〇万と云ふすーじ（数字）が出て居た。ここでおかしな事に会長副会長は、まだかまだかと言ってエン（縁）の前をい（つ）たりきたりして居るので、私しはあんた達ちは何言ふのか、まだかなど、あんたたちも此の中に入ってけんとう（検討）する義務が有るではないか、は入りなさいと三度も言ったがは入ろうともしない。

各組もどうやら出た様だ。まず私達ちの方は出来たので松永の内（家）にカン部だけあつまる。其時、会長達ちの前で私しは一四三〇万だから一五〇〇万にしよー（う）と言って居たら、次々に組のカン部（が）入って来ていくら出したかとたずねるので、一四八〇万出たから一五〇〇万にした、あんたたちわとオトナ（大人）組に聞いたら、一四六〇万出たから、私達ちの方も一五〇〇万にしてくれと言ふので、けっきょく全部一五〇〇万と云（う）事で、会長にこれで会社に書面で申込んでくれと全員で言ふ。会長共は何ど言っても会社に出さないのみか、二人りは毎日の用（様）に市役所や会社に行くよーす（様子）だ。其の内、市から大臣にどのくらいの要求をすればよいか聞きに行くと言って、会長フクム（含む）十五名の交渉委に日当七千円づつ出して上京する。私しにはなぜか、不平と言ふかいかりと云ふか、さきざき（先々）の事をかんが（考）えねばならぬ事が次々にでて来る。なぜだろ。

いよいよ水俣出発。熊本からみずほ特急にのるので普通車で熊本へ。熊本にオ（降）リタラ竹下くんがかけつけて私しが立って居る所に来て、渡辺さんあんたは中津さんになぜたの（頼）まなかったか、と言って不平そーに私をにらみ付けるので、何事かとたづねたら、一二〇万で打切た人達ちの事は何も出て居ないので、これがすんでからやると中津が言ふた、と私しに言ふので、そうゆう話し（っ）て有る物か、たとえ言わなくても道は一すじ、又今度の交渉は三〇万（三四年調停案での死者への見舞金）で打切った死忘者も生き上って来るのですよ、ましてや現存生存して居る物（者）が中津に言わなくても生き上るのは当然ですよ、又中津の言働（動）は自分だけよければそれでよいと言ふ事にひとしい言葉だ。そんな事で何もはら立てる事は有りますまいと言った。列車はきた。列車にのる。車中では下だん（段）で、山本とむかえ同し。むかえどうし（向い同士）と云ふ事がインネン（因縁）。熊本駅での事を私しは山本に話したら、山本も中津と同じ言い方をしたので、山本さん、あとでするとはあんた達ちは私達ちの事を知らぬと云（う）事に成りはしないかと言ってもめて居る所に園村がやって来て、山本さ、それはあんたの方がわるいと言ったので、私しもそんな事で長話はなにもならぬと思い、他の話にうつる。車は東京に付（着）いた。

大臣、県知事らと交渉

厚生省に行き園田大臣に合ふ。私しも晃山会の一人だからあいさつも片通りすませ、交渉の道ちすじ（筋）に入ル。大臣は、省では金ねの事は言えない、しかしチッソは大会社だから気長に交渉しなさい、その内には私しが知事に出る様に言ふておいたから出てくるでしょ、チッソがたおれる様な事があれば通産省に出す金ねが有るから、私が出させる様にする、しっかりやりなさいと言われた。そして記者連中を追いはらい大臣は、それでは例だけ言いまし（よ）う、羽田の事件が五〇〇万だ、自働車事コ（故）が三〇〇万だ、が一銭も取れない人も居ると言ふ。色々御願いはした。宿に引上る。宿で私しが出した一三〇〇万の事を出すと、色々やり取りは有ったが、一三〇〇万で交渉する事に全員できめる。色々やり取りした事は山本、前田だったと思ふが思い出せず。熊本へと一路下ル。

水俣に着き、よく（翌）日総会。山本、一三〇〇万で交渉すると言（う）。一同は一五〇〇万から一三〇〇万になったので不満の声が高かったが、一三〇〇万で会社に申込、交渉に入る。会社がわは入江さんが長として出る。会社は誠意をもって話し合しますの前てい（提）だが、会社は、ものさし（物差し）がわかりませんので、と誠意はない。私しは、人をころし、片（輪）に成したつぐないだ、ものさしなどとはもってのほかだ、つぐないの代償は金ねよりほかにはないはづだ、あなた方が地球を掘りぬいてアメリカに行くのはかのー（可能）かも知れないが、人の命を元に返す事はとうてい出来ないでしょ、我々は一三〇〇万（と）出して居るのだ、いろんなことは言わないで金目を出しなさい、出しさえすれば話合は付く物だ、誠意を見せなさいよ、と言えば、会社は、国に行って、国も患者さん達ちが来れば何とかすると言いますので行って下さいと言ふ。こうゆう中で会長は、あんた達ちが出さぬならもーかえる（と）言ってこし（腰）を上げるので話しにならぬ。会社が、国が責任が有りますからと言えば、会長副会長中津も私くし共もそー思いますと言ふ。話にならない。およそ交渉と云（う）物にはつながらない。かえると言ふ。そー思いますと言ふ。時間にして二時間。こんな事で四回やった中で一回は話を聞きに行ったのだと会長は言ふ。交渉に行くのに話しを聞き（に）行（っ）たとは。中岡さっきは今日は何にも言わなかったが、此の次ぎから一生け（ん）めいやりますと言ふ。又会社は、国に行（っ）てくれ、県に行ってくれと云ふ。県には会社がさきに行け、と山本に言わせる。会社がさきに行った。そして、県も皆さんが来れば何とかすると言われたので行ってくれと言ふので、十五名のカン部は知事に合（会い）に行く。

知事も、皆さんは気長く交渉しなさい、私しは三四年の裁判官だ、皆さんも不満だったろ（う）、よろん（世論）も私しの事をわるく言ふ、其裁判官が又出ればおかしく成りはしませんか、三四年には此足で一人一人ずつ、たのんでまわりました、それで今の所出る気に成りませんとことわる。会社はさきに行（言っ）た話の内よー（容）は、患者が来れば何んとかするとはうそ八百だ。其時知事は、見舞（金）ケイヤク（契約）は無コー（効）にするかといったら、無効にはせぬと言ふ。それではジジョヘンコウ（事情変更）の原そくが有る。それでも無コーにせぬかと言えば、会社は無交（効）にせぬと言ふので、知事はことわったのだ。こうゆう会社だ。それにはこだわらずにしたいと言ふ。中津が其の時き知事に、三四年のチョウテイ（調停）は本とうに立派な物でございましたと、うやうやしく御礼を言ったので、他の委員全部がいか（怒）り、二人をおきざりにして一足さきに水俣へ引上げる。

確約書と幹部の裏切りへの怒り

そして駅前の松野屋の一間をかり、今日の出来事、中津の発言が取り上げられ、各人から今迄での（総会から今日迄の）事をしゃべり出す。まず（坂本）フジエさんが、センキョの時は中津さんもこ（來）らしたが、茂道のたき（竹）下を運働した、又私し達ちはたれ（誰）さんをと、あらゆる事をあばいてしまった。中でも竹下君は、中津の様な物（者）はない、あれが朝鮮から引上げて来た時も、今も、金を何回となくかした、其時中津はむすこに、此のおん（恩）はけっして忘れてわ出来ないよと言ったが、おん（恩）所か今は其の気はい（配）もないと言っていか（怒）って居た。何にもかも信（真）実が、皆さんの声であばかれた。

二回目に出東した時は斎藤厚相にかわって居る。まず橋本公害課長に合い、色々患者の事など話すと、いちいちめも（メモ）して、ほんとうにかわいそーですねと、いかにも親切そうだった。

其次は、会長が、今度は二、三人いけばよいと云ふので、それでわいけないと言へば他の物（者）も私にさんせいだった。そして半分行く事に成り、私しは行かなかった。此の時きの内よー（容）ははっきりしない。

三回目に十三名全員出東する。此の時は市、会社、会長等の話合であったと思ふ。アッセン（斡旋）願いに行く事だったが、宿は会社のとくやく（特約）店カツラ（桂）だ。

四回目は、全員十五名が二度、橋本公害課長に合ふ。此の時のたいど（態度）におどろいた。あなた方は二本立てでわ話しになりません。一本立でアッセンをたのまなくては、又三四年当地（時）の知事のアッセンは立派な物でわないか、と言ふ。私しは、中津が二回に知事に言た様な事を言ふたのだとちょくかん（直感）したので、はら（腹）が立ち、あーたわ何を言ふか、そーゆー事があなたにわかるか、言ふ事もかんが（考）えて言ふてもらいたい、あなたがそーゆふ言い方を初回にするなら、あーたのような人には話しはしなかっただろ、つつしみなさい、と私しわ言（う）と、橋本曰く、私しは何んのケンゲン（権限）も有りませんので大臣と合って話して下さいとに（逃）げた。

いよいよ大臣に合（逢）ふ。会長はアッセン委をつくってくれとたのむ。大臣は、全部が其の気ならつくりましょ。会長は、御願いしますと言って立ち上りかえ（帰）ろとするので、私は、まってくれと言って、大臣、ア（ッ）セン（委）員をおつくりになる時は私し達ちの方の代表も入れて下さいと言えば、大臣いわく、当然あなた方の代表を入れなくてはアッセンには成りません、私も個人としては入るかも知れません、又前大臣の園田さんもたのむつもりですと言ふ。尚私は、それでは是悲（非）二月中に御願いしますと約束した。

二月には出ないで、やっと三月下旬になってあの有名なカクヤク（確約）書が出て来た。これは会社がつくったと言ふ。又これは水俣衛（生）課長が水俣に電話でつたえたので、早速印かん押す様にとカン（幹）部だけ、ウワサ（噂）でも有るが、事実会の金ねをおろし、上京の用意迄して居た。会長は、其事は言わないで、カン部ショー（招）集し、アッセン委つくると、返事が厚生省から来た、付いてはこれに印かん（鑑）を押してくれと会長が言ふたので、どんな物かと思ってよんで見たら大変な物だ。委員がシンギ（審議）して出した物にたいして意義（異議）なく志たが（従）います事をカクヤク（確約）しますと言（う）もん（文）句だ。

私し共は、これはよくかんがえなくては大変な事になると思って、十五名中九名は印かん押す事をことわった。其の日は大もめにもめたが、其のばん（晩）から会長副会長は各委員の内（家）をまわりせっとく（説得）にまわり、私し達ちの方が一人少なくなった。次、カン部会を開き、とうと（う）押す押さないの二ツに別（分）れる。市の助役や議員連中も二、三日後の総会に来てカクヤク書に印かん押す様にセットク（説得）に来たが、話は付かず、大こんらん（混乱）をきたす。いよいよここで二ツに別れる。

互助会ついに分裂へ

何日かして総会、山本の内（家）で此の時は大分よろん（世論）がもり上った。自主交渉だったので情セイ（勢）は有利。会長宅ではカクヤク書を大きく書（か）いたのがは（貼）り出して有る。とうろん（討論）がはじまり、各人各人のはげしいやりとり。情セイ不利と見た山本は、本日はこれで打切ると言って、山本派は外へ出はじめる。此の時私しは、出て行くなら会長をやめてから行ってもらいたい、各人も出て行くとはなにごとだと大こんらん（混乱）。私し達ちは、一時間近く坐って居たが、山本の内（家）だから外にうつる事にし、溝口さん所にあつまりたいさく（対策）会議。

会義（議）中にある記者が来て、あなた方はこれを知（つ）て居るかと見せたカクヤク書、四半紙に印さつ（刷）して有る物だ。これは一人一人が印を押（す）様にしてある、百枚ばかり有ったと言ふ。ケイカク（計画）シタやり方だと一同あきれ、尚はら（腹）を立てる。会長達ちはそれからすぐ印かん取る運働に自働車で各人の内（家）に行（っ）たとホーコク（報告）が有る。我々も早速、自主交渉する様にと運働をはじめる。相手は自働車、こちらはあるき、遠方には手がとどかない。よく（翌）日、私しの内（家）で会合する。会社に自主交渉する様、書面で申し込む。二日目、会社カン部三名、私の内にくる。書面にて、自主交渉はしません、カクヤク書に印かん押してくれとの返事だった。又会合。市民会義（議）の方からは、裁判の話しがつよく打出される。

二、三日して私しの内（で）会合。弁護士も市民会義も来る。弁護士はかならず勝ちますと云ふ。だが気はもめる。市民会義は費用は最後迄出す、あなた方にはふたん（負担）はかけないと云ふ。会の金を半分こちらによこせと会長に交渉する。会長はねばって出さない。出さぬなら今後其の金ねは自由にはつかわない様に申込（入）れする。人の金だが、おしいのだか我々ににくじするのかわからない。其のバン（晩）会合中に津奈木《つなぎ》の浜田さんがやって来た。そして、私も中（仲）間に入れてくれ、昨日前田が来て、印かん押してくれ、裁判の方が多く出れば其の差がく（額）わ我々が支拂（う）と云ふので、それでは山本中津をつれてきなさいと言ったら、自働車の所に行き、其のまま いってしまった。私ももー（う）一度今から中津の所に行って、はっ切（り）ことわって来ますと言ってことわ（断）ってこられた。それからいよいよてい（提）そのジンビ（準備）。弁護士もたんとう（担当）をきめ、ジンビ書面つくりに約五ヶ月もかかった。裁判にふみ切ったのに長い期間だった。六月十五日てい（提）訴。

新潟より患者が交流のため来水。駅頭に出むかえる。教育会館迄でデモ行進する。会館内では、中津山本は手をつなぎましょとかたくあく（握）手する。其の次には新潟患者より裁判の話しが出る。と、とたん中津は、裁判はだめだ、そんな事では手はつなげないとつぶやく。此の頃からも裁判と言ふ事はきら（嫌）いだったらしい。両方からゲキレイ（激励）のあいさつだけはすみ、表面てき（的）な交流はすむ。一同は水俣を出発。

私達水俣病患者、市民会義日吉さ（ん）、十名ばかり新潟へ行（く）。午後、新潟駅に付（く）。出むかえの人が多ゼイ（勢）バスにて一日市桑野さん所に付く。もちろん此時は訴証（訟）派患者だけ前もって通知して有ったので、丁度料理屋に行っ(た)様なもてなし。色々交流の話、裁判の話し、病情の話とおそく迄つづく。半分は会長近さん宅へ一泊。よく(翌)日は新潟市内見物。坂東さん方、小林さんの案内で民ぃ(医)連の(○○先生)の所など見物。よく日出発、水俣へ。

新潟裁判判決に日吉、田中、私と行く。新潟の人達のあらゆる世話で法テイ(廷)にはいる。判決文は一時かん(間)ばかりですむ。だが私は其の時思った。宮崎裁判長は立ぱ(派)な判決を出した。立ぱな事だ。しかし患者をランク付けした。そして、金がく(額)のランクがあまりにも大きい事にはら(腹)が立った。法てい(廷)前のテレビ出帳(張)所にも出たが、同じ事を言った。私し達は其の日東京へカエ(帰)ル。

渡辺栄蔵、演壇に立つ――各地に活躍

東大自主コーザ(講座)にまねかれる。宇井(純)さん、見知りの青山君等がむかえてくれた。公害モンダイ(問題)の話しが次々に有り、私がエンダン(演壇)に上ル。校(講)堂一パイの人、一般の人、学生。まず私しは一般の人達ちが多かった事にうれ(嬉)しくかんじた。まづ私しは、小学六年をしり(尻)から七番で卒業した物(者)です。手ごわい皆さんの前では、からだ中がふるえ口もきけない思いがします。水俣病の実たい(態)、今公害をボクメツ(撲滅)しなくてはと話す中に、こー言いました。(「)皆さ(ん)水俣病患者支援のためと思っ(て)御支援下さるのはおことわ(断)りします。我が事だ、今後の人達ちのためだ、いつ我身にふりかかるかも知れないと言ふ事で御支援下さらねばあ(飽)きが来ます。あきがくればそれでおしまい。又私し達ちも坐セツ(挫折)のきけん(危険)が有ります」と言った。此の文句

が一同の方にカン働（感動）が有（っ）たらしい。終って、知（っ）て居る人達ちとざつ（雑）談してかえる。

何回かおぼえないが、厚生省に行く。大臣は、るす（留守）と言（う）。だれか責任者を出せとせまる。ここえはいれないというのでゲンカン（玄関）前でやる。そこで出て来たのが橋本厚生次官。前ぶれがふるって居る。ボクを出してくれと言ふのでよぎ（余儀）なく出て来たと言ふ。若ぞー（造）のくせにオレ（俺）ハ代義士だ、次官だと思っ（て）オーフー（大風）ダ。国民をだまして金力でとうせん（当選）したんだ。国民のためになるために上った事はわすれて居る。苦言《わるく》えばゼイ（税）金ドロボー（泥棒）にすぎない人物だ。各患者も色々うったえる。橋本は、水俣病の事なら聞くが、補償の事などは聞きたくな（い）と言ふ。又、水俣病はこてい（固定）して居ると思ったので、私は、何、水俣病がどうしてこていしてるかと言えば、橋本、水俣病と言（う）病名がこていして居る。病情はこていしていないとはっ切と言ふ。そんな話しなら聞かないと言って立ち上る。我々は、水俣にかかわる事がらを話すのに、聞かない引込むとは何事だと言えば、ボーゲン（暴言）の（を）はきちらかし、何に、私をなぐ（る）ならなぐって見よとつめよる。中かい（介）者も出る始末だった。ある患者の如きはな（泣）きながら、橋本のボー（暴）言、どく（独）裁を信節（親切）味のない事を残念がり、うった（訴）えつづける物（者）も居た。ケンカ（権力）者としての落代（第）者と思った。国民の皆さん、こんなやつ（奴）に政治をまかせては一人一人のそん（損）になるのは明らかだ。

国は我々をペテンにかけよーとばかりする。一人ものこらず言うのに、かくやく書に印カン押す事にたいして（二《に》だん）がまえをする。まずかん（幹）部だけ印をおさせる。これが成功すれば、アッセン（斡旋）委は出来たから、全部印を押してくれと言えばよーい（容易）に出来る。カン部十五名がなっとくして居るから、あとはすぐ押す。こうゆうわるだくみをするのがケン力（権力）者共だ。二重のペテン。（そして）六月十五日テイ（提）訴となる。

総合コン（懇）談会が熊本で開かれる。各地弁護士、市民会義、熊本告発、熊本大学原田（正純）、トガシ（富樫教授）も一人か二人りだった。色々ろんそー（論争）が有り、熊本弁護団は、証人には各社の職工さんを出すと言ふので、私しは、工員を出す事は問だい（題）だ、第一会社のあつ（圧）力がかかる。又首につながる。万一ちの事が有った時、其の人達ちをどうするか、まだ研究すれば他に出す人物が居るはずだと言ったら、新潟の坂東弁護士が元社長の西田栄一（を）えらんだ。そして西田をよび出す事になる。私しはほっとした。工員を出した場（合）、もしもの事があれば申（し）わけがない。

私しは其の時、原田（正純）先生に、先生、今こそ水俣病でノーベル賞を取る時期です。かんた（ん）に取れますよ。水俣病の病情は、どんない（医）者でもよく知りません。しかし先生なら十分知って居られます。それで先ぱい（輩）などにえんりょ（遠慮）してはいけません。たとえば、水俣病はコーダと云ふ一ツのせん（線）を出せば、いかに先（輩）やケン力（権力）がちゅ（う）しょう（中傷）しよう共、それにこたえる一ツのせんをつくり上げておけば、おそれる必要はないと思（い）ます。先生とって下さい。私しは、水俣病の事では前から熊大でノーベル賞を取って下さいと言って居りました。たとえば、はい（肺）病だって風（風邪）引きだって、はらいた（腹痛）だって、い（医）者がはい（肺）病だと言えば其時はい（肺）病と言ふニン（認）定です。病名がわからぬ様ではだめです。もー十すー（数）年にもなっておる水俣病です。其の水俣は、今こんな病情はなんだと言（う）事が出来ない原因は、補償がからむからです。補償はあたり前の事です。そーすれば、これは水俣病とはっ切（り）とすぐ言えます。そー（う）すれば地方の開業い（医）でニン定が出来ます。だから先ぱい（輩）共が横やりを入れても、反対に先ぱい（輩）君が言ふ事はまったくまちがっているときっぱり言ふても差しつかえ有りません。いかに先ぱいでも横やり（槍）をつき通る自身（信）をもって居ないはづです。もし自身（信）をもって居たとすれば、こうこうだとはっ切（り）言ふでしょ。言ふたとすれば、それがニン（認）定キジョン（基準）に成る事でしょ。取って下さいと言った。此のあと別な会場に行ったが、内よー（容）に付いてはおぼえない。

第一回熊本県労働組合のメーデーに出セキ（席）。患者全員、花畑公園、社会党、阿久根、森中各代義士も出せき（席）して居た。次々にメーデーの祝ジ（辞）が有り、私もエンダンに上り、水俣病の発セイ、おそろしさ、公害ボ（ク）メツ（撲滅）を皆さんと共に斗い勝ち取る事をちか（誓）い、裁判にいよいよはい（入）った事をホー（報）告シ、今後長い間の斗いになるので支援を御願いする。はく（拍）手の内に下だん（壇）。そのあと組合ケツギ（決議）をして、最後迄で全面支援が全員一ち（致）できめられる。我々患者のカン働（感動）一しほの物が有った。カイサン後はデモ行進にうつり、新市衛（営）公園にてかいさんする。

（本資料の解読・清書にあたっては、葛西ゆか氏の協力を得たことを記す）

（「東京経大学会誌」第一五八号〈研究ノート〉（一九八八年十二月）所載）

熊本水俣病裁判原告団代表　渡辺栄蔵翁の記録（２）

ミナマタとヒロシマの出あい——原爆画家の水俣訪問記

この研究ノートは5年程前、「東京経大学会誌」第１５８号（１９８８．12）に発表した「熊本水俣病裁判原告団代表　渡辺栄蔵翁の記録」の続篇である。

その記録の真実性を立証するような渡辺翁の話を私たちが直接聞き取りしたものであるが、永い間録音テープのまま忘れていた。今回、水俣取材資料の総点検を行って再発見したが、私はそこに貴重なやりとりが含まれていることに気づいた。このテープの重要性は、広島の「原爆の図」を描いた画家として世界的に著名な丸木位里《いり》・俊《とし》の御二人が、はじめて水俣を訪ねた時の情景がなまなましく記録されているところにある。

「ミナマタ」と「ヒロシマ」の本格的な出会いである。その出会いの介添役を私が果たすことになった。時は１９７９年、昭和54年の11月28日、私はこの年３回目の水俣調査で、定宿にしていた大和屋旅館に滞在していた。そこに丸木夫妻と丸木美術館の石川保夫《やすお》氏が土本典昭氏の手紙を持って訪ねてこられたのであ

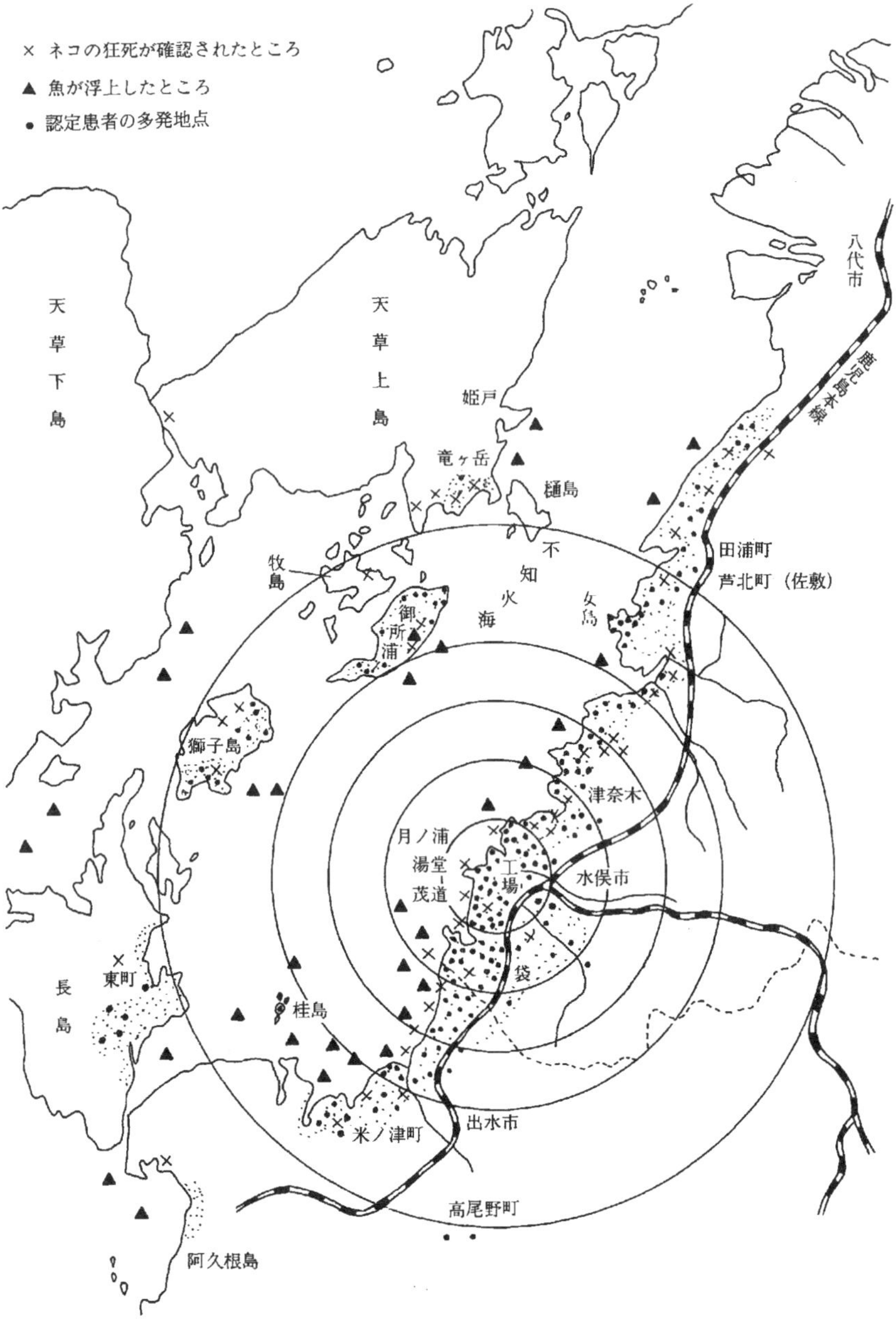

図１　不知火海と爆心地水俣の図

る。

目的は「原爆の図」に並ぶ「水俣の図」を描くための取材だという。三人は取材用の車で来られた。しかし、運転担当の石川さんは、初めての水俣とあって、右も左も分からない。いろいろ私に質問されるのを聞いて、あまりの無知識なことに驚いた。水俣の地理はもちろん、不知火海や水俣病事件の初歩的なことも御存知ない。せめて出発前に石牟礼道子さんの『苦海浄土』（講談社文庫）や原田正純さんの『水俣病』（岩波新書）ぐらいは読み返してきてほしかった。私はこの年の日記にそう記してある。

とにかく石牟礼家に案内し、その後は市内を一巡、問題のチッソ工場の周辺、排水口や専用港の見える丘などにおつれした。工場内に入ることは本社の紹介状を持たない限り、全く不可能な頃だった。その日の夜は患者運動のリーダーでもあり、自身、重症患者でもあった浜元二徳《つぎのり》さんを自宅に訪ねた。浜元さんは下半身が殆ど動かなくなり、手と膝で畳の上をいざっていた。はじめて接する水俣病患者の姿に丸木夫妻は凝然《ぎょうぜん》としていた。

茂道に杉本栄子さんを訪ねる

11月29日、この日は終日、丸木夫妻を案内した。朝、電話で了解をとり、患者多発部落の茂道《もどう》に杉本栄子さんを訪ねた。この人はある面では水俣一明るい患者さんであった。渡辺栄蔵さんを訪ねる前に、どうしてもこの人に逢ってもらい、丸木夫妻にもう一つの陽気で豊かな水俣の精神世界を知ってもらう必要があると私は判断した。案の定杉本栄子さんはこの訪問をたいそう喜び、全身をもって歓迎してくれた。

その日は偶然、栄子さんの義父杉本進さんの命日であった。進さんは茂道の網元であったが、早く激症の水俣病で死去された。その遺志を継いで同病の栄子さんとトシさん（進さんの後添いの妻）が熊本水俣病訴訟の原告団に加わったのである。みんなで遺影に合掌する。そのあと、栄子さんから私の踊りを見て下さいと二階の稽古場に案内された。この日は稽古の日だったらしい。丸木俊さんはさっそく画帖をひろげた。

杉本栄子さんは水俣病患者の魂の陰翳を言語化できるシャーマン的な女性である。この人にも父のあとを継いで女網元《あみもと》として鳴らした時代があった。丸木夫妻はこの開放的で豪快な女性の天真爛漫さに心を動かされ、再度その踊りを所望して画筆を走らせた。栄子さんは母のトシさんも誘って二人で新作「夢追い酒」を踊ってみせた。それは型通りの演歌踊りであったが、丸木夫妻は拍手を惜しまなかった。病気と闘うために始めた踊りが、この人達の生き甲斐の一つになっていると私には見られた。

丸木俊《とし》さんは私達も郷土の踊りを披露してお返ししなければといって、石川保夫さんに埼玉の踊りを頼んだ。そんなことには慣れているらしく、石川さんは俊さんの太鼓にあわせ、よい声で唄いながら踊ってみせた。栄子さんは「ああ、よかった。いい踊りのふれあいはよかった。ありがとうございました」と喜ぶ。丸木さんも乗ってきて、「私たちも、もっと踊りましょう。みなさんに励まされて、踊りましょ」と答える。この後私が所望して栄子さんに牛深《うしぶか》のハイヤ節を踊ってもらった。

ハイヤ節は不知火海の漁民の大好きな賑やかな曲調で、水俣の対岸の牛深市では町をあげて、路上で踊り回る。そのさまは四国の阿波踊りに似ているのだ。私も栄子さんに薦められて、いちど船で牛深に渡り、この夏祭りの熱気にふれたことがある。丸木夫妻ははじめての水俣、初対面の患者家の訪問だというのに、たちまちこの雰囲気に溶け込み、自分を開放している。さすが芸術家は違うと感心した。

丸木夫妻もこの人に逢って水俣について何か違うイメージを感じ取られたのではないか。別れぎわに位里さんが栄子さんの舞姿をデッサンしたみごとな水彩画を献呈した。そのときの交歓風景がどんなものであったか、当日の私の録音テープから一部分を再現してみよう。

（丸木位里、仕上った絵を栄子に手渡す）

丸木　差し上げます。
杉本（栄）　あらあ、うわあ、ありがとうございます。
石川　これは素晴らしい。
杉本　これはよかった。あらあ。ありがとうございました。これはよかった。
杉本トシ　額に入れたらいい。
杉本　私よりも踊っとるもん。
色川　いやいや、踊りは見事でしたよ。
丸木俊　踊りが、もう、とってもよかった。
杉本　こーら、よかった。うわあ。
丸木　あのう、（丸木俊を振り返って）女先生もトシっていう名前ですので、お母さんとおんなじ名前。トシです。（先に俊さんが描いてあげた絵のサインを示して）これ、女先生の名前。
杉本　あ、そうですか。
丸木俊　あの、漢字は俊《しゅん》という字。
丸木　にんべんの俊《しゅん》ね。トシ。
杉本　ああそうですか。うちの母もトシです。あらあ。はっはっ。お母さんならあ。

丸木　お母さんよりも年、多いでしょ。
杉本　ですね。
丸木俊　六十七。
杉本　ああ、うちはまだ五十八です。
石川　お若いですね。
杉本　そらよかった。うわあ、最高だなあ、こらあ。
色川　なかなかいいです。ええ。この衣装なんかもね。
丸木　腰つきがいい。あっはっはっ。
色川　はっはっ。いゃあ、いいですね。これは。
丸木　こっちにくる前に土本（典昭）さんからいろいろ話をうかがって、それからスケジュールも全部丹念に。
色川　誰々のところへ行きなさいって。はっはっ。
丸木　栄子さんのところと。はっはっ。
色川　そうですねぇ。まずここへ寄ると安心してもらえるわけだ。
杉本　うーん。それはあるですね。
色川　もう、なにしろ、茂道の入口に入ったら、もう部落中に知れ渡ってますからね。
杉本　だから、あの誰々が今日来たとか。近所の人達が。
丸木　じゃ、このへんで、もう、おいとましましょう。
丸木俊　今日はほんとうにありがとうございました。

杉本　まあまあ。なんのおかまいもしませんで。

湯堂に渡辺栄蔵翁を訪ねる

「1979年、晩秋、水俣病の象徴的風景とも言うべき水俣湾のほとりに、紙をひろげ、写生にかかる丸木夫妻の姿があった。広島の原爆の被害を体験した、いわば地獄図の作家たちが、生きつつ苦しむ水俣の悲劇をどうあらわすか。位里さんは、風景だけで、その悲劇の海を描き切って見ようとも思ったという。俊さんは克明な人物群像をすでに描いていた……」

これは1981年に映画『水俣の図・物語』が上映されたとき、その青林舎のパンフレットにあった文章である。実はその1979年晩秋というのがここに紹介する11月の下旬だったのである。

杉本栄子さんの家を辞去した私たちは、昼食後、約束してあった湯堂《ゆどう》部落の渡辺栄蔵さんを訪ねた。渡辺さんこそ水俣病患者運動の最初からその先頭に立った人であり、1959年（昭和34年）11月、チッソ工場長や来水した国会議員達に陳情、交渉した水俣病患者家庭互助会の初代会長であった。そして、それから10年後、この互助会有志がチッソ会社を相手に最初の裁判に踏み切ったとき、渡辺栄蔵さんはその原告団団長として勝訴判決をかちとるまでの4年間、日本中をかけあるく東奔西走の活動を続けたのである。

この人については先の「東経大学会誌」第158号に解説しているので、その部分は繰り返さない。水俣の患者を代表する渡辺栄蔵翁に直接会って、その風姿や言葉に接することは、「水俣の図」を描こうとする丸木夫妻にとって欠かすことのできない仕事であった。私はまた不知火海調査団員として渡辺翁から聞きだしておきたいことが数多くあった。とくに訴訟に踏み切るまでの患者互助会内部の事情や水俣漁協との関係など知りたいところであった。
丸木位里さんとしては、この患者の主《ぬし》のような人の前で、自分がなぜ遅れて今頃水俣に来たのか、自分のこれまでの仕事から水俣をなぜとりあげる気になったのかを釈明しなくてはならなかった。そうした釈明なしに水俣の世界をあるきまわることは、仁義に欠ける行いであると気づかれていたのであろう。渡辺さんへの私の職業的な質問が一息付く間合《まあ》いを待っていたかのように、丸木位里さんはこのテープの中で、尋ねられるまでもなく独白をはじめている。

聞き書

水俣病患者家庭互助会初代会長
熊本水俣病裁判原告団代表
渡辺栄蔵聞き書
（訪問者　色川大吉・丸木位里・丸木俊・石川保夫）

色川　石川さん、これ、電灯つけさしてもらいましょうか。
石川　つけましょう。あ、そこはあけて、それでそれで。
色川　だいたい主旨は説明しておきましたが。それで土本（典昭）さんからの手紙（渡辺栄蔵さんへの紹介状）もきとるそうです。ですから、わかっとるようです。もう八十二歳ですか。

渡辺　一です。
色川　二ですか。来春に。
渡辺　来春の三月三日で。
丸木俊　もうすぐに、お顔を描こうかしら。
（丸木俊、渡辺栄蔵の顔のデッサンの準備をする）
色川　どうぞどうぞ。
丸木俊　ここにすわって。
丸木　じゃ、ここがいいです。ここへすわって下さい。
石川　開けましょうか、ちょっと窓を。
丸木俊　いやいや、障子だけ。
丸木　じゃ電気はない方がいい。
丸木俊　電気なくて障子あけて。あんまり暗いのもね。
丸木　少し暗いかもしれない（描くのに）。
丸木俊　こっちがいいかもしれない。光線、顔によってあたる。はい。
（光線の調整）
色川　互助会をつくってからもう、二十二年になり

写真①　渡辺栄蔵翁から聞く——筆者（右）、1985年（昭和60年）８月

ますね。

渡辺　もうそんなになるんですか。

色川　あれは昭和三十二年ですからなぁ。二十二年になりますね。

丸木俊　そしたら、先生にここへ来ていただいて。

（場所をかわる）

丸木　この人が描きますから。

渡辺　はあ、そうですか。

丸木　この人の方がうまいの。はっはっ。

渡辺　私も、あの、字ば書いたりしますけど。絵っちゅうのはできませんですなぁ。どうしてえぇか。

色川　あ、そうですか。でも、おじいちゃん、絵もうまいっちゅう話です（栄蔵さんは歌麿風の春画も描く）。はっはっはっ。

渡辺　あれはあの。七五三の絵、みましたろ。あれ、敷《し》きうつしですわ。

色川　うつしですか。そうですか。

丸木　写真、うつさしてもらってもいい。

色川　栄蔵さん、写真をとりたい、いいますが、よかですか。

渡辺　（うなずく）ここでよかですか。

石川　ええ、もうそのままで。ああ、すぐもうみかんがとれますね。すぐそこで。

渡辺　ちょっとばか、つくってますけん。

石川　ああ、そうですか。甘いでしょうね。

（丸木俊、栄蔵翁のスケッチに余念がない）

色川　いや、おじいちゃんの一代記をね、今年の春、来て聞いたでしょ。あれ、今、紙に書写しておりますが、一代記。

渡辺　ああそうですか。一代記ですが、私の一代記はまだ半分までいっとらんです。

色川　いっとらんですか。

渡辺　私が書きゆったとこで、それでん土本さんが、持っていきよった。ほいで、まだ書ききらんで。

色川　そうですか。

（家族の人にお茶をだされる）

色川　ああ、どうもお世話になります。

丸木俊　お世話になります。

色川　絵かきさんは、水俣にあんまり来ませんね。

渡辺　はい。

色川　写真屋さんは随分来ましたな、はっはっ（ユージン・スミス、塩田武史、芥川仁、宮本成美さんらの顔が浮かぶ）。

渡辺　はい。

色川　役者さんもね、砂田（明）さんみたいに。来て居着いちゃった人もいるし。絵かきさんは初めてでございましょう。

丸木俊　遅くなりました。

渡辺　は？

丸木俊　遅くなりました、（水俣に）伺うのが。十年も二十年も。

丸木　今日は二十八日ですか。

色川　今日は二十九日です。

丸木　お名前は？

色川　渡辺栄蔵です。栄はさかえる、蔵は土蔵の蔵です。まあ、おじいちゃん、あんまり固《かと》うならんで。普段、私とこういろいろ話し、それがよかですよ。自然の姿の方が。――いや、このまえね、あの、ご自分でノートに書かれた他に、宇土《うと》で生まれてね、そして、北九州の方へ行って、勤めたりね、工場行ったり。それからあの、〝若松〟（各地を渡りあるく行商の一種）やるまでのいろんな話をね、私聞きいとるんですよ。でね、テープに入れましたでしょう。それを原稿に今、うつしてるんですよ。その腕白時代の話とかね。

渡辺　そのへんを書いとる。

色川　少し書いとりますか。そうですか。で、あれでちょっとわかんないのは、ここへ、湯堂へ移ってくるときにですね、土地買って移ってくるとき、弟さんのことが出てきますね、あれはどういう事情だったんですか。

渡辺　あれは家内の弟です。家内の弟がこっち、みかん山しとって。

色川　こっちでやっとって。

渡辺　ええ。ここでしとって。あの、ここの下端にみかん山があるの、一町歩。それからむこうの方にも一町あります。それはもう、二つもっておったわけです。ほいだけん、それから、私たちはやっぱ別になって、この土地を別に買《こ》うたわけです。ここ、ちょっと一枚が三畝《せ》ずつですもんな。それを二十枚ばかり買いました。自分の金でですなあ。いや、自分の金じゃなかったです。親父の。親父はもう死んどるあとやってね。その貸金がまだ今でも、書類が残っております。もう時効になっとります。

色川　貸金の。ほお。

渡辺　それは毎年、やっぱり、盆と正月にとりに行って、その金でやっぱり。一枚、二枚って買《こ》うたです。

色川　ああ。その貸金というのは前にやった証文ですか。

渡辺　そう、親父が貸した金の書類なんですね。

色川　なんでそんなに。なんか質屋かなんかやっとったですか。

渡辺　ええ、やっぱ、その頃はですが、だいたい信用貸しが多かったんです。

色川　あ、信用貸しね。

渡辺　はい、で、信用貸しはだけん、なかなかですな、私がこっち来たし、むこうには母もおりましたんで、母もやっぱりとりに行ったりするまでには、なかなかやらんですわな。こっち来て、あの三十四年当時の友達の話を聞くと、「渡辺さん、金は借りれば、もうけなければ、払わんでよかけんで」ということでしたな。そうすると、親父が貸す時分の金は、そがんじゃっなかったですな。おかしなもんですな。

色川　ふん。信用貸しでね。

渡辺　はい。で、こっちで、もう有力な人間がそがいに云っとるわけですがなあ。「渡辺さん、けんか（喧嘩）れば、もう払わんちゃよかばいな」という、これはおかしな話。

色川　ほお、それは水俣気質ですかねえ。金借りても、それでもうけたのでなけりゃ、返さんでもよかってのは。

渡辺　さあ、どうですかねえ。

色川　やっぱ、戦争に負けたあとだから。
渡辺　戦争のあとだけんな。
色川　そんなふうになったんですかねえ。
渡辺　そうでしょうなあ。ということがですなぁ。残酷だと思いましたなあ。
色川　それでですね、あの、こないだの水俣の漁協のですね、組合の、議事録なんかみせてもらって読んでましたらね。
渡辺　ああそうですか。
色川　あの漁民暴動の前に水俣の漁協が、あの西田工場長なんかをねえ、(事務所に閉じこめて) いぶしたりなんかして、金とりますでしょ、補償金を。立上り資金か。あれも一応、組合員にはみんな、患者であろうとなかろうと配分したわけですね。
渡辺　ええ、そらもう配分したです。それで、やっぱりあの配分っていうのが、その、昔気質《かたぎ》な配分ですけん。大きな仕事する奴は大きな配分で、小さい者は小さい。とにかくその、段はつけてもいいばってん、やっぱりその配分する格 (差) はな、まちっとちぢめんとっていう。
色川　なるほど。えらく上と下がひらきありますね、あれ。みると。
渡辺　一千五百円というぐらいでしょ。
色川　そうそう、そうそう。
渡辺　ばかばかしいような、そのなんですな。やっぱりそれは昔の、その以前に会社からとった配分を、あの深水吉毅《ふかみよしたけ》やら、ああいうどんがしたのが、そういうふうな分け方しとるわけですもんな。それでやっぱり、どうしてもそういう形になってしまいますな。

色川　深水はなんで入ったんですか（深水は水俣一の大地主、資産家で戦争中は水俣市から県会議員や翼賛会代議士にも選出されていたため、戦後、公職追放となる）。

渡辺　深水はなんか一応は、あれも組合長かなんかしょらんかったですかな。それはもう、私もう来ておらんときですけん。その頃のことはっきり思い出せんです。

色川　それからこれはもう昔の話ですから、お聞きしていいでしょうが、あの渕上《ふちがみ》さんですね、なんか互助会（水俣病患者家庭互助会）の名前を付けたという縁の深い人ですが。

渡辺　そうです。

色川　まあ、漁協の組合長やめて、市議会の議長になりますねえ（渕上末記は水俣市の助役をつとめ、市議会議員から市議会議長までつとめた）。

渡辺　はい。

色川　私共、外からみているとあのへんから何やらチッソ（会社）とこう、くっついちゃったような感じがするんですが、その点はどうなんでしょうかね。

渡辺　あの人はなんですな、やっぱりなんていうかな、昔の言葉でよくわびんっていうのか、なんかの欲望、その自分だけの欲望があるわけですな。上の方にあがっていこうとする欲望、なんというか、そういうものがあるわけですな。

色川　なるほど。

渡辺　それで組合長やめさせられたのも、やっぱりあの、埋め立ての問題で、逃げだしたわけだ。

色川　へえ、丸島かなんか、あのへんの。

渡辺　あの百間《ひゃくけん》組合で。

色川　百間ですか。
渡辺　だったと思います。
色川　やめさせられたんですか。
渡辺　はい、やめさせたんです。
色川　そうですか。あの三十四年の騒動（１９５９年11月の不知火海漁民の〝大暴動〟）のあとですかねえ。
渡辺　いいえ、前。前なんですよ。
色川　ああ、前なんですか、やめたのは。
渡辺　はい。
色川　やめさせたんですか。そうなんですか。ふうん。
渡辺　悪か人間じゃなかですが、その、自分の欲望が、そら金が絡むばってん。とにかく自分が上さあがろ、上さあがろという欲望なんですね。
色川　ふうん、なるほどね。
渡辺　そらま、誰しもそういうことがあることはあるわけですね。例えば、私達を支援する学校の先生なんかも、あれ、その、上にあがろうという考えがなかけん、支援するわけでしょ。
色川　ええ、そうですね。
渡辺　そうすると、支援せん奴は、〝俺《おら》はまだ教頭になっとらんけん〟とか、〝俺《おら》は校長にならんなんけん〟というような、そういう欲望のある奴は絶対加勢せん。
色川　なるほど。水俣病のことに手を出すと出世のじゃまになるんですな。
渡辺　はい、それだから、加勢したらだめなんですな。絶対上にあがらん。教頭にもなんにも上がれん。

で、今の西弘先生でも同じことでしょ。あの人も私たちにうんとなんしてんだけん、やっぱり上に上がれん。

色川　あの、石牟礼弘先生（道子さんの亭主）なんかもそうですな。

渡辺　はあはあ。石牟礼さんなんかもそうです。

色川　ヒラで終わっちゃったんですもんね。

渡辺　はあ。

色川　そうすると、あの松田さんに変わるときは、松田さんは皆におされて、出ておったですか（松田市治郎は昭和35年から水俣漁協の組合長で、チッソ会社との交渉に当たった）。

渡辺　松田組合長。はあ、みんなでおした。

色川　おしたわけですね。

渡辺　あれが一番最初に見つけだしたわけですな、その不正事件を。

色川　あ、不正を。なるほど。

渡辺　ほいで、その員外はいかんと。だからその、組合から出さないかんと。

色川　あ、員外理事ですか。ああそうですか。

渡辺　員外ですもんな、渕上なんか。

色川　じゃ、漁師じゃなかったんですね。

渡辺　漁師じゃなかった。もっとも、やっぱり員外ということですなあ、いかんのがあたりまえですなあ。

色川　漁師でもない組合員外理事はね、やっぱり野心のある人なんでしょう。

渡辺　そうですな、やっぱり。

色川　松田さんていう人は、はじめの頃は人望あったんですか。
渡辺　はじめはあったわけですな。
色川　勇ましい人だったでしょ、最初のころは、チッソに対しても。
渡辺　ところが何もかも、その、一任、一任ですよ。
色川　一任せいっていうんですか（組合員に）。
渡辺　一任せいっていうわけ。そういうところに非常に私達は不満をもっとったわけや。もうな、自分達はもう知らんじゃけんっていうふうにしておったわけです。で、一任してしまうとなんもかも、その（相談が）無かわけでしょ。なんもかんも一任。それから渕上（末記）なんか、渕上さんあたりも相当、私達にはほどようしてですなあ、やりよったです。それで、例えばあの選挙の問題でもやっぱり渕上あたりにはだいぶ加勢しましたよ。ちょうど国会議員の八代《やつしろ》の坂田《さかた》大臣な。ああいうんなんかに、六ぺんも七へんも加勢して。まあ加勢、あげたっちゅうと嘘になるわな。私だって今でもやっぱり少なくとも二十票位の票は、もっとりますけんね。子供やらなにやら。
色川　もうなんのことはないですね、こう…。
渡辺　いや、あの三十四年の時と同じことですね。身内たってその、しかたなくこっちに応援するわけです。そして言うことがおかしかったです。こんどはまだいいに、電子顕微鏡つくったとか、それから水俣の患者、今までに九千幾らだったのが、一万幾らになしたって、ま、そのくらい。だけん、なんかおかしかみたいな。では、いちばんよかったのは、ま、園田（直）さんが。あれが四十三年にあの、国が認定しましたな（１９６８年、昭和43年9月26日、厚生省は水俣病を新日窒水俣工場の排水中の有機水銀が原因だと正式発表。厚相は天草出身の園田直だった）。

色川　そうですな。
渡辺　これがもうやっぱり、一番よかったと思いますな。
色川　そうですね。
渡辺　はい、これがなかったらまだ裁判にもならん。
色川　そうですね。はずみがつかんでしたな。
渡辺　はい、まだなっとらんだって。
色川　あのう、まあ、チッソがごまかしの浄化装置こしらえましたね。（漁民暴動の翌年、35年に）サイクレーターなんていうものを。
渡辺　はいはい。
色川　あれで、もうすっかり水銀は排水中に出ないんだということでごまかした。じゃあ安全なら水俣湾で、漁の自主規制やめて少し獲らせろっちゅう話、でましたでしょ。あの問題はどうなっちゃったんですか。
渡辺　あれは、獲らせろったって、その、とれば仲買人が買わん。
色川　あ、そうか。仲買人が買わん。
渡辺　そんだけん、しょんなかわけです。
色川　で、やっぱり組合の中にはこっそり獲ってた人もいるんですか。
渡辺　いや、やっぱりおりますよ。もう、ここは年がら年中よかったわけですけんな、たいがいの台風あがったっちゃ獲れます。
色川　そうですな。

渡辺　ですが、この海で徹底的に獲っちゃいかんと、その県が云いきらんわけです。
色川　云いきれば全部補償せねばならんのですね。
渡辺　補償せにゃならん。でも、今は獲《と》れまっせん、網はって魚が入らんごとしてますから。
色川　仕切り網、はってますからね。
渡辺　あれ、なんかしたっちゃ、なんにもならんでしたってん。
色川　そうでしょう、船が出入できる口をあけてあるんですから。水俣湾の入口に。
渡辺　網張ったって、音出して魚を逃がしてしまう程度だと思うわ。あれじゃだめです。
色川　魚、出たり入ったりしてますね、網の目から。もう慣れて（私も水俣湾口の仕切り網のところに潜入《ダイビング》して小魚が自由に出入りしているのを確かめたことがある）。
渡辺　あれ、やっぱり申しわけなんですな。あれは県の負担、県の損でしょうな。県の損は我々に損になりゃしませんか。それからチッソに対する融資ですな、県の。
色川　県債（チッソの経営危機を救うため国が保障して県に特別融資させている）。
渡辺　これはですな、当然国が自分たちも悪かけんっていうことを認めとるけん。やっぱ、国には監督不行届という大きなミスがありますけん。
色川　そうですね。
渡辺　ほいでチッソは倒すわけにはいかんというんだら、ほいでやっぱり県債ば発行してですな、今度も二十二億何千万。
色川　ああそうですね、もうえらい額に、百億近くなっていますね。
それはさておき、栄蔵さんは一本釣りの方はいつ頃までおやりになっとったんですか、漁《りょう》やっとったのは。

渡辺　私は、漁業組合は、四十四年、五年、六年頃に脱退勧告がきましたけん。

色川　あ、そうですか。

渡辺　で、うちは二人。息子と（漁に）行ってましたけん。裁判でしとらんならば、人権蹂躙だけど。そしてやめました。

色川　それから日本中、歩かれましたねえ、裁判のときは。ほんとによく日本中を歩かれましたよ。

渡辺　よお、歩きました。

色川　訴え、訴え続けて、東奔西走、昼も夜もない行脚の旅でしたなぁ。なにしろもう、栄蔵さん、陣頭指揮ですからねえ。広島へもね、行かれましたし、日本中にね、カネミの問題で訴えがくりゃ、カネミにも行く。東京には何度も（そのころの行動記録を栄蔵さんは筆マメに残している）。

渡辺　苦労は相当なものになりましたわ。所帯はその、一緒にひきつれて行くために、いろんなことをみてますけんな。なかなかできんですなあ。

色川　そうですね、とんだ御苦労をされました。いや御苦労様でしたよ。いったい裁判なんか会社や国を相手にして、おおごと喧嘩して、資金はどこから出るか、これから先どうなるもんか、本当に見通しなしですからね。

渡辺　見通しなしですよ。ただその、松本さんらが（水俣病対策市民会議事務局長松本勉）、あんたたちには一銭も出させんというから、それだけを信用してやったわけなんですよ。ところがやっぱり、ようしたもんか、やっぱりあんどんがつかまっただけで、カンパは相当やりましたよなあ。

（色川、渡辺、丸木俊、顔を寄せあって、栄蔵さんのかいた絵をみている）

色川　いいお顔だ。八十の手習いだなあ。
丸木俊　おもしろい。
色川　七転び八起きだ。
丸木俊　うまいですよ、いいですよ。
渡辺　人間の顔は描《か》ききらん。
丸木俊　こっちの線が非常にいい感じ。
渡辺　これですか。
色川　筋がね。もう専門の画家からほめられたんですから、自信もって下さいよ。
丸木俊　お年、位里よりはちょっと上よね、八十一歳。
渡辺　生まれですか。明治三十一年。
色川　位里さんは三十四年（一九〇一年）ですね。
渡辺　私より若いですか。
色川　若かですよ。はっはっは。
（丸木俊が描いた栄蔵さんの水彩の肖像画を見て――）
丸木　女の人が描いただけに、少しやさしそうに（見ゆる）。はっはっは。この女先生は、俊《とし》と云います。
渡辺　トシ。
丸木　名前が。こういう難しい字です。シュンの字です。これの描いた原爆の絵があるんです。まあ、絵は大きな絵ですが、それが本になって。画集に。これがなんですよ。まあ、こっちはユダヤ人を裸にして、殺した。外国の人ですが。これはアウシュビッツ。ヒットラーの虐殺のあの光景ですわ。両方（画集をとりだし)、差し上げますから。で、これが「原爆の図」。それは署名です。

石川　ちょっと持っていただけますか。この絵を。写真を一枚、撮らして頂けますか、本物と。はっはっ。

丸木俊　おいしいみかんよ。

広島から水俣への道——丸木位里さんの語り

丸木　これは何ですか。渡辺さんは漁をなさって。

渡辺　一本釣りやら、網もね。

丸木　まあ、私、色川先生がちょっとお話しになったと思いますが。私は広島でしてね、広島の生まれで。まあ、今、埼玉県におりますがねえ、広島の生まれで広島市におりましてね。私はその日にいなかったんですが。まあ親も、両親もおりましたし、兄弟もおりましたしねえ。まあ、ひと家族。爆心地からまああ、四キロメートルの場所です。で、まあ近いわけです。直線距離は三キロメートルぐらい。そこにおったもんだから、即死ではないが。親父がまあ、少しして亡くなりましてね、ほいでおじはもう二、三日のうちに亡くなる。そういう、まあ、友達は全部死ぬ。まあ、大変な目にあったもんだから。

で、私達は昔から絵かきだから。で、この人も絵かきだし、ま、戦争前に結婚しましたからね。それで広島へも二人で行ったりして。よく広島のことをまあ、原爆の後に(広島に)きて一ヵ月ほどおりましてねえ。よく見たもんだから。ほうして、まあなにも描くつもり、描こうとも思っていなかったんですよね。

もう戦争後というのは、原爆のげの字も云わなくなったんです。云っちゃあいけなかったんです。占領下だから。そうだから原爆なんていうのは、まあ、そのまま誰も知らずにおしまいになるんじゃないかと思いだしたんです。

五年位してもまだ原爆のことを云わないんです。云っちゃ悪いんですね。当局も何も云わんし、そのような状態で写真もろくに出なかったんです。あとから出てきたんですがねえ。私たちは絵かきだから、その日にはいなかったが、だいたい、いろんなことを見たり聞いたりしたから、ひとつ、これは描いておいた方がよかろうと思いだしたんです。思いだしてまあ、何も私が一人で描く必要もないんだし、ま、なんですわ、あなたの顔をちょっとはやいこと描いたが、ああいうことはこの人（俊）は上手なんです。それで、おおいにこの人にも活躍してもらって、で、二人で描いたんです。あの、ま、この本にあるようなのをね。二人で描いて。長いあいだかかって。

ま、一つの絵というのは、そう一年も二年もかからないんですがね。何ヵ月かぐらいでできあがるんですがね。四間屏風《びょうぶ》ですわ。四枚折《おり》屏風という、横四間、畳八枚ですわね。縦一間ですが、この絵は。それが戦後、ぽつぽつ、はじめはかなり速力がでたんですが、後になったら、あんまりひまがいって、まあ最近、ここ何年か前まで。十四部できとるわけなんです。十四ね、その大きな絵が。そして原爆の図を描いてまあ、アメリカへ持っていったり、外国へ。私達が行ったんじゃない、その絵を持ってきてくれ、云うてね、あっちこっち世界中から云うから、云うもんだから、まあ、私達が好きで持ってっても、取りつく島ないですからね。

向こうがその絵の展覧会やるからもってきてくれ、云うもんだから。まあ、そうすりゃ行ってもちゃんとある程度やってくれるし、いうので、世界中二十何ヵ国も回ったわけなんですがね、そういうふうにして原爆というものを、まあ、知ってもらわなきゃいけないでしょ。あんなばかばかしいことを、またやっ

写真②　胎児性水俣病患者と丸木夫妻――スケッチを終えて
左から加賀田清子、坂本しのぶ、丸木俊、丸木位里（土本典昭氏提供）

写真③　「水俣の図」制作中の丸木位里、俊夫妻
――埼玉の丸木家、流々庵にて――（土本典昭氏提供）

てもらっちゃ困るからねえ。それでまあ、迎える方も原爆反対の人達だし、いうので、ここ七年も八年もまえまで、世界をずうっと、また、最近もまたよばれていったりするわけなんですよ。

そいから、今おる埼玉県へ美術館こしらえましてね、まあ、美術館といってもよくあっちこっちにある何億円かかったような美術館じゃ無いですよ。ほんの何千万ぐらいのもんで、バラックのようなもんですがね、それでもまあ、中の絵が魅力あるもんだから、変な山ん中ですが見にきてくれるんですよ。

その後、南京大虐殺という、日本の兵隊達が、兵隊が悪いんじゃない指導者が悪いんだが。中国でいいことをしていないんですよねえ。南京では何十万という人を、戦争じゃあなしに女子供まで殺しとんですねえ、はい。それでまあ、これはそのアメリカに行ったときにねえ、アメリカとベトナムの戦争の真最中に行ったんですがね、その折にアメリカの平和運動家たちが、大学の教授やなんかが中心になりましてねえ、私たちの持っていった絵をねえ、展覧会してくれたんです、一年半も。それで、そのある大学の教授が原爆のその展覧会をやってくれましてねえ、この絵はアメリカが日本でやった虐殺事件をねえ、日本の絵かきが描いたものだ、それを私たちはアメリカへ持ってきて展覧会をやっとるんだと。もし、中国の絵かきがねえ、南京大虐殺という絵を描いて日本に持ってきたら、あんたがたはどうしますかというんです、その教授がねえ。これは大変だと、アメリカがやった事件（原爆投下）を私たちが絵に描いてアメリカへ持っていって、アメリカの人達が展覧会やってくれた。中国の絵かきさんが、南京大虐殺という絵をえがいて日本へ持ってきたら、私たちはそれを持歩く勇気はないでしょう、ちょっとねえ。

それを思いだしてねえ、これは中国の絵かきが南京の絵を描いて日本へ持ってきそうにないし、これは日本人が描けばいいと、私達が描けばいい。原爆を描いた人間がねえ。日本人の、私たちの親戚やら親兄弟やら、息子たちがやった悪いことを、日本人がやったことを日本人自身が描けばいいと、それを覚悟した。そして南京大虐殺という絵も描いたんです。大変な資料を集めて、みんなが資料を持ってきてくれた。その時のことを見たわけじゃないですからね。資料がたくさんある。写真がねえ。まあ渡辺さんも同じ位な歳だから、いやあ、あんな千人斬りじゃ百人斬りじゃいうて威張っとったでしょう、日本の兵隊たちがねえ。

渡辺　（感心して聞いていたが）はい、そうですなあ。

丸木　そういう写真がいっぱい残っとんですねえ。ほいでいろんなやつを集めてくれたもんですから、それをたねにねえ、かつて南京行ったこともありますしねえ、私たちも。それをたねに「南京大虐殺」という絵を一つ描いたんです。これも大きいんですよ。そうして上野の美術館で発表して、それからうちの美術館へいま飾ってあるわけなんです。それから原爆を描いて、南京大虐殺を描いたのなら、まだ、もっと大きな事件があるじゃないかと。

いわれんでもわかっとるけど、このアウシュビッツねえ。ドイツが女たちまでもう裸にしてこれ何百万という人をガス室に入れて皆殺ししたでしょ、あのユダヤ人を。これも描かなきゃいかんと思いだした。それでまあ、そのアウシュビッツへ、ポーランドへ行きましてねえ、見てまたびっくりした。

これはねえ、これはポーランドというのは社会主義国ですからねえ、何もかもそのまま全部残っとんで。人間はおらんが、今ここでこう、首をつった、首をきられた着物までこう転がっとるというのをそのまま残しとんだ。はー、気持ちが悪いですよ。それから女やなんかはみんな丸坊主にして、その髪の毛で織物も、毛布まで織ったいうんだ。金歯も抜きゃ、ありとあらゆる悪いことをした。これが一番酷いでしょ。戦争の中のむごたらしい事件というのはね。

渡辺　ユダヤ人殺害はあんまりにも惨《むご》たらしいですなあ。

丸木　何万ちゅう人が、何十万ちゅう人が死んどるでしょ。一ぺんにガス室で死ぬる。そいつをテレビでたまにやりますわね、あの、ブルドーザーでだあーっと死体を集めたりしよるところを。日本でもテレビで何回か見ましたよ。そういうのを向こうじゃ毎日のごとく映しとるもんだから、ほりゃ、すごい話なんですよ。ま、こんなことは今後あっちゃならないし、ありもせんと思いますがね、凄い事件ですねえ。それも描かないかんと思う。それを描いたのがこれなんですよ。

そいからまあ、あっちこっち描いて、今回その後、もう一枚、この春、大作を描いたんですがね。いろんな事件を描いたんです、ごっちゃにしてねえ。日本の戦争からアウシュビッツもちょっと入ってるし、沖縄も入っとるし、原爆も入っとるし、それから水俣も入っとるし、三里塚の闘争も入っとるし、そういう絵をこの春描いたんです。写真がようけあったもんだから、写真を見せてもらって、水俣の場合はねえ、描かしてもらったんだが。一ぺん来なきゃいかんいかんと思いながら、まあ、今日まで来られなかったですがね。

それで去年なんですよ、フランスへ展覧会へ来てくれ云うもんだから、三ヵ月ほど行きましてね、そこには石川君にも行ってもらって。我々は言葉ができんが、あの人はできたりするもんだから、ずいぶんお世話になって、運転もできるし、やってきたんですがね。その折、フランスっちゅうのは大変デモクラシーのしっかりした国で公害問題が非常に煩《うるさ》いんですよ。人民のあいだでねえ。もう大変よく調べて、闘っとるんですよ。ほれで、日本の水俣をくりかえしちゃならないという言葉でねえ、水俣のことを大変勉強しとる、よく知ってるんですよ。

ほいでもう、こっちが恥ずかしくなって、水俣に実際に来てみもせずに大きなことは云えんので往生したんですがね。ほいでまあ、そんなことでぜひ水俣へ行って皆さんにお会いしてお話を聞いたり、目で見たり、一週間ほどおじゃましようと思いましてねえ。きのう、一昨日か、参りました。ほいでまあ、お宅へおかげさんで、こう、お伺いしたんですが。そういうことで今度は水俣という絵をねえ、もう描かなきゃ。これは大変なことですからね。広島の原爆、長崎の原爆いうのは一瞬のうちの出来事。まあ今日まであとひいてますがねえ。水俣というのは長い間のまあ、わけのわからんような、あんな気持ちの悪い事件はないですわ。

渡辺　そうですな。ほんとうに。

丸木　これはひとつ、うんとまあ、皆に知ってもらって、そうしてこういうことがこの国にもないようにねえ、なればいいと、そう思うんですがね。そういう点では、じかに御苦労なさっている方達に、まあ、ほんと、お気の毒な目にお会いになってね、亡くなった方もあったりするんで。これをどういうふうに描かしてもらおうか、まあ一応皆さんに会ったり、この風景を見たりねえ。舟があったり、まあ生活なさってる人たち。この水俣という絵はこっちきていろいろ考えたんですが、こういう(原爆の図のような)絵じゃないんですよ、今度描こうと思うのは。こんな悲惨なばっかりじゃなしに描こう。今日皆さん被害をうけた方も生きておいでになるし、さっきは杉本栄子さん。

丸木俊　踊ってたん。

丸木　栄子さんかいな、あれ、あそこへ行ったら踊りを踊っておられるからね。踊りみせてもらったり。病気になっておる方々皆がいい着物着て、踊り踊って。これもいい材料になると思いましたね。そうしてねえ、そういう風にして、しょげてしまわずにね、しょげてしまったらお仕舞いだからねえ。踊りを踊ったり、歌も歌ったりして闘っていかなきゃいかんと思ったですね。絵もそうでなきゃいかんと思いだしたんですよ。こっちきて分かったんですがね。ほいで今から、まあ、まだ来たばっかりで、この付近ばっかり見せてもらったんだが、ぼつぼつ、向こうの方、天草の方までぐるぐるまわって、あっちこっち見せてもらってねえ、帰ろうと思いますから。

渡辺　御所浦（島）とかなんとか、行くところだいぶんございますたい。

色川　御所浦だの獅子島だのという所には、ちょうど水俣が二十年前に苦労したような姿がまだ、ありますね。今ようやく発見された患者が、まだ申請もしないで。苦しんどりますよ。二十年前の水俣見るようです。

渡辺　今はもう、昔と違うて住宅は皆良くはなったし。

色川　このへんは住宅が良くなってきましたもんねえ。

石川　まだあれですねえ、日本のあっちこっちで、いろんなところで、また違う水俣病がこれからもねえ、出くるでしょうねえ。今、世界中で特にカナダとかインドネシアでは現実にあるそうですしねえ。

渡辺　必ずですねえ、有機水銀中毒でなくして、それ以上の中毒患者が出くる。

色川　わからん重金属のね。

渡辺　化学の発達すれば発達するほど、そういうのが出てこにゃならんわけですな。

丸木俊　戦争でない災害ね。

渡辺　戦争でない災害です。

丸木　これはまあ、平和平和っちゅうて、こういうことやっちゃいかんですよ。平和じゃない、もう戦争なんですよ、これはね。これと闘わなきゃいかんですねえ。こういう風に世の中が発展するっちゅうか成長したんじゃ人間がもたなくなる。荒いことしちゃいかん。

渡辺　わしにはそうなりゃせんかと思いますなあ。本当にもう、たとえばあの洗剤の問題。

丸木　これはまあ、すぐ自分にこたえんから、あまり慌てんのだが、長い月日にはねえ、何もかもひどいことになりますわ。
もうおいとまして、また次に行って風景を見せてもらいましょう。
色川　そうですね。
丸木　先生はお帰りになるん。
色川　いえ、まだこれからこの上の相思社（水俣病センター）へちょっと寄て、それから帰ります。
丸木　それじゃ。
石川　一緒に一枚写しましょうか。皆さん一緒に。
色川　栄蔵さん達が御苦労なさったのを無駄にせんようにねえ。
丸木俊　そうよ。大変なお仕事でした。
色川　（丸木俊さんの描いた栄蔵さんの絵を見て）いい記念ができましたね。
丸木　そうそう、それ飾っといてもらえやいい。
色川　今日、踊りやってなさったですよ。
渡辺　踊ってましたか。
色川　トシさんと栄子さんと親子で。踊っとりましたね。
丸木俊　あのトシさんは私より十ばかり若い。
渡辺　ああそうですか。今で五十七か八。
色川　そんなこと云いましたねえ、五十八ぐらい。
丸木俊　まだまだ元気ですね。

色川　栄蔵さん、こちらへ。
丸木　あの、記念写真撮影を。
丸木俊　私たちも、もっと踊りを始めようって。水俣の患者さんが元気に一生懸命踊っとるん。
渡辺　うちではあの、嫁も踊ります。
石川　あ、そうですか。
色川　じゃ栄蔵さん、どうもありがとうございました。
渡辺　いえいえ。
色川　午前中に伺うなんていって、午後になってしまって。まあこういう方達ですから。もう描きはじめると時間、忘れてしまうんですよ。はっはっは。
丸木俊　ありがとうございました。

大作『水俣の図』は出来上がった。横に15メートルもある作品で、東京・上野での〝人人《ひとひと》展〟で発表された。そこにはいろいろな物語がこめられていた。これを見た石牟礼道子氏や土本典昭氏が、作曲家武満徹氏の協力を得て、絵画と映像と詩と音楽のシンフォニーとしての『水俣の図・物語』を映画化することになった。

1980年の晩秋、丸木位里、俊のふたりは再び水俣を訪れた。その時の心象を青林舎の映画パンフレットが次のように叙景している。

俊さんは前回ショックのあまり描けなかった重症の老人患者を色紙に描き、調べた上で「水俣病闘争の指導者」と書いた。25歳になったとはいえ少女のままの胎児性患者加賀田《かがた》清子さんを描いた。ヘドロ漬けの水俣湾の汐は引き潮とともに不知火海に散ってゆく。一方、外洋から満ち潮がながれこむ。海はまだ生きていると告げている。

スケッチはつづいた。胎児性患者の坂本しのぶさんを描き上げた夜、ふたりは〝もうひとつの水俣〟の印象を語りだした。位里さんは、清子さんに浄土のひとのような魂をかいま見たというのだ。

1981年1月、絵のなかのふたりの娘の掌《てのひら》には、丸々とした赤ん坊が描かれた。位里さんは「希望のもてる絵にする。人民はいつも殺される。だが死んではいけない。生きて生き抜くという絵にするのだ」と言う。俊さんは「もっと悲しくつらいことを、もっとも美しく描くことができれば…」と語った。

その赤子と女人像に、位里さんの手で、後光《ごこう》のような真っ赤な絵の具が流されていった。(1981年、製作、青林舎。土本典昭監督映画『水俣の図・物語』パンフより)

(この原稿制作にあたって建築家村上素子《もとこ》さんの御協力と日生財団の本年度の助成を頂いたことを付記したい)

(「東京経大学会誌」第一八八号〈研究ノート〉(一九九四年九月)所載)

創生記の水俣
――前田千百聞き書――

I

私たちが最初に前田千百《ちを》さんをお訪ねしたのは一九七七年の夏のことだった。水俣市から自動車で三〇分はかかる熊本県芦北《あしきた》郡佐敷《さしき》町にひとりでひっそりと暮らしている前田さんは、八〇歳になられるということだったが、その話の明晰さと記憶力の鮮明さは驚くほどであった。

明治三十（一八九七）年一月、水俣村浜《はま》で前田さんは誕生した。前田家は、徳富蘇峰・蘆花の兄弟を生んだ徳富家とは遠縁にあたる水俣の旧家である。

徳富家を興したのは元文三年（一七三八）水俣村に生まれた徳富太多七《ただしち》であった。彼は肥後をおさめていた細川家からそれまでの郡筒小頭《こおりづつこがしら》から惣庄屋《そうじょうや》兼代官に任命され、水俣、津奈木《つなぎ》の手永《てなが》の代官（今の村長のような役）を務めた。この太多七の次代に北酒屋《きたざかや》、浜囲倉《はまいぐら》、新酒屋《しんざかや》、の三家に徳富家は分かれ、前田家もこの頃分家したらしい。徳富家は江戸末期から明治にかけて水俣で名望家の名前をほしいままにした。しかし、格からいえば徳富家は、水俣村の中ではナンバー2《ツー》である。

この社会でその頂点にたっていたのは、中世相良《さがら》領以来の名家で近世には細川家臣にもなった深水《ふかみ》家である。この深水家の屋敷を中心にした一帯を陣内《じんない》（陣町《じんまち》）と呼び、水俣村の最高級地だった。後にここにはチッソの工場長や高級社員が住みつくようになる。村内は陣内、浜、栄《さかえ》町、丸島《まるしま》、八幡《はちまん》、とみごとにその序列が決まっていた。水俣病多発地帯の湯堂《ゆどう》、茂道《もどう》という地区は水俣の辺地であったといっていいだろう。

明治二二年、深水家の当主頼寛は水俣村の初代村長に就任している。しかし、時代を経るにつれ、その流れにのれないまま、没落の道をたどっていった。そうした旧家の盛衰は明治末頃からそのきざしが見えはじめ、前田千百さんの話の中にもあらわれてくる。

前田家は屋号を内村屋といい、水俣には数戸しかない御赦免田《ごしゃめんでん》を持つ地主だった。父は前田忠規《ただのり》、母貞尾《さだお》は園田家の出身である。千百さんは跡つぎ娘であったが、年齢の離れた二人の兄がいた。永喜《えいき》と弘《ひろし》である。この永喜こそ水俣にチッソ株式会社の前身、日本窒素肥料株式会社を率先して誘致した人物であった。明治四一（一九〇八）年八月のことである。もちろん、野口遵《のぐちじゅん》の設立した会社は当時はまだ海のものとも山のものともつかない小さなカーバイト工場にすぎなかった。だが、水俣村の将来を思う者達は、この発展の望みのある会社にその夢をたくしたのである。

当時、水俣村は戸数二五四三戸（明治二八年）の海辺の静かな村だった。とりたててこれといった産業もなく、わずかに塩だけが名物といえば名物であった。塩田は寛文七（一六六七）年、深水家のすすめによって造られ、明治末期には三四町二反の広さに達していた。明治四三年、塩の専売制によって廃止されるまでの二五〇年間、良質の塩が作られたという。年間一斗俵で十万俵を産出し、その70%は肥前、島原方面に移出された。その代わりにソーメン、たたみ、瓦、焼物などの品々が海路を通じて入ってきたのである。

この塩田のほかには、不知火海での漁、山を開いた畠、零細な商業、などがあるのみで、実につつましい生活であったと思われる。村のもの思う若者たちが、何か大きな事業をおこしたいと考えたとしても無理はない。だが、このカーバイト会社を呼ぶのには、かなりの時間を要したのである。

野口遵は鹿児島県伊佐《いさ》郡曾木《そぎ》に発電所を持ち、この電力を利用して工場を運転しようとしていた。それには水俣という地は不便があった。工場候補地には佐敷《さしき》、米《こめ》ノ津《つ》などがあげられ、なかでも鹿児島県の米《こめ》ノ津《つ》は最有力地だった。そこには築港があり、距離も水俣より発電所から八キロも近かったのである。

しかし、前田永喜は村の有志をつのって積極的に説得をすすめ、米ノ津との差、八キロの長さ分の電柱を寄付するとさえ言いだした。こうした必死の誘致運動に野口も折れ、明治三九年（一九〇六）、永喜の自宅を事務所にして、旧水俣川河口に新工場が建設されたのである。（『水俣市史』）

この時、水俣に〝実質的な明治維新〟が始まったと言ってさしつかえない。それまでのこの地域は、江戸期とそう大差ない生活のリズムを刻んでいた。おだやかな不知火海を前にして村自体で完結していた世界に、これまで存在しなかったようなものが、さまざまな形態をとってこの寒村におしよせてきた。文化が、資本主義経済が。天草などからの移住者や中央から来るおびただしい人々が、そして近代が——。村の中心地に電灯がともったのは明治四二年、大正元年（一九一二）には町制が施行され、大正六年、電話がようやく開通した。

Ⅱ

前田永喜が追い求めたのは、そうした村が活発に生きてゆく道と、近代社会創世の光のようなものだったろう。まさか希望の星の会社が、地域社会にあのような惨害をもたらすとは誰も想像しなかったに違いない。裏切ったのはチッソの側であり、利潤追求を第一とした資本主義経営そのものであった。

永喜は自分でも次々に新しい事業を試み、ことごとく失敗した。父はそのような長男に失望し、財産分けの後、廃嫡した。末娘に家をつがせたのはそうした事情によるものであった。次男の弘は若い野心の燃えるままに渡米し、何十年も帰ってこなかった。

千百さんが結婚したのは二十一歳のときだった。夫は水俣から少し山地に入った深川《ふかがわ》という部落の出身で、山村地主長野《ながの》家に生まれた隆《たかし》である。挙式の当日まで相手の顔も知らなかったという典型的な伝統型の婚礼だった。徳富蘆花はその著『竹崎順子』の中で、夫律次郎《りつじろう》と一目もかわさず言われるままに嫁した伯母の順《じゅん》を、「与えられた材料に苦情を言わぬ名匠の謙遜な自信です」と敬愛をこめて評した。

おそらく明治、大正の女性たちは内容と程度の差こそあれ、こうした〝名匠〟になるために素養をみがきぬかれて育ったのであろう。しかし、〝与えられた材料に文句を言わぬ〟とはなんと残酷なことであろうか。それをやりとげて生きてきた女たちの姿には、ただ忍耐という美徳以外に、哀しいような心の強さを感じる。千百さんもそうした一人だったが、夫がなくなった今も、前田隆の標札を玄関にかかげ、「こうしているとお父さんが支えてくれているようです」とおっしゃられる。

前田隆《たかし》は政治家だった。千百さんが語る夫の生き方には、政治の本来あるべき姿がくっきりと描き出されている。どこまでも手弁当で、たとえ孤立しても、なすべきことのためには自分の信念を貫いていったという。隆は妻の財産をあらかた政治につぎこんでしまったが、「世の中には、そんな人間がいてもいいんじゃないですか。また一方でお金をどっさり蓄えた人も、いつかはまた世の中のために使ってくれるんじゃなかろうかと思います」と、千百さんは何か晴ればれした様子でそのことを語る。

水俣は政友会の地盤で、隆はその社会では少数派の憲政党であったから、その活動もきわめて困難だった。支持の多くは日窒関係の人たちであったという。町の者たちがどのような評価をくだそうとも、千百さんはなくなった夫と兄のしてきた事業は正しかったと信じている。

この聞き書は、一九七七年から三度にわたって佐敷の御宅でお聞きした話をまとめたものである。行く度ごとに新しい話題が泉のようにわき出て、さまざまな質問にもたくみな表現力で的確な答えを返され、あざやかというよりほかない。聞き書は語られたままにしたかったのだが、話の前後を構成したので言葉づかいなどが大分変わってしまっている。千百さんの流れるような話術を生かしきれていないのが残念である。

この聞き書では、水俣病の悲劇がおこる前史、創生期の水俣の一部をかいま見ることができよう。そしてさらに、どのような時代にも決して表面には出てこなかった刀自《とじ》（女の人たち）の、個性的な一代記としても読めると思う。

前田千百聞き書

女学校時代

私が大江(1)の女学校に入学したのは明治天皇がなくなられたころでしたよ。私たちのときは熊本女学校ちいいました。そのころは水俣から女学校へ一人行ったとか二人行ったとかそんな時代だったものですからね。

歳は一四、五歳でした。

熊本へ行くのに国道三号線も、汽車もありませんし、水俣の丸島《まるしま》の海岸から船で。夜明けに三時か四時に起きたような記憶がします。そして仕度して、丸島まで行きますね、小さい舟がはしけに待ってますからそれに乗って沖の方の大きな船に移りますの。伝馬《てんま》に五人十人お客さんが乗りましてね。波で本船と伝馬船がゆれて、ちょうど本船に伝馬が着いた時ぴょんと乗って。こわかったんだろうと思いますが、船員さんが手を出しますものね、それでぴょんとあがって、楽しかった記憶ばっかり。

丸島を出ると津奈木《つなぎ》の沖とか田浦《たのうら》の沖、芦北《あしきた》のですね。佐敷《さしき》の沖に止まって、お客さんが一人二人出て行きますもん。それで伝馬でまた新しいお客さんが来ます。そんなして三角《みすみ》に着くのが十二時頃ですたい。その三角でお昼を食べるのがとっても楽しみでおいしかったですね。お船に畳敷いてありますからそこで食べよりました。たいていエビナちゅうございますね、魚の。あれをお煮つけです、芋か大根かと、一皿。そして何かちょっとこう出ます。船でしてくれましたよ。

三角から汽車に乗って行くのに待ち時間がありますでしょ、五〇銭か三〇銭か知りましぇんけど、そこでお昼食べるのがおいしくてね。三角からは、熊本まで。熊本駅はその頃春日《かすが》駅じゃないでしょうか。駅からは、人力車が四〇、五〇待ってましてそれで大江まで行きました。映画なんかで人力車見ると懐かしいですね。熊本まで行くのに一日かかりました。

荒れた天気とかなんかの時はずっと水俣から馬車。昔そのままの三太郎峠を越えまして佐敷で馬車を乗りかえます。もうその時は、あんまり何時間も同じかっこうですから、馬車からおりたとき、足が変にこうすくんだもんで。それでしばらく佐敷で昼食しまして、白石まで。馬車賃ですか、さーあ、いくらでしたかね。白石から熊本までは汽車だったんです。

私達のときはもう、生徒は百名近くおりました。いえ、学校は市外だったんです。それで電灯がつきませんで、据《す》えランプちゅうありますね。二人ぐらいの机並べまして一つのランプで据えとりますから据えランプ。それに石油入れるっとが難儀でした。

そのころは、蘆花さんの『自然と人生』や『青山白雲』など一冊あれば何回でも繰り返し読みましたけど、戦災で焼けてしまいました。大江ではキリスト教の講話など、無理にはありましぇんでした。海老名弾《えびなだん》正《じょう》さんなど再三おいでなさいまして、そういう時には良いお方だから行きなさいと、無下《むげ》にはおっしゃらんで、そういう時には行きました。日曜日に教会へ行くことは勧めもなさらんし、止めんもしませんでした。その点は本当に自由でしたね。

高群逸枝さんのこと

女学校では高群逸枝《たかむれいつえ》さんと一年間ごいっしょでした。二つか私より上でした。あの方は県立女学校かなんかでしたもんね。何か問題があっておやめになったのか、それから大江の女学校に。大江はそういうような方を受け入れる校風ですから入ってきました。

ある時ですね、文芸会だかで逸枝さんが何かを読んでですね、私たち乙女心にもらい泣きしたことあります。それは確か福田令寿《れいじゅ》先生が何かの意見を出したとき反抗して、自分の今まで書いたのを焼きなさったでしょう。そのことを書いて読まれたです。みんながみんなすすり泣いた記憶があります。

私たちは尊敬して、おそれたごたるふうでしたね、あまり皆さんと親しく共にものを言うようなことはありましぇんでした。あまりにも差があって。ちょっと近よりきりませんでした。あたしも一度あん人の本借って読みたいなち思いましたけど、借りる知恵も出ませんしね。小柄でじゅっとしとんなさいましたね。私たちみたいに小柄でした。どこから通っておいでなのかそれも知りませんで。でも一人違ってることは知っとりました。そして後でだんだん名が出てきますでしょ、びっくりしましてね。

ええちっともその目立たんですね、服装なんかおかまいにならんだったですよね、私達も村娘でしたけど、それに似たりよったりでしたよ。文芸会なんかがあって発表したから、この人はちがうなっちゅうふう気がついたわけですね。

その頃は私たちほとんど着物に袴で、たまに誰か熊本市内の方が靴でもはいてましたか。式でもあったりどこか行く時は長たもとでしたけれど、つつっぽみたいの着てましたよ。入学の時はおふとんも作っていきました。木綿のふとん、木綿の着物をね、上・下。自家用の自分の家でできた、なんでした。

小学校ですか？　はい、水俣の尋常科で。たいていは四年でやめまして、あとは高等科ですね。百姓の人たちも小学校へは、たいてい行っとりました。そして子守学校ち、一棟《ひとむね》ありましたね、子供をおんぶして学校に来とりましたねーえ。二つ三つの子をお守りしながら、その人たちだけ集めて十人か二十人か人数は記憶にありませんけど、学校でどういう生活をしていたのか。子供をつれた女の子がうろちょろしてましたよ。

チッソ会社が来て

女学校に行きますころは、チッソはもうたいてい完成していたんじゃなかったですか。発展しかかっとりましたよ。上棟式《じょうとう》って、棟上《むねあげ》っちこの辺ではいいますが、あれがありましたのは私が九つの時だったと思います。しばらくはカーバイト会社とかガス会社とかいいましたね。れんが造りで。

会社ができるという問題が出ましたときは、どこか、米《こめ》ノ津《つ》あたりが有力だったち思います。私の兄貴の永《えい》喜《き》がそれを聞きまして、こりゃあもう水俣に、漁村だからなんせにゃということから始まったらしいですもんね。

『水俣市史』にその辺の事情が書いてあるらしいですけど、やたら私がおしゃべりしましてもねえ。

永喜は安く自分の土地を提供して会社を持ってきましたけど、自分はすってんてんになりました。でも、永久に水俣がある以上は会社があるし、水俣がありますから生きた仕事だと思って喜んでいるかもしれません。お互い自分の兄弟ですけどあまり欲がなさすぎて、人が良すぎてそういうふうでした。だから、今おったら、水俣をながめ会社をながめとると思いますけど。

会社を呼んだ頃兄貴はまだ若かったですね。ま、そういうことが好きで同志集めて。学校もどっかに行っとったらしいですけど、それがわからない。私は兄貴から一五年ぶりにできた子供なんです。兄貴たちは親みたいですね。

電柱のことですか？　それはですね、会社は電気が必要ですから、曽木《そぎ》の滝から、ずっと引いてきて、その電柱を建てるのに深《ふか》水《み》吉毅《よしたけ》さん[2]の田んぼに建てれば距離的に良いそうですたい。ところが会社にはちょっと反対でしたもんね。田んぼに電柱何本か立てるのに反対なさって、それでとうとう私方の御赦免田[3]ちゅうとに、えらいまわって。あそこの電柱は直線にせずに曲がっとるちゅう親達が言いましたのは、私、記憶にあります。

それで、会社に反対するところで結婚式とかなんだとか夜にやるときは、電灯は消しよりましたですたい。ある所消すから近所も大迷惑でしょ。そっで、今夜吉毅《よしたけ》君が結婚式じゃで電灯消《き》ゆっぞっ消ゆっぞっでみんなちゃんと活動しとっとですね。ちゃんと消えたですたい。

最初みんな知らずにばたばたしたらしいですね。それでも後からは消さるる方も慣《な》れてきてちゃんとランプなんか用意しておいて、それが笑い話です。職工達がちゃんと知っていて、今夜どこどこの結婚式じゃから消せよちゅうと、せんばそこんとこ消すわけですね。一晩中じゃなくてもばたばたさすっとが面白くて。ま、今なら問題ですよね、昔だから消さるる方も、その周囲も黙って笑ってなんしとりました。

会社設立にはですね、佐敷は全町こぞって反対。水俣はそうでなくて永喜なんかが発起人でしたもんで、でも反対者はいました。どうしてかというと、下男や女中がおらないようになりますでしょ。小学校からすぐボーイ[4]になったりして、だからいかんちゅうて。

例の水俣病では私も、なんか会社を呼んだのが良かったのか、悪いのか、どちらの方に考えたら良かかなと思って、それで、もしそういうことがあるとわかっとれば、呼んだりもしましぇんけど。

でも、水俣は会社のおかげでですね、とてもそら、ある面では助かりましてみんなが。生活の面とかいろいろな面では。佐敷なんかとは、ま、今はそんな大差はありませんけど。私の娘は佐敷に嫁いでおりますもんね。今からもう三〇年ばかり前ですけどね、娘の所へ来る度に、そのころの水俣と佐敷を比較しますと一五年は差があるなと思いました。佐敷はなんかしますとすけたところがありましてね。水俣ですと都会の東京あたりの風が吹きこんできますでしょ、いったいに垢抜けてましたもんね。

だいたい佐敷は芦北の中央だったですから郡役所がありました。私達が女学校に行きますときは佐敷からは三人も行っとりました。そのころ水俣は村で私達は村娘でしょう。そしてこちらは佐敷町ですもんね。いくらかこう恥しいような気分持っておりまして、私達は一段下に見えましたよ。それは、たしかにありましてね、でもだんだん開きはじめるとそういうことで。良いことか悪いことか知りましぇんでしたけど。

たとえば、今まで小学校だけで百姓しておった人などが、社宅の女中や子守なんかになりますね、そうしますと言葉つきや動作が自然と感化されましてね。こぎれいにして言葉使いも上品にして。またボーイなんかに行って生活の安定ができますと一帯にね。そういう点から、まあ一〇年、一五年の差はあるなと感じました。

野口遵《じゅん》さん（日本窒素肥料株式会社の創業者）とは私、一、二度子供の時におあいしました。あたし共の家に隠宅って建て増しして一年経たないのがありましたから、それを提供して会社の藤山さん[5]がおられたわけですね。藤山さんのところに野口さんちょこちょこおいでまして、子供時代で、おじさんおじさんて、何のおえらい人か知りませんでしたから、それくらいのもんで。永喜は野口さんからとってもかわいがられまして、よく碁《ご》のお相手をしました。泊りこんで呼ばれてなんしました。

私達は、会社関係のお子さんとの交流はありませんでした。その下の年代はありましたけど。藤山さんなんかのお嬢《じょう》さんがちょっと見えてもお姫さんぐらいにしか考えませんでしたもんね。時たま水俣にいらっしゃるでしょう、うちの真向いに見えて、私は珍しくて見よったですよ、かいまごしに。夕方になりますとね、お風呂から上りますと、女中さんがきれいにお化粧して、おふりそで着て近所を散歩なさる。おひとりびとり女中がついてますもんね、お姫さんみたいに思っとりました。会社の方は町の者とあまりおつきあいなかったですけど、一つはご自分達は差があるっちゅうような気味がいくらか。土地の者は田舎者だって。社宅の奥さんたちは社宅だけちゅうごたるふうで。いく分あったんでしょうね。そのうちだんだん解けこんで一部の人たちはおつきあいもしましたけど。

祭の準備と草相撲

一番大きなお祭りはお八幡《はちまん》で、この前の戦争まではお八幡にずーっと桟敷《さじき》がありましてね。それに家々の紋の幔幕《まんまく》張りめぐらして。桟敷に前の日から青い杉の葉を切って竹で組んで飾り、みんなせいいっぱいのおごちそうしますし、せいいっぱいのお金を使っておしゃれして行きよります。相撲があってですね、陣《じん》町と浜《はま》で、吉毅《よしたけ》さんと私の所で関取をお世話しました。そん時は政党なしです。幕内《まくうち》の誰々ってたいてい来よんました。強か人《つ》が一人ね。水俣には相撲取っとはおりましたけど関取はおりませんでしたね。東の関取、西の関取ちゅうて名乗りを掲ぐるものはおらん、やっぱりよそから来ました。町から関取を養うまかない賃がいくらか出っとですたいね。五日か一週間家に泊《と》めますから。雀の涙のしこ来っとです。そすっと勝てば勝ち祝いでお附きがどんどん来《く》っでしょう。お酒でん何でん、何十あっても足らんですねえ。負くればで慰安の方が。もうそれで町から来た金は、どこさん行ったかわからんで。

私たちは相撲取なん、どんなして養えば良かか知らんでしょう、出入りの親方なんかに聞いて朝から魚屋へ注文しておいて。魚は切ったとはやらんで、みんなほう丸のまんま。それから卵でん生《なま》と半熟とどっちば食べるか、五つつばっかりづつ出してもう大事《おおごと》です。関取さんたちはさぞ食べるだろうち思っとりましたが、そうは食べなかったですね。

関取が相撲に行く時は、笹にですね、一〇銭でも二〇銭でも、その頃いくらですか、小さな熨斗《のし》に入れていっぱいぴらぴらさせて出すっとですよ。そして家の人ばっかりじゃ足らんから、いる人に下げてもらうですたいね。いっぱい下がってた方が良かですもん。養った上にそれをせんばならんでしょ、帰ってさようならち時は、お餞別《せんべつ》包んでやります。それこそお祭りの時は一身代《ひとしんだい》なくすんです。

私共の方は田舎から同志が五人も三人もつれてくっとです。そっで、少くとも三〇人ぐらいの人が来ても困らんようにしてきよりました。ごちそうには、ゆばなんか使いまして、巻ずしなんかも作りました。十人弁当ち重箱に入れて、お客さん一人に一つづつやって、その他に沢山料理は自由に作っていきよりますからね。ほーんにもう大事《おおごと》でした。それはも何十年も続きました。戦争が始まってぼつぼつやめましたけど。今はあれ（戦争）がないから、本当にようございます。女は十二時過ぎまでなんしてね、朝も早く起きて。

私たち女中が四、五人おったでしょうが、みんな自分の持っとる衣装の最高のおしゃれして行くでしょう。女中たちも年に一遍ずつ作ってやっとる着物を着たかですもんね。私たちは髪結《かみゆ》いさんにて丸まげ結うとですたい。私は自分だけおしゃれして、一五、六の娘ですからね、さぞいやな思いするだろうと思いまして。子守から女中に至るまで私が結《ゆ》うてやりました。

子守なんかこう桃割《ももわ》れちゅうて。そして着物なんかも帯からしめてあげて、それたち全部してあげてから、私は着物着よりました。女中たちはふだん小さな鏡で自分たちで髪結《かみゆ》うていますから、その時は部屋へつれてきて鏡台の前にすわらせてそれだけはもうちゃーんとしました。まだ来て一年経たん女中は着物を持たんともおっとですたい。そん時には中古の着物やはおりを着せてやりましてね。

それで三〇人前も仕込んで行きますには、お弁当も随分ですもんねえ。山番しているじいさんたちを呼んで、女中たちと、それを栈敷に運びますもん。運ばせといて、帰ってから女中達をきれいにお化粧させて。おしゃれしてから、したくないでしょ。そのため朝早く作らんばんですたいね、四時か三時に起きて早く作ってしもうて。

家が落ちぶれるとせんです。もう戦争でも女中も下男もおらんごつなって。みんな有志の者がおらんごつなってしもうたですたいね。一軒ならば恥しかでしょうが、もうみんながおらんごつなって。

村のクリスマス

私が子供の頃は、お祭りもですが、クリスマスをやりましたよ。私なんか仏《ほとけ》さんで、なんまんだぶつでしょ、そっでも九つか十ぐらいの時からクリスマスに出してくれました。妙ですね。教会なんかが小さいときはなかったもんですから、一ヵ月ばかり前から先輩の方が賛美歌を教えたり、劇を教えたり。緒方惟則《おがたこれのり》さんの妹さんがおられましてね、その方が教えてくれてけいこしました。その方は女子大なんか出られて二、三そういう方がおられて水俣はハイカラでしたよ。

クリスマスはどっか大きな所を借りてしよりました。普通のお百姓さんの娘さんなんかはそういうときは、やっぱなんでしたね。どこどこちゅうかぎられた家でした。百姓の人たちはクリスマスちゅうと気嫌《けぎら》いするでしょ、そういうことに加わりたくなかったかもしれましぇんし、また一方誘うこともせんだったんじゃなかでしょうかねえ。私たちは家で仏さんでしょ、それがクリスマスの一ヵ月前からはウキウキしてですね、もうとっても楽しみでしたね。ときたま外人の方なんかが来られればたどたどしい日本語でおっしゃるでしょ、それがまた嬉しくて。

おかしですか？　おせんべいか、何でしたかね。今はねえ、何千円もするケーキなんかですけど夢にも。それでもとっても楽しみで。そういう時の着物も縞《しま》の、ただこうした、色彩の無い娘時代でしたね。髪は牛若さんのように桃割れ、髪さしをさしたり、あとはリボンですか。造花で作った小さな髪さしをよくさしました。珊瑚なんか、あなた豪華な物ですから。

その頃、家には使用人は男が下男《げなん》、小学校出たばかりの小使いと、女中はね、上、中、小女と五、六人おりました。ま、子守りなんかおる家庭はたくさんありましたけど、上・中・子守なんちゅうのは普通の家庭にはいませんでしたね。娘を家においても嫁に出すのにも魚もこしらえきらん、着物の一枚も縫いきらんから、どこどこに奉公にしたならって、修養ですね。一つはそんなふうで、雇《やと》うほうも教えてやらんと恥になるような。

奉公人《ほうこうにん》にはですね、冬は袷《あわせ》とはおり、足袋《たび》、げた、じゅばん、夏はゆかたとか帯、つつっぽの仕事着を作ってやりました。昔のことで夏・冬のお腰《こし》とかね。家によってはお下《さが》りがありよったですね、私たちも悪口言われたでしょうがあそこには下げ物が多いとか少いとか。ゆかたなんかも中古になると下げてしたて直してやるとか、そういうことございました。それは毎年あげましたけれど、そのかわりお金は、親がつれてきた時十円か一五円か渡すだけです。お盆やお祭りに、おこづかいちゅうてそれは奉公人のものでした。かわいそうだったなあち思いますけど、時代がそうだったんでしょち思いましてね。

結婚してからは精米所がありましたが、小さいときは臼《うす》で下男たちが玄米つきよりました。隣の徳富家から下男が二人、うちの下男がまた向こうへ行くちゅうごたるふうで一晩かかってお米つきよったですたいね。そして夜食にえびごはんだの炊《た》いて、喜びましたね。得米《とくまい》（小作米）はどのくらい来てましたか、百か二百でしょうか。そしてせっかく蔵《くら》に入れたのにしばらくすると出っとですもんね。どうしてせっかく入れたのに出っとじゃろうかち、ずっと思っとりました。ちゃんと米買いはおって、ずーっと蔵入《くらい》れの済んだ家と契約していくですたいね。それがどうも私は不思議で。それが生活費ですね。お米は永代《えいたい》橋に大きな船がありましたから、それに積んでどこさんか行きましたですね。

昔は、よく川が氾濫《はんらん》しよりました。私が二十二、三の時はひどかったですよ。私の家には畳まで水はつかってきませんでしたけど。梅雨時《つゆ》には、お米とお漬けもんの用意は、親の代からするくふうしてました。二斗ずつ炊《た》く大釜《おおがま》がありましたもんね。さあ大水だちゅうときは、すぐごはん炊きます。消防とか婦人会とか来ますけどそれはまたあとですもんね、時間が。だから寒くてひもじくてふるえとるとき私共行きますもんで、とっても喜ばれたらしいです。役場なんかが、さあ炊いて出せって命令が出てからでは遅いですもんね。

水俣の名家

さっきの緒方惟則《おがたこれのり》さんは将軍さんち私たち言いよりました。水俣は西の殿さん、東の殿さんて、東が深水《ふかみ》頼寛《らいかん》さん、西が徳富さんですけど、そう呼んでました。緒方さんは違ったお殿さんみたいな人で、えらい人でね。田浦《たのうら》の庄屋さんの縁家ですたい。深水の殿さんの血筋でしょうね、士族です。声も大きくて、いかめしい、みんなが畏れとったような、でも人には丁寧でした。屋号を平野ちゅうとって、平《ひら》に住んでおられました。そして明け六つか、ドラをね町内に響くようにたたきよったです。それを合図に百姓は起きたりなんしました。柔道ですね、若い人を集めて道場もできとったらしいです。それで人気があって。まだ眠くてたまらんころ、ドーンドンとよく聞こえましたですね。

そしてまた二頭立てか一頭立ての馬車でのっしのっしやって、宮中で使う屋根のない、あんなかっこうのを作らせて、おかかえの御者《ぎょしゃ》がおって、それに一人でそねくりかえって乗って町を歩いとったですから、なんとなく〝将軍さん〟に見えたですよ。お通りだというようなふうで。もう家は広いし、そのころは自分で手を動かさなくても食べていくに困らなかったんでしょう。水俣に初めて自転車を入れた人ですか？　ああ、そんなことする人だったですよ。

それでも将軍さんはしたいほうだいをして最後は気の毒な生活でした。永喜がみかん山をしていて、むかし小屋を建てとったんです。以前のいろんな関係もあるし兄貴は将軍さんをよくしてあげたらしいです。その小屋に来て六畳一間《ひとま》かなんか、悲惨な生活で、そこで果てられたのですよ。お妾さんみたいな人と、死ぬまでずっといっしょで。その人がまた評判のよくできた人だったです。

私の家は、徳富家から父の代より四代ばかり前に分かれたらしいです。徳富家は昔酒屋をやっていたという話は聞いています。そして新酒屋、北酒屋とあって、北酒屋ちゅうのが徳富家のずーっと直系。分《わ》かされはたくさんおりますもんね。

何十年か前に徳富の系統だった人が、蘇峰《そほう》先生がいつか水俣に見えましたとき、みんな集まったことがあります。私達も水俣同士でおって、初めて見た人達もいて、五〇人、六〇人と集まりました。今は田上《たのうえ》病院になっている大広間でお茶の会をやりました。その時のことを、蘇峰先生に書いていただきました掛軸がこれです。

これは〝同根の詩⑹〟ちゅう有名なんです。一晩皆集まって、郷土の町、郷土の音を聞いて若い者《もん》も年よりもですね。皆同じ根から出ている、ちゅう。木蓮《もくれん》のことも書いてありますでしょ。昔の人はよく言いますけど、香が天草までずっと伝わっているって、ということは、この木は天草までにおうから大事な木だって、有名な木蓮なんですよ。そのまたいわれがあるらしいんです。

何代目かの当主が京都に行って、どなたかと碁を打ちよったそうです。そうしている間に徳富家も前田家も全焼したことがあるらしいです、火災で。全焼しましたからちゅうて、早飛脚《はやびきゃく》で行ったそうです、誰かが。そって京都でちょうど先方のご主人と碁打ちよって、ああそうかっち、家は燃えたかっち、木蓮はどうだったち、あれは燃えませんだったっち、それはよかよかって。木蓮が燃えんだったら、山がありますから家はすぐ建つから。その言葉がね、有名。今もあそこにその木蓮があります。

徳富家の直系は長範《ながのり》ちゅう人が一五代目でした。その人は失敗から失敗を重ねて、米ノ津へ行って、役人をやってましたね。小柄のとっても人に丁寧な、人格者みたいに私たち考えとりましたけど。商売気がないから、ただ落ちぶれてしまったんですね。水俣の村長は初代が深水頼寛さんで次が徳富長範さんでした。私の父は頼寛さんの時代に何か役職についておったらしいです。

で、水俣日新《にっしん》町がありますね、あれ一帯はずっと徳富家のなんだった（土地だった）らしいです。そして日新町は徳富家が自分の土地をつぶして道路を作って。あとじゃ、もう県道、国道になりましたけれど。だから日新町と名前付けて、そういうことを私たち小さい時に両親から聞いています。

今の田上《たのうえ》病院の一画はずっと徳富家と前田家の土地でした。浜倶楽部《はまくらぶ》はですね徳富家のワカサレ、ご縁宅って昔は言いよりました。そしてもうありませんけど、お観音さんがあったんですよ。昔の話ですけど、今で言いますと、図書館[7]みたいにして本を集めたらしいですもんね。佐敷あたりから勉強でもしたいような人はわざわざ水俣までその本を見にみえよったとか聞いています。

あとでは田上病院に谷川眼科がしばらくおりました。長男の方は健一さんといって、小学校へ行く前、『少年倶楽部』かなんか、どんどん読みなさるちゅうて神童といわれましたもん。第二の蘇峰さんだなんちゅうて。二番目か三番目の弟さんは共産党の、雁《がん》さんですか。みんな良い人ですばってんね。八代《やつしろ》からこられたでしょ。外から来た人ですけど、やっぱりあの人たちはつながりを作りますね。私の親戚に尾上《おのえ》ちゅう内科がおりましたけど、尾上の先代は水俣の有力者なんでして、そういうところと近しくしてね、とても。

夫前田隆《まえだたかし》のこと

私の家はですね、兄の永喜《えいき》があんまりもう仕事、仕事で父親からせびって、へとへとに父親がなるでしょ。だから最後の財産を永喜にやってね、私に養子をとりました。主人は東京におりまして、農大出ですから。前田家とはすっかり他人ではなかったらしいです。見合でもない恋愛でもない、永喜がせひ来てくれって二度上京して説きつけて。私は結婚式まで顔も知りましぇんでした。名は隆(8)です。

主人は県会もしよりました。水俣は、保守党で、みーんな異端者はなかったはずですもんね。でも主人はいろんな不正なこと聞くと、じっとしとれん性格で浜口雄幸《はまぐちゆうこう》さんの系統の憲政会から立ちました。私のいとことかおじさんとか兄弟が、保守党で隆が立っても、三百票取ればおれの首をやるとか、自由党の本部ではえらい話があったそうです。ところが千三百票とりましてね。それから三回も立ちましたです。

ちょうどスペイン風邪のあった頃、私二十二、三で妊娠してまして、スペイン風邪でどんどん妊婦が死にました。私も危篤《きとく》状態におち入ったですよ。そのとき主人が県会に立ってました。私の容態が本部に知れて、熊本から二枚の弔文電報が来たわけですね、御令閨御大病と聞くと心配に耐えん、なんとかかんとか来たわけです。ところが選挙中ですから暗号電報をしょっちゅうやるでしょうが、暗号ち思いまして暗号のひかえば捜《さが》して、どうしても本文が出ないそうです。とうとうまた本部へ電報いったんでしょうね。そうしたところがそれは選挙の電報ではないということがわかりまして、笑ったり安心したりして。何時間も電文をひかせたそうです。そういう笑い話もあります。

スペイン風邪ではみんなばたばた死にました。ところが私の親戚の医者は全部町会議員です。連絡しても会議で来られない。それに私方が憤慨して全財産うちこんで、津奈木《つなぎ》の山田さんという方を政党に絶対に関係せんちゅう条件でつれてきました。医者というものが何のために町会なんか関係するかち、とうとう二、三の協力者もありましたけど、ほとんど自分で共立病院を建てたんですよ。そのころレントゲンなんか水俣に無くて、それをそなえつけて新式の病院だったです。そういうことをせんと気がすまんわけですたいね。

銀行も創設しよったですけど、自分の土地に家を作ったのが肥後銀行の支店だったです。ある一部の人はお金を貸して抵当を取り上げてしまうでしょうが、そういうことを聞くと憤慨してですね。本当にばかなことち言えばそれまでですけど。

主人たちは良さそうな問題を町会に出しましても、とにかく水俣という所は絶対的政友会王国でしたから、前田が言うことはちゅうごたるふうで、少数で苦労しましてですね。山野線《やまの》(9)をひくについても、ある町長が前田さん気の毒かなーち、言いましたですたい。東京や熊本なんかしょっちゅう、自費で出張してますから。自分の山の木を売ったり、米を売ったりしてどんどん行きますもんで、町長がみかねて言われたそうです。町長でも自分の思うとおりいかんそうですね、予算を組むのは。そういうことは主人は覚悟のうえでした。まぁ、そんな人も必要だし、そういう人をじゃまに思う人も必要だし、世の中両方おらんとおさまらんとだろうと思うとりますね。

湯之児《ゆのこ》温泉(10)を拓《ひら》くには主人たちは苦労に苦労をしまして、何百回、県に出張したかわかりません。山口忠三ちゅう石方《いしかた》が相談にきまして、湯之児《ゆのこ》にお湯どん出ますが、掘ってみましゅうかなち、それから始まりでしたもんね。その人の銅像も立っとりますが、そこまでするにはそれこそお百度です。

主人はあるとき私をすわらせて「政治に報酬なし」ち、よく聞いておけち言いました。そっでも主人のすることには一口も口出ししません。結婚と同時に私の印鑑は主人に渡して、主人が死んでからはじめて手にかけました。親戚にも一銭も借りまわりませんで、それで今私が気楽にこんな長生きできるのは、誰にも迷惑をかけずにきたからじゃないかと思います。

私はお客がありますから、家でこちゃこちゃとしてね、主人はお客さんがきたときは、女中にお茶を出さすのが大きらい、主婦がおって何のために女中にお茶出させるかって、私でないと気がすまなかったですね。私は外に出てどうこうということは絶対になかったですね。家におって主人の手足だったです。ま、政治の話なんてもってのほか、そんな大それたことできもうしませんし、わかりもしませんし。主人のすることは悪いことじゃないなちゅう理解は持っとったはずですけど。

あるとき、浜口総理大臣が長崎に見えて、本部の方から出席するようにって手紙が来ました。ところが、二、三の者つれてゆくのにお金が足りません。ああ、お金はどうして作ろうかなって私思ってますよね。あることでお金ができまして、主人に渡しても、ありがとうも言いません。私も黙ってますもんね。それでもうれしかっただろうな、ち、ことはわかっとりました。私たちは恩きせもしませんし、ありがとうともいいませんけど。ま、そんなふうにやってきました。

注

（1）熊本女学校。明治二一年（一八八八）に竹崎順子が中心になって創立した。熊本県では初の女学校。

（2）お殿さんの深水家と血縁関係はまったくない。商才にたけた一族で大正期に財産を築いた。長期間町長をつとめている。

（3）御赦免田《ごしゃめんでん》とは藩主の特別の許しによって年貢を免除された田のことをいい、恩賞やその他の理由によって与えられた。開墾地が赦面田になった場合もある。

（4）日窒の雇用制度で正式従業員になるための二年間の見習い期間をいう。高等小学校卒の少年たちがボーイになるため何十倍という競争率を突破して入社しても、社員になれない。
（5）藤山常一のこと。野口の大学時代からの親友で、最初の工場の主任となった。のち野口と意見があわず離れる。
（6）満盤郷味郷音繁猶記當門老桂存
百載典型遺澤在座中長少秀同根
（7）徳富太多七が起こした水俣書堂。
（8）前田隆の行なった事業には、水俣百間港湾建設、湯之児温泉試掘と湯之児県道開設、市立水俣共立病院設立、公会堂永楽座の建設、魚市場の設置、山野線の敷設、等がある。
（9）大正一一年から建設に着手し一六年もの歳月をかけて開通した。水俣と鹿児島県大口《おおくち》を結ぶ。
（10）海岸に湧く温泉地で市民の保養地。日本で初の温泉乱掘防止規定を県条例とした。

最後にこの聞き書は、「不知火海総合学術調査団」（団長色川大吉）の現地調査の一環として行われたものであることを附記します。

なお、この折、同行された団員の方々および気持よくお話しくださいました前田千百さんに感謝致します。

（「東京経済大学　人文自然科学論集」第五五号〈研究ノート　日本民衆史聞き書（一）〉（一九八〇年七月）所載。
羽賀しげ子との共同執筆）

明治・大正の水俣
——前田千百聞き書——

Ⅰ

日本窒素肥料株式会社（日窒）という企業がある。戦後改名されたチッソ株式会社といった方が覚えが良いだろう。ことわるまでもなく熊本県南端の水俣とその周辺、不知火海沿岸一帯に水俣病を発生させた張本人である。肥料生産から軍需産業へ、戦前は朝鮮へ侵出して繁栄をきわめた。そして戦後、ＧＨＱ（連合国軍総司令部）の特別な資金援助を背景に日窒水俣工場は再びよみがえり、水俣を根城にして更なる自己増殖をはかった。

昭和七年以来何十年かにわたってこの工場が海に捨てつづけたメチル水銀をはじめとする重金属が、水陸の動植物を殺し、人を殺りくしたこと、企業の論理というものが人の社会生活と希望を破壊したことを、私たちは決して忘れてはならない。現在、チッソ水俣工場はかつての繁栄の面影もなく、さびれはて、従業員数もとうに千人を割った。トカゲが本体を守るために尾《し》っぽを切りおとすように、チッソ資本は水俣から撤退し、すべてを過去のこととして清算しようとしている。そのもくろみに乗せられないために私たちは何度でも思い出す。何度でも確かめ直すのだ。原点《もと》に還って――。

水俣の人々はこの会社の誕生から立ちあってきた。思いをこめ、これを育て、そして育てられた者にとっては、チッソというより日窒《にっちつ》という名称にこそ、郷土人の誇りと涙ぐむようなせつない感情をかきたてられるらしい。海辺のほとりの寒村に、明治四一年（一九〇八）八月、日窒はカーバイト会社として生まれた。そのころ戸数三千戸ほどの静かな水俣にはこれといった産業もなく、わずかに塩と木材だけが産物といえばいえた。

塩田は寛文七年（一六六七）、水俣惣庄屋兼代官の深水《ふかみ》家のすすめで造られ、明治末期には三四町二反の広さになっていた。塩の専売制によって廃止されるまでの二五〇年間、水俣から良質の塩が作られたという。年間一斗俵で十万俵を産出し、その七〇パーセントは肥前、島原方面へ出され、ソーメン、畳《たたみ》、瓦等が輸入されていた。この塩田のほか、漁業とわずかな田畑、木材運搬、零細商業のみで、実につつましい世界であった。村の若い地主が財産を投げうって事業を起したいと考えたとしても不思議ではない。いったい彼らは芽ぶいたばかりの工場にどんな夢を見たのだろう。まだ見ぬ花は夢にみたようにひらいたのだろうか。

日窒の創生を語るとき欠くことのできない一人の男がいる。前田永喜《えいき》という人物である。昭和三〇年、水俣市は日窒を誘致したその功績をたたえて名誉市民として彼を表彰した。それから三年後の四月、町の北東にある桜が丘の小さな家で彼は八一歳の生涯を終えた。

この春私は彼の足跡を訪ねて、末娘の前田京子《たかこ》さん（六八歳）に初めてお会いした。以下は京子さんの話が基になっている。

明治一〇年(一八七七)、当時村の中心地であった浜町に、前田忠規《ただのり》、貞尾《さだお》夫妻の長男として永喜は生まれた。前田家は内村屋の屋号をもち、徳富蘇峰、蘆花を輩出した徳富一族の系列で、水俣では指おりの家柄である。(徳富家は徳富太多七《たダしち》の代に郡筒小頭《こおりづつこがしら》から津奈木の惣庄屋兼代官に任命された)。永喜がどのような教育を受けたかはよくわからない。彼の八、九歳当時開校されていた蘇峰経営の大江義塾水俣分校(後楽館)で、あるいは学んだかもしれない。

「地主の所は、どこも子供を東京の大学に留学させたってすな。私立大学ばかり、早稲田か明治ですね」(増田吉治聞き書・久場五九郎『水俣工場労働者史』所収)。ただし前田永喜は名古屋あたりへ進学したらしい。

彼は二十代前半に、まだ大江女学校に在学中の従姉妹、園田冬《そのだふゆ》と結婚した。この園田家も水俣の名望家で、お嬢さん育ちの冬はのちのち苦労のたえぬ生活をおくることになる。永喜は、すでに水俣銀行を手始めに、猛烈な事業欲に燃えていた。一生のうちでどれだけの仕事に手を染めたのか、とにかく、水俣銀行、水俣郵便局(水俣で最初の局)、精米所、廻船業(朝鮮まで木炭を運搬)、布計《ふけ》金山(鹿児島県大口《おおぐち》)、等々。しかし、どれも成功にはいたらなかった。永喜は家にほとんど居らず、妻は金の工面に着物を売り忍耐の日々を強いられた。晩年、彼は五百円で桜が丘(べんど山)の斜面を買い、まだ珍しかったみかんと養鶏業を営むが、「まるであばらやのような家」(前田京子談)で一生を終える。

彼はなぜ、かくも次々に新しい事を追い求めたのか。「一つの仕事がうまくいきはじめると、さっと手を引いてしまう。飽いてしまうのでしょうか。軌道にのせるまでが面白いようでした」。これではまるで道楽に近い。

父忠規は大切な山や田畑を次々に手離してしまう長男に見切りをつけ、とうとう廃嫡《はいちゃく》してしまった。水俣の地主や銀子《ぎんし》層の中には、彼のように事業から事業へ渡り歩いたり、あるいは女や飲食に贅沢《ぜいたく》のかぎりを尽して財産を失った者がかなりいた。彼らは明治という新時代の中でレーダーを失なった鳥のように狂舞しながら落ちていったのである。

そうして永喜は多くの遍歴の途中で後に日窒社長となる野口遵《じゅん》と出合う。野口も彼も碁が好きなことから親しくなり、野口が曾木《そぎ》発電所の余剰電力を利用してカーバイト工場設立を計画していると知るや、熱心に水俣への誘致にのり出した。野口は当初工場用地を佐敷《さしき》郡計石《はかりいし》村（現芦北町）に予定し、それがうまくいかなくなると、鹿児島県米《こめ》の津《つ》にほぼ決めていた。前田永喜は村の有志をつのって説得工作を進める。①米《こめ》の津《つ》より発電所から八キロ遠い分の電柱と電線は負担する。②港はただちに改築する。③土地が相場より高値なら村が負担する。これだけの条件を出し、彼は自宅を事務所に提供するのである。

野口はついに予定を変更し、水俣を選んだ。

「あとから野口さんは父に社宅の一番良い家に住んでいいと言ったらしいですが、父はとうとう移らずにですね、前田の御隠宅におりました。日窒にもそのままずっとおれば上役になったのでしょうが、そんな気持ちはさらさらありません。事業事業でずい分おちぶれましたが、でも父はどこか優しいところがありましたから、人には好かれとりました」。そのように語る京子さんの横顔は、あの懐しい人（千百さん）に生き写しである。写真に残る前田永喜もその人によく似ている。

私たち不知火海総合調査のグループの小島麗逸さんが、その人前田千百《ちを》を捜しあてたのは一九七七年の夏である。水俣の経済調査を担当した小島さんは、前田永喜の遺族である京子《たかこ》さんを訪ね、昔の事情にくわしい永喜の妹である千百さんを紹介されたのである。

「千百叔母は、それは雄弁家でした。法事などで人が集まると、よく笑わせたものです。私たちは叔母の話を聞くのがとても楽しみでした」「古いことは八十歳以上の方でないと、もうよくわかりません」

大正五年（一九一六）生まれの京子さんさえそう言われる。以来、私たちは佐敷《さしき》（芦北町）の千百さんを何度も訪ねてその話術を堪能した。千百さんは古き水俣を実によく知っていて、明治大正期の水俣世界、その町方のフォークロアを紡ぐ伝承者であった。


千百さんは明治三〇年（一八九七）の生まれ。前田家四人きょうだいの末娘、千百さんが家督を継ぐようになったいきさつは、次のようなことにある。長男永喜が父の逆鱗にふれて廃嫡されたことは先にのべた。長女は深川《ふかがわ》へ嫁ぎ、永喜の弟、弘《ひろし》は若い野心に燃えて渡米したまま、長いこと帰らなかった。彼がほとんど無一文で帰国したとき、永喜は熊本市で縁者にくばるためのみやげを用意して弘に渡したという。そのような次男をも父はあきらめ、千百さんと、養子に迎えた婿の隆《たかし》に家をゆずったのである。

彼女の数回にわたる話を聞き書きして、私は助手の羽賀しげ子と共に「東経大人文自然科学論集」（一九八〇・七）に発表した。けれどそのとき私たちはふっと息をついていた。水俣へはあいかわらず出かけていたが、論集を届けたあと千百さんを訪ねることが少なくなっていた。彼女の肉声に比べ、あまりに貧しい聞き書にまとめてしまった自分たちへのいらだちもあったし、その上流育ちの立居ふるまいに気圧されてしまったせいでもあった。けれど翌年（一九八一）の八月二五日、彼女は突然逝ってしまったのだ。それを水俣から帰京して私は知った。千百《ちを》さんは八四歳だった。もう遅い。声を聞くことがもう二度とできない。そして未整理の新しい録音をプレイバックしてみる。前回に断ちおとしてしまったテープもまき戻す。

人々が日窒へ託した夢とは何か。名もない刀自《とじ》の一生から、さらに読みとれるものはないか。
（以下、前章と重複する部分も多いが、発表当時のまま掲載する）

前田千百聞き書

村のクリスマス

私が子供の頃は、お祭りもですが、クリスマスをやりましたよ。私なんか仏《ほとけ》さんで、なんまんだぶつでしょ、そっでも九つか十ぐらいの時からクリスマスに出してくれました。妙ですね。教会なんかが小さいときはなかったもんですから、一ヵ月ばかり前から先輩の方が賛美歌を教えたり、劇を教えたり。緒方惟則《おがたこれのり》さんの妹さんがおられましてね、その方が教えてくれてけいこしました。その方は女子大なんか出られて二、三そういう方がおられて水俣はハイカラでしたよ。

クリスマスはどっか大きな所を借りてしよりました。普通のお百姓さんの娘さんなんかはそういうときは、やっぱなんでしたね。どこどこちゅうかぎられた家でした。百姓の人たちはクリスマスちゅうと気嫌《けぎら》いするでしょ、そういうことに加わりたくなかったかもしれましぇんし、また一方誘うこともせんだったんじゃなかでしょうかねえ。私たちは家で仏さんでしょ、それがクリスマスの一ヵ月前からはウキウキしてですね、もうとっても楽しみでしたね。ときたま外人の方なんかが来られればたどたどしい日本語でおっしゃるでしょ、それがまた嬉しくて。

おかしですか？　おせんべいか、何でしたかね。今はねえ、何千円もするケーキなんかですけど夢にも。それでもとっても楽しみで。そういう時の着物も縞《しま》の、ただこうした、色彩の無い娘時代でしたね。髪は牛若さんのように桃割《ももわ》れ、髪さしをさしたり、あとはリボンですか。造花で作った小さな髪さしをよくさしました。珊瑚なんか、あなた豪華な物ですから。

その頃、家には使用人は男が下男《げなん》、小学校出たばかりの小使いと、女中はね、上、中、小女と五、六人おりました。ま、子守りなんかおる家庭はたくさんありましたけど、上・中・子守なんちゅうのは普通の家庭にはいませんでしたね。娘を家においても嫁に出すのにも魚もこしらえきらん、着物の一枚も縫いきらんから、どこどこに奉公にしたならって、修養ですね。一つはそんなふうで、雇《やと》うほうも教えてやらんと恥になるような。

奉公人《ほうこうにん》にはですね、冬は袷《あわせ》とはおり、足袋《たび》、げた、じゅばん、夏はゆかたとか帯、つつっぽの仕事着を作ってやりました。昔のことで夏・冬のお腰《こし》とかね。家によってはお下《さが》りがありよったですね、私たちも悪口言われたでしょうがあそこには下げ物が多いとか少いとか。ゆかたなんかも中古になると下げてしたて直してやるとか、そういうことございました。それは毎年あげましたけれど、そのかわりお金は、親がつれてきた時十円か一五円か渡すだけです。お盆やお祭りに、おこづかいちゅうてそれは奉公人のものでした。かわいそうだったなあち思いますけど、時代がそうだったんでしょち思いましてね。

結婚してからは精米所がありましたが、小さいときは臼《うす》で下男たちが玄米つきよりました。隣の徳富家から下男が二人、うちの下男がまた向こうへ行くちゅうごたるふうで一晩かかってお米つきよったですたいね。そして夜食にえびごはんだの炊《た》いて、喜びましたね。得米《とくまい》（小作米）はどのくらい来てましたか、百か二百でしょうか。そしてせっかく蔵《くら》に入れたのにしばらくすると出っとですもんね。どうしてせっかく入れたのに出っとじゃろうかち、ずっと思っとりました。ちゃんと米買いはおって、ずーっと蔵入《くらい》れの済んだ家と契約していくですたいね。それがどうも私は不思議で。それが生活費ですね。お米は永代橋《えいたい》に大きな船がありましたから、それに積んでどこさんか行きましたですね。

昔は、よく川が氾濫《はんらん》しよりました。私が二十二、三の時はひどかったですよ。私の家には畳まで水はつつかってきませんでしたけど。梅雨《つゆ》時には、お米とお漬けもんの用意は、親の代からするくふうしてました。私の家には畳まで水は二斗ずつ炊《た》く大釜《おおがま》がありましたもんね。さあ大水だちゅうときは、すぐごはん炊きます。消防とか婦人会とか来ますけどそれはまたあとですもんね、時間が。だから寒くてひもじくてふるえとるとき私共行きますもんで、とっても喜ばれたらしいです。役場なんかが、さあ炊いて出せって命令が出てからでは遅いですもんね。

チッソ会社が来て

女学校に行きますころは、チッソはもうたいてい完成していたんじゃなかったですか。発展しかかっとりましたよ。上棟式《じょうとうしき》って、棟上《むねあげ》っちこの辺ではいいますが、あれがありましたのは私が九つの時だったと思います。しばらくはカーバイト会社とかガス会社とかいいましたね。れんが造りで。

会社ができるという問題が出ましたときは、どこか、米《こめ》ノ津《つ》あたりが有力だったたち思います。私の兄貴の永喜《えいき》がそれを聞きまして、こりゃあもう水俣に、漁村だからなんせにゃということから始まったらしいですもんね。

『水俣市史』にその辺の事情が書いてあるらしいですけど、やたら私がおしゃべりしましてもねえ。永喜は安く自分の土地を提供して会社を持ってきましたけど、自分はすってんてんになりました。でも、永久に水俣がある以上は会社があるし、水俣がありますから生きた仕事だと思って喜んでいるかもしれません。お互い自分の兄弟ですけどあまり欲がなさすぎて、人が良すぎてそういうふうでした。だから、今おったら、水俣をながめ会社をながめとると思いますけど。

会社を呼んだ頃兄貴はまだ若かったですね。ま、そういうことが好きで同志集めて。学校もどっかに行っとったらしいですけど、それがわからない。私は兄貴から一五年ぶりにできた子供なんです。兄貴たちは親みたいですね。

電柱のことですか？　それはですね、会社は電気が必要ですから、曽木《そぎ》の滝から、ずっと引いてきて、その電柱を建てるのに深水吉毅《ふかみよしたけ》さん(2)の田んぼに建てれば距離的に良いそうですたい。ところが会社にはちょっと反対でしたもんね。田んぼに電柱何本か立てるのに反対なさって、それでとうとう私方の御赦免田(3)ちゅうとに、えらいまわって。あそこの電柱は直線にせずに曲がっとるちゅう親達が言いましたのは、私記憶にあります。

それで、会社に反対するところで結婚式とかなんだとか夜にやるときは、電灯は消しよりましたですたい。ある所消すから近所も大迷惑でしょ。そって、今夜吉毅《よしたけ》君が結婚式じゃで電灯消《き》ゆっぞっ消ゆっぞってみんなちゃんと活動しとっとですね。ちゃんと消えたですたい。

最初みんな知らずにばたばたしたらしいですね。それでも後からは消さるる方も慣《な》れてきてちゃんとランプなんか用意しておいて、それが笑い話です。職工達がちゃんと知っていて、今夜どこどこの結婚式じゃから消せよちゅうと、せんば、そこんとこ消すわけですね。一晩中じゃなくてもばたばたさすっとが面白くて。ま、今なら問題ですよね、昔だから消さるる方も、その周囲も黙って笑ってなんしとりました。

会社設立にはですね、佐敷は全町こぞって反対。水俣はそうでなくて永喜なんかが発起人でしたもんで、でも反対者はいました。どうしてかというと、下男や女中がおらないようになりますでしょ。小学校からすぐボーイ(4)になったりして、だからいかんちゅうて。

例の水俣病では私も、なんか会社を呼んだのが良かったのか、悪いのか、どちらの方に考えたら良かかなと思って、それで、もしそういうことがあるとわかっとれば、呼んだりもしましぇんけど。

でも、水俣は会社のおかげでですね、とてもそら、ある面では助かりましてみんなが。生活の面とかいろいろな面では。佐敷なんかとは、ま、今はそんな大差はありませんけど。私の娘は佐敷に嫁いでおりますもんね。今からもう三〇年ばかり前ですけどね、娘の所へ来る度に、そのころの水俣と佐敷を比較しますと一五年は差があるなと思いました。佐敷はなんかしますとすすけたところがありましてね。水俣ですと都会の東京あたりの風が吹きこんできますでしょ、いったいに垢抜けてましたもんね。

だいたい佐敷は芦北の中央だったですから郡役所がありました。私達が女学校に行きますときは佐敷からは三人も行っとりました。そのころ水俣は村で私達は村娘でしょう。そしてこちらは佐敷町ですもんね。いくらかこう恥しいような気分持っておりまして、私達は一段下に見えましたよ。それは、たしかにありましてね、でもだんだん開きはじめるとそういうことで。良いことか悪いことか知りましぇんでしたけど。

たとえば、今まで小学校だけで百姓しておった人などが、社宅の女中や子守なんかになりますね、そうしますと言葉つきや動作が自然と感化されましてね。こぎれいにして言葉使いも上品にして。またボーイなんかに行って生活の安定ができますと一帯にね。そういう点から、まあ一〇年、一五年の差はあるなと感じました。

野口遵《じゅん》さん（日本窒素肥料株式会社の創業者）とは私、一、二度子供の時におあいしました。あたし共の家に隠宅って建て増しして一年経たないのがありましたから、それを提供して会社の藤山さん(5)がおられたわけですね。藤山さんのところに野口さんちょこちょこおいでまして、子供時代で、おじさんおじさんて、何のおえらい人か知りませんでしたから、それくらいのもんで。永喜は野口さんからとってもかわいがられまして、よく碁《ご》のお相手をしました。泊りこんで呼ばれてなんしました。

私達は、会社関係のお子さんとの交流はありませんでした。その下の年代はありましたけど。藤山さんなんかのお嬢《じょう》さんがちょっと見えてもお姫さんぐらいにしか考えませんでしたもんね。時たま水俣にいらっしゃるでしょう、うちの真向いに見えて、私は珍しくて見よったですよ、かいまごしに。夕方になりますとね、お風呂から上りますと、女中さんがきれいにお化粧して、おふりそで着て近所を散歩なさる。おひとりびとり女中がついてますもんね、お姫さんみたいに思っとりました。会社の方は町の者とあまりおつきあいなかったですけど、一つはご自分達は差があるっちゅうような気味がいくらか。土地の者は田舎者だって。社宅の奥さんたちは社宅だけちゅうごたるふうで。いく分あったんでしょうね。そのうちだんだん解けこんで一部の人たちはおつきあいもしましたけど。

女学校時代

私が大江(1)の女学校に入学したのは明治天皇がなくなられたころでしたよ。私たちのときは熊本女学校ちいいました。そのころは水俣から女学校へ一人行ったとか二人行ったとかそんな時代だったものですからね。歳は一四、五歳でした。

熊本へ行くのに国道三号線も、汽車もありませんし、水俣の丸島《まるしま》の海岸から船で。夜明けに三時か四時に起きたような記憶がします。そして仕度して、丸島まで行きますね、小さい舟がはしけに待ってますからそれに乗って沖の方の大きな船に移りますの。

伝馬《てんま》に五人十人お客さんが乗りましてね。波で本船と伝馬船がゆれて、ちょうど本船に伝馬が着いた時ぴょんと乗って。こわかったんだろうと思いますが、船員さんが手を出しますものね、それでぴょんとあがって、楽しかった記憶ばっかり。

丸島を出ると津奈木《つなぎ》の沖とか田浦《たのうら》の沖、芦北《あしきた》のですね。佐敷《さしき》の沖に止まって、お客さんが一人二人出て行きますもん。それで伝馬でまた新しいお客さんが来ます。そんなして三角《みすみ》に着くのが十二時頃ですたい。その三角でお昼を食べるのがとっても楽しみでおいしかったですね。お船に畳敷いてありますからそこで食べよりました。たいていエビナちゅうございますね、魚の。あれをお煮つけです、芋か大根かと、一皿。そして何かちょっとこう出ます。船でしてくれましたよ。

三角から汽車に乗って行くのに待ち時間がありますでしょ、五〇銭か三〇銭か知りましぇんけど、そこでお昼食べるのがおいしくてね。三角からは、熊本まで。熊本駅はその頃春日《かすが》駅じゃないでしょうか。駅からは、人力車が四〇、五〇待ってましてそれで大江まで行きました。映画なんかで人力車見ると懐かしいですね。熊本まで行くのに一日かかりました。

荒れた天気とかなんかの時はずっと水俣から馬車。昔そのままの三太郎峠を越えまして佐敷で馬車を乗りかえます。もうその時は、あんまり何時間も同じかっこうですから、馬車からおりたとき、足が変にこうすくんだもんで。それでしばらく佐敷で昼食しまして、白石まで。馬車賃ですか、さーあ、いくらでしたかね。白石から熊本までは汽車だったんです。

私達のときはもう、生徒は百名近くおりました。いえ、学校は市外だったんです。それで電灯がつきませんで、据《す》えランプちゅうありますね。二人ぐらいの机並べまして一つのランプで据えとりますから据えランプ。それに石油入れるっとが難儀でした。

そのころは、蘆花さんの『自然と人生』や『青山白雲』など一冊あれば何回でも繰り返し読みましたけど、戦災で焼けてしまいました。大江ではキリスト教の講話など、無理にはありましぇんでした。海老名弾《えびなだん》正《じょう》さんなど再三おいでなさいまして、そういう時には良いお方だから行きなさいと、無下《むげ》にはおっしゃらんで、そういう時には行きました。日曜日に教会へ行くことは勧めもなさらんし、止めんもしませんでした。その点は本当に自由でしたね。

高群逸枝さんのこと

女学校では高群逸枝《たかむれいつえ》さんと一年間ごいっしょでした。二つか私より上でした。あの方は県立女学校かなんかでしたもんね。何か問題があっておやめになったのか、それから大江の女学校に。大江はそういうような方を受け入れる校風ですから入ってきました。

ある時ですね、文芸会だかで逸枝さんが何かを読んでですね、私たち乙女心にもらい泣きしたことあります。それは確か福田令寿《れいじゅ》先生が何かの意見を出したとき反抗して、自分の今まで書いたのを焼きなさったでしょう。そのことを書いて読まれたです。みんながみんなすすり泣いた記憶があります。

私たちは尊敬して、おそれたごたるふうでしたね、あまり皆さんと親しく共にものを言うようなことはありましぇんでした。あまりにも差があって。ちょっと近よりきりませんでした。あたしも一度あん人の本借って読みたいなち思いましたけど、借りる知恵も出ませんしね。小柄でじゅっとしとんなさいましたね。私たちみたいに小柄でした。どこから通っておいでなのかそれも知りませんで。でも一人違ってることは知っとりました。そして後でだんだん名が出てきますでしょ、びっくりしましてね。

ええちっともその目立たんですね、服装なんかおかまいにならんだったですよね、私達も村娘でしたけど、それに似たりよったりでしたよ。文芸会なんかがあって発表したから、この人はちがうなっちゅうふう気がついたわけですね。

その頃は私たちほとんど着物に袴で、たまに誰か熊本市内の方が靴でもはいてましたか。式でもあったりどこか行く時は長たもとでしたけれど、つつっぽみたいの着てましたよ。入学の時はおふとんも作っていきました。木綿のふとん、木綿の着物をね、上・下。自家用の自分の家でできた、なんでした。

小学校ですか？　はい、水俣の尋常科で。たいていは四年でやめまして、あとは高等科ですね。百姓の人たちも小学校へは、たいてい行っとりました。そして子守学校ち、一棟《ひとむね》ありましたね、子供をおんぶして学校に来とりましたねーえ。二つ三つの子をお守りしながら、その人たちだけ集めて十人か二十人か人数は記憶にありませんけど、学校でどういう生活をしていたのか。子供をつれた女の子がうろちょろしてましたよ。

Ⅱ

水俣は大雑把《おおざっぱ》ながら、その居住区域にも身分的な序列をもちつづけてきた土地だった。最上流は陣内《じんない》。ここは殿さんと呼ばれた細川藩家来の会所《かいしょ》・深水家を筆頭にして士族や地主・銀子層が居を構えていた。日窒はここに高級社員住宅や陣内社交クラブを建てる。次が浜町、主に商人の居住区で西の殿さんと呼ばれた徳富家や前田家の広い邸宅もここにあった。さらに商人や職人が住む新興の栄町、その下に漁村地区としての丸島、一番最下層とみられていたのが舟津《ふなつ》である。舟津は水俣川河口付近の小さな集落であった。そこには八幡神社と相撲場があり、さらに家々の軒に挟まれて見過ごしてしまいそうな小さな為朝神社がある。舟津の由来《ゆらい》を辿《たど》るとき、町一番のりっぱな八幡様とともに家一軒分程の敷地しかない小さな為朝様に登場願うのが面白い。

水俣出身の高名な民俗学者谷川健一氏は為朝神社のご神体が芭蕉布であることに注目し、南から海を越えてきた島人が舟津の先祖ではないかという推測を立てた。この辺りの人達が水俣人《びと》とどこか異っていたとは誰もが述べるところである。言葉、顔つき、人はそうした異質さに極めて敏感であった。さらに最後の一時期、この一帯に朝鮮人が大勢移り住んでいたことも、舟津に対する特別の感情を育てる要因となったかもしれない。日窒は最低辺の労働者（工員）用の住宅をこの近くの埋立地に準備した。舟津は差別と矛盾の集積地のような感であった。

町の祭りがもっともにぎわうのは八幡様のそれで、相撲場が近かったせいもあるのだろう。不知火海の人びとの相撲好きは有名である。かつて大正のころ海に突き出るように地図にのっていた相撲場も昨年かぎりになくなって、そのかわりに武道館ができるという。余談になるが、今春その工事現場に立寄ったところ、看板に「相撲場の桟敷権《さじき》を十万円で買上げるので権利を持つものは申し出る事」と市の告知が貼ってあった。そのとき、力士を呼んで世話をしたという千百さんの話が思い出され、くすぐったいような気持ちがした。なんと水俣には古典的なできごとがころがっているのか。桟敷権とは、それが十万円とは。

さて話を戻すと、上層の陣内や浜町と、下層の舟津にはさまれた中間層は、どちらが上やら下やら流動的であった。そして舟津にも競争相手がいた。水俣川の対岸、とんとんと蔑称された村である。川をはさんで二つの部落《むら》の子供たちは、互いに悪口を叫びながら石を投げあったという（色川大吉「不知火海民衆史」、筑摩書房刊『水俣の啓示』下巻所収）。

水俣の町中に住む人たちにとっては、我家《わがや》付近のほんの狭い一画が全世界に等しかった。日窒がしだいに町へ海へ侵食をはじめる前、そこへは田や塩田跡、ハス田が広がるおかしい程こぢんまりとした土地だった。前田さんたち町の者の目には、百間《ひゃくけん》の入江など浜遊びにゆくだけの少し遠い海辺であったし、後に水俣病が最初に激発する月浦《つきのうら》や湯堂《ゆどう》、茂道《もどう》はさらに辺境の地と映っていたろう。町の概念からもおそらく除外されていたと思われる。

日窒がいよいよ地がためしようという大正期、水俣の旧地主層の没落が急速度に旋回する。

「水俣の地主で残ったのは伊蔵《いぐら》―深水吉毅《よしたけ》の家だけです。あれはなんにもしなかったもンな。事業に手を出さなかったわけです。ただ得米《とくまい》だけ。そして金を貸して地面《ぢだ》を増やした―略―あとから吉毅君一人の舞台になってしもったっですたい」（増田吉治聞き書・前出「水俣工場労働者史」）

この伊蔵深水は殿さん深水と血縁関係がない新興の一族である。昭和十年から二十一年までの長期間、町長の椅子を独占し、金貸しや土地ころがしなどで莫大な利益を得たとうわさされている。その後、一族の有力者たちは熊本市の政界や財界の有力者に転身してしまった。この一家に対する町の者の複雑な感情はなお根深い。

一方会所の殿さん深水はどうなったろうか。水俣村の初代村長を務めた深水頼寛も事業を始め、水俣銀行の初代頭取になっている。

「会所の深水のじいさんが死んだのは大正の初年ぐらいだと思うンですが、あのじいさんが居る間は息子（頼治）

は売りきらなかったわけです。親父が死ぬと同時に家屋敷を売ってしまった」（前出「水俣工場労働者史」）

戦国時代からずっと、水俣で最大の権威を誇り殿さんとうやまわれた家柄も、維新後五十年経《た》つか経たぬ間にあっけなく没落した。頼寛の孫にあたる深水吉衛《きちえ》について、千百さんが思い出を語っているが、吉衛は京子さんと同世代である。京子さんも吉衛のことをよく知っていた。

町の中流以上の家庭に抵抗なくキリスト教が受け入れられたことは聞き書Iで察せられるが、まず最初は会所が入信したのだと京子さんは言う。吉衛はそのような環境の中で浪費家の父頼治とは対象的に牧師を志していた。京子さんも千百さんも教会で彼の賛美歌をよく聞かされたが、かなりうまかったらしい。

吉衛は長男で、母は彼を生むとどのようなわけかすぐに離縁されてしまった。母親の出身地も、名前さえ不明だが、その美貌だけは語りつがれて残った。縁側に坐り小首を傾けた風情はたいそう憂愁美にみちていたと。吉衛も母ゆずりのハンサムで、背が高かった。水俣市が爆撃を受けたとき、彼の妻は幼い娘を残し、戦火にのまれた。その後、彼は水俣を訪れた火野葦平と知りあい、その妹と再婚して映画界に入った。戦後、三十歳近くになって牧師から俳優に転身したのである。彼の出演した映画は水俣でも上映され、クラシック歌曲のリサイタルも披露された。

河原乞食とさげすまれる役者になった深水吉衛に町の者はさぞ驚いたろう。三百年続いた殿さんの直系の孫が、と。千百さんなどは少女の頃、芝居小屋がかかっても見物はご法度だったらしい。しかし、京子さんの代になると祭りにやってくるサーカス小屋が一番楽しい思い出になる。何しろ、学校で引率されて見に行ったというくらいだから。

「吉衛さんはとうになくなられましたが、娘さんは生きておいででしょう。あってみたいですね、とてもきれいなお嬢さんでした。吉衛さんの腹違いの弟がスミオさんといって私と同級生でした。どうなされてますか。みんなどこへ行ってしまったのでしょうねえ」そう京子さんはつぶやく。ひとり、また一人いなくなってゆく。

水俣の名家

さっきの緒方惟則《おがたこれのり》さんは将軍さんち私たち言いよりました。水俣は西の殿さん、東の殿さんて、東が深水《ふかみ》頼寛《らいかん》さん、西が徳富さんですけどそう呼んでました。緒方さんは違ったお殿さんみたいな人で、えらい人でね。田浦《たのうら》の庄屋さんの縁家ですたい。深水の殿さんの血筋でしょうね、士族です。声も大きくて、いかめしい、みんなが畏れとったような、でも人は丁寧でした。屋号を平野ちゅうとって、平《ひら》に住んでおられました。そして明け六つか、ドラをね町内に響くようにたたきよったです。それを合図に百姓は起きたりなんしました。柔道ですね、若い人を集めて道場もできとったらしいです。それで人気があって。まだ眠くてたまらんころ、ドーンドンとよく聞こえましたですね。

そしてまた二頭立てか一頭立ての馬車でのっしのっしやって、宮中で使う屋根のない、あんなかっこうのを作らせて、おかかえの御者《ぎょしゃ》がおって、それに一人でそねくりかえって乗って町を歩いとったですから、なんとなく〝将軍さん〟に見えたですよ。お通りだというようなふうで。もう家は広いし、そのころは自分で手を動かさなくても食べていくに困らなかったんでしょう。水俣に初めて自転車を入れた人ですか？　あ、そんなことする人だったですよ。

それでも将軍さんはしたいほうだいをして最後は気の毒な生活でした。永喜がみかん山をしていて、むかし小屋を建てとったんです。以前のいろんな関係もあるし兄貴は将軍さんをよくしてあげたらしいです。その小屋に来て六畳一間《ひとま》かなんか、悲惨な生活で、そこで果てられたのですよ。お妾さんみたいな人と、死ぬまでずっといっしょで。その人がまた評判のよくできた人だったです。

私の家は、徳富家から父の代より四代ばかり前に分かれたらしいです。徳富家は昔酒屋をやっていたという話は聞いています。そして新酒屋、北酒屋とあって、北酒屋ちゅうのが徳富家のずーっと直系。分《わ》かされはたくさんおりますもんね。

何十年か前に徳富の系統だった人が、蘇峰《そぼう》先生がいつか水俣に見えましたとき、みんな集まったことがあります。私達も水俣同士でおって、初めて見た人達もいて、五〇人、六〇人と集まりました。今は田上《たのうえ》病院になっている大広間でお茶の会をやりました。その時のことを、蘇峰先生に書いていただきました掛軸がこれです。

これは〝同根の詩(6)〟ちゅう有名なんです。一晩皆集まって、郷土の町、郷土の音を聞いて若い者《もん》も年よりもですね。皆同じ根から出ている、ちゅう。木蓮《もくれん》のことも書いてありますでしょ。昔の人はよく言いますけど、香が天草までずっと伝わっているって、ということは、この木は天草までにおうから大事な木だって、有名な木蓮なんですよ。そのまたいわれがあるらしいんです。

何代目かの当主が京都に行って、どなたかと碁を打ちよったそうです。そうしている間に徳富家も前田家も全焼したことがあるらしいです、火災で。全焼しましたからちゅうて、早飛脚《はやびきゃく》で行ったそうです、誰かが。そっで京都でちょうど先方のご主人と碁打ちよって、ああそうかっち、家は燃えたかっち、木蓮はどうだったたち、あれは燃えませんだったたっち、それはよかよかって。木蓮が燃えんだったら、山がありますから家はすぐ建つから。その言葉がね、有名。今もあそこにその木蓮があります。

徳富家の直系は長範《ながのり》ちゅう人が一五代目でした。その人は失敗から失敗を重ねて、米ノ津へ行って、役人をやってましたね。小柄のとっても人に丁寧な、人格者みたいに私たち考えとりましたけど。商売気がないから、ただ落ちぶれてしまったんですね。水俣の村長は初代が深水頼寛さんで、次が徳富長範さんでした。私の父は頼寛さんの時代に何か役職についておったらしいです。

で、水俣日新《にっしん》町がありますね、あれ一帯はずっと徳富家のなんだった（土地だった）らしいです。そして日新町は徳富家が自分の土地をつぶして道路を作って。あとじゃもう県道、国道になりましたけれど。だから日新町と名前付けて、そういうことを私たち小さい時に両親から聞いています。

今の田上《たのうえ》病院の一画はずっと徳富家と前田家の土地でした。浜倶楽部《はまくらぶ》はですね徳富家のワカサレ、ご縁宅って昔は言いよりました。そしてもうありませんけど、お観音さんがあったんですよ。昔の話ですけど、今で言いますと、図書館[7]みたいにして本を集めたらしいですもんね。佐敷あたりから勉強でもしたいような人はわざわざ水俣までその本を見にみえよったとか聞いています。

あとでは田上病院に谷川眼科がしばらくおりました。長男の方は健一さんといって、小学校へ行く前、『少年倶楽部』かなんか、どんどん読みなさるちゅうて神童といわれましたもん。第二の蘇峰さんだなんちゅうて。二番目か三番目の弟さんは共産党の、雁《がん》さんですか。みんな良い人ですばってんね。八代《やつしろ》からこられたでしょ。外から来た人ですけど、やっぱりあの人たちはつながりを作りますね。私の親戚に尾上《おのえ》ちゅう内科がおりましたけど、尾上の先代は水俣の有力者なんでして、そういうところと近しくしてね、とても。

深水《ふかみ》吉衛《きちえ》さんは殿さんの深水さんの系統ですもんね。頼寛さんの孫。それがムーランルージュ、とかなんとかちいう浅草の劇団に入ったとかねえ、役者になって。そらぁびっくりしましてね。だいたいあの人は音楽が好きでよくクリスマスのときにね、吉衛さんがうたうのを聞いとりましたけど。

それがいつ頃だったか、戦後です。水俣へいらして発表会みたいのがあって皆で聞きに行きましたけど。私ですか。行きましたよ。あこがれて。そのとき音楽の良し悪しなんかわからんですからね、皆行っても。吉衛さんは行きました。そのときのなんが、ムソルグスキー「ノミの歌」ち歌でしたね。ピンピンと飛ぶノミの歌。ありますか？　そげんと。あれを皆笑って、音楽そのものはわからんですけどね、吉衛さんの、ノミの歌いなったち。あんな高級な音楽なんか水俣あたり皆わからんですけど、他にも何曲かお歌いになったですけどね。皆ノミの歌しか覚えとらん。ノミ、ノミち言うとったです。

深水家は細川さんの家臣ですもんね。

あるとき静子姫ちゅう方が深水さんのところへおいでなさいました。細川さんの奥さん（正妻）にはとうとうならんだったでしょうか、よう知りませんが。細川さんのお姫様が来られるちゅうて。

その頃は水俣も狭いですから、うわさは伝って皆おがみに行ったです。町じゅうあげてのなんで。湯出《ゆのつる》まで静子姫はおいでたそうです。それでみんな湯出へ行って旅館までおしかけて、静子姫はどこにおんなっとじゃろか、ち。姫ちゅうからさぞお嬢様できれいか人ち思いますでしょう。なんの、ただのババさんが坐っとったそうで。そのとき六十か七十歳でおいでたちゅうこつです。年よりのババさんだったたって。私たちの物笑いでした。行かずに良かったたっち。

祭の準備と草相撲

一番大きなお祭りはお八幡《はちまん》で、この前の戦争まではお八幡にずーっと桟敷《さじき》がありましてね。それに家々の紋の幔幕《まんまく》張りめぐらして。桟敷に前の日から青い杉の葉を切って竹で組んで飾り、みんなせいいっぱいのおごちそうしますし、せいいっぱいのお金を使っておしゃれして行きよります。相撲があってですね、陣町《じん》と浜《はま》で、吉毅《よしたけ》さんと私の所で関取をお世話しました。そん時は政党なしです。幕内《まくうち》の誰々ってたいてい来よんました。強か人《つ》が一人ね。水俣には相撲取っとはおりましたけど関取はおりませんでしたね。東の関取、西の関取ちゅうて名乗りを掲ぐるものはおらん、やっぱりよそから来ました。町から関取を養うまかない賃がいくらか出っとですたいね。五日か一週間家に泊《と》めますから。雀の涙のしこ来っとです。そすっと勝てば勝ち祝いでお附きがどんどん来《く》っでしょう。お酒でん何でん、何十あっても足らんですねえ。負くれば負くるで慰安の方が。もうそれで町から来た金は、どこさん行ったかわからんで。

私たちは相撲取なん、どんなして養えば良かか知らんでしょう、出入りの親方なんかに聞いて朝から魚屋へ注文しておいて。魚は切ったとはやらんで、みんなほう丸のまんま。それから卵でん生《なま》と半熟とどっちば食べるか、五つつばっかりづつ出してもう大事《おおごと》です。関取さんたちはさぞ食べるだろうち思っとりましたが、そうは食べなかったですね。

関取が相撲に行く時は、笹にですね、一〇銭でも二〇銭でも、その頃いくらですか、小さな熨斗《のし》に入れていっぱいぴらぴらさせて出すっとですよ。そして家の人ばっかりじゃ足らんから、いる人に下げてもらうですたいね。いっぱい下がってた方が良かですもん。養った上にそれをせんばならんでしょ、帰ってさようなら時は、お餞別《せんべつ》包んでやります。それこそお祭りの時は一身代《ひとしんだい》なくすんです。

私共の方は田舎から同志が五人も三人もつれてくっとです。そっで、少くとも三〇人ぐらいの人が来ても困らんようにしてきよりました。ごちそうには、ゆばなんか使いまして、巻ずしなんかも作りました。十人弁当ち重箱に入れて、お客さん一人に一つづつやって、その他に沢山料理は自由に作っていきよりますからね。ほーんにもう大事《おおごと》でした。それはも何十年も続きました。戦争が始まってぼつぼつやめましたけど。今はあれ（戦争）がないから、本当にようございます。女は十二時過ぎまでなんしてね、朝も早く起きて。

私たち女中が四、五人おったでしょうが、みんな自分の持っとる衣装の最高のおしゃれして行くでしょう。女中たちも年に一遍ずつ作ってやっとる着物を着たかですもんね。私たちは髪結《かみゆ》いさんにて丸まげ結うとですたい。私は自分だけおしゃれして、一五、六の娘ですからね、さぞいやな思いするだろうと思いまして。子守から女中に至るまで私が結《ゆ》うてやりました。

子守なんかこう桃割《ももわ》れちゅうて。そして着物なんかも帯からしめてあげて、それたち全部してあげてから、私は着物着よりました。女中たちはふだん小さな鏡で自分たちで髪結《かみゆ》うていますから、その時は部屋へつれてきて鏡台の前にすわらせてそれだけはもうちゃーんとしました。まだ来て一年経たん女中は着物を持たんともおっとですたい。そん時には中古の着物やはおりを着せてやりましてね。

それで三〇人前も仕込んで行きますには、お弁当も随分ですもんねえ。山番しているじいさんたちを呼んで、女中たちと、それを桟敷に運びますもん。運ばせといて、帰ってから女中達をきれいにお化粧させて。おしゃれしてからしたくないでしょ。そのため朝早く作らんばんですたいね、四時か三時に起きて早く作ってしもうて。

家が落ちぶれるとせんです。もう戦争でも女中も下男もおらんごつなって。みんな有志の者がおらんごつなってしもうたですたいね。一軒ならば恥しかでしょうが、もうみんながおらんごつなって。

舟津《ふなつ》もん

八幡様が海に突き出ていたすぐ手前が舟津で、あそこは最低でしたもんね。私たちの小さい時、為朝さん

(神社)がありますね。為朝さんが朝鮮から(舟津の人たちを)連れてこられたって説があったのです。だからね、人相が一目であたしたちにはわかります。舟津顔《ふなつがお》。今は八幡町になって、皆さん教育受けとりますでしょ、おばあちゃんたちの時代と変わって言葉も普通弁ですもんね。舟津の言葉はそれこそあたしたちも通じません。

「本当に」ち言うことを「あんでふんゃー」ち言いよりましたよ。私ら子供時代、まねしよって「あんでふんゃー」ち、それが朝鮮語か、なんか、ね。

もう本当に最低ななんでしたけど、会社ができて、小学校六年出ますと、ボーイ(日窒の雇用制度に二年間見習い期間がある。無給、その工員)に出ますでしょ、ボーイに行ってだんだんだんだん言葉も標準語を自然と覚えるわけですね。今は孫の時代でぜんぜん違いはわかりませんけどね。りっぱな家も建って昔の面影もありません。

でも顔はわかります。何かですね、悪口ですよね、舟津顔ち言いまして。そして、この佐敷に私とおつきあいしている奥さんがおりますもんね。その人が「うちの嫁は水俣からです」ち、「ああ、そうですか、どこですか」ち聞いたら八幡町からっておっしゃいます。はっと思って、私はああそうですかで。何にも言いませんから、その奥さんは知らんわけですよね。そしてあるとき、そのお母さんが何かのついでに来られて、お玄関に出てごあいさつどんしましょ、とぱっと見て、やっぱりちゃんと舟津顔ですね。かかっとります。

そして、あそこは顔の白うして赤髪のちぢれた子、しらこですか、その子が二、三人はいましたね。洗切《あらいきり》ち、あります、隣の町。紙一重、道一本はさんでおって言葉が違います。洗切は普通の水俣弁、舟津弁は使いましぇんもん。

朝、舟津からよく私方にお魚をカゴに荷《にな》って持ってきました。上魚《じょうざかな》じゃないですよ、自分たちが網でうったこのくらいのお魚なんかをね。帰りにはですね。うちの畑にお野菜作って良いとこだけ刈って葉っぱは捨ててあったでしょう、そういうところを少しでも青味があれば、拾《ひら》ってカゴに入れて持って帰りました。それは大目に、ああ舟津もんどもがまた持っていくなちゅうて許しとった、どうせ枯葉で捨てましたから。そんなんゆがてい食べる、そんな生活《くらし》だったらしいです。

あそこらの小屋はかたむきかけてですね。たとえば野菜屋が車ひいて売っていきますとね、どこそこからおばあちゃんたちがやって来て、これくれ、これくれち、金も持たずにおって、あとで金を持ってくるちゅうて路地に入ってしまったら最後、とれん。だから、舟津にはあんまり野菜売りな行かんち言いよったですね。そういう部落だったとか聞きました。それだけやっぱ、くらしは困っとったですね。

あの人たちは交流といっても上、上の人たちとの交流と違うし、ま、お魚を持っていって知りあいになったとか、そんなですよね。しょっちゅうお八幡の沖の方にお魚を釣ったり、たいていの男の人たちはですね。タチとか、上魚じゃないですね、小さいエビナとか、持って来て、そのかわり新しいからよく買いよりましたですたいね。

それとビナ（巻貝）ですね、あれを煮て。水俣でホゼち言います。こうこうむいて、煮て、一杯いくらで売って。三月あたりにそれを皆買って、芋やこんにゃく、にんじんなんかと、うま煮みたいにするのが三、四月ころのおごちそうの一部でしたね。よく売りに来よりまして私共も買いよりましたが、それはばあちゃんたちの内職みたいな仕事だったらしいですよ。八幡の沖にようホゼがおった、シズちいいますか、海の中に生えとるシズの中にようくホゼがおったです。

そして、失礼な話ですが、子供の頃、お八幡祭りに行ったりしますね、舟津を通る間、こうして（鼻をふさいで）通りました。臭い、とかなんとかち言うてですね。

為朝さんが連れてこらいた中に伊藤家ちありますもんね。それと蓑田《みのた》、あともう一軒、この三軒は舟津の殿さんだったらしいです。言葉つきから、社会的な交際も、水俣のりっぱな人たちとつきあいますし。やっぱり顔つきからなんから、その人たちは違っとったようですよ。

湯之児《ゆのこ》の上にえらい農園を開いたりしてる女の人、伊藤家の出身ですもんね。大江の女学校出て、学校の先生しとったです。やり手でしたが食堂開いたりパチンコやったり、えらい女の実業家ですが。

Ⅲ

千百さんの夫、前田隆は深川《ふかがわ》という水俣川上流にある村の出身で、家はかなりの山林地主であった。前田忠規はこの新しい夫婦にさぞ期待したことであろう。しかし、彼は事業にたずさわらないかわり、政治の道を歩んだ。今と違って戦前の政治家は奉仕活動に近い。金は出てゆくばかりで、入ってこない。その地位を利用してもうける者もいたが、潔癖な彼はそのようなことをひどく嫌った。

政友会の地盤の水俣から憲政党で立候補したとき、前田隆を支持したのは日窒関係の人々だけであった。もともと前田家は政友会系で、兄の永喜は、どちらに投票するか、注目の的になったという。永喜は結局投票日に一日中魚釣りに出かけて煩《うるさ》い世間から逃げてしまった。

隆が政治家になってから手がけた仕事は、水俣百間港湾建設、湯之児開発（海岸の温泉地。日本初の温泉乱掘防止規定を県条例として制定した）、市立共立病院、公会堂永楽座建設、水俣と鹿児島県大口を結ぶ山野《やまの》線の敷設、など数多い。しかし、妻の財産はどんどん減っていった。

「世の中にはそんな人間がいてもいいんじゃないですか。また一方でお金をどっさり蓄えた人も、いつかはまた世の中のために使ってくれるのではないかと思います」

千百さんは毅然とした面持ちでそのように断言した。この夫婦と前田家について世の風評はとかくトゲを含んでいたに違いない。しかし信ずる人とその人の仕事に全力を尽して支えきったという思いは、そのくらいの荒波はのり超してしまう。女といえど、老いたりといえど、必要とあらば見えぬ敵に立ち向かう、きついそうした一面が千百さんにはうかがわれた。彼女はいかにも内助の功に徹した婦人の鑑のようであったが、京子さんは言う。

「叔父（隆）と千百叔母を比べれば、私は叔母の方が一段上だったように思います。叔父が議会で発表する草稿を、叔母に下見をしてもらってましたからね。そして叔母が男だったら、どんな実業家になったろうか、と思うことがありました。自分に三億円あれば裏山にアパートでも建てるのにって、そんな事言うんですよ。八十歳すぎてねえ」

人の出入りが激しい大きな家をきりもりする主婦（家刀自《いえとじ》）には大きな力が要求される。人を見る目も、世の中を判断する目も肥えて、考え方に幅が出る。しかし、そんな千百さんにも超えられない壁はあった。

「舟津」の項にもそれは表われているが、かの地の住人に対するその差別的意識は千百さんにとって理屈でぬぐいきれない感覚的なものに思えた。舟津が、舟津以外の水俣の人々から長い間受けてきた理不尽な屈辱が、そこに集約されていたといっても良い。あの言葉は前田千百の声というより町の圧倒的多数の声と聞こえる。それは水俣病についても同様なのである。

「水俣病は下魚《げざかな》を食べた貧乏漁師がなった」

「補償金でぜいたくをしている」

「金めあてのニセ患者もいる」

そういう声は今もこだまして、患者たちを傷つけてやまない。水俣病の認定申請をためらう風潮も所によって色濃くあり、ごく秘密裡に行なおうとすることも相変わらずである。ひとりひとりが水俣病事件とその被害の深刻さを正しく理解し、完全に我がものにするには、なお時とエネルギーが必要であると思う。

千百さんとはとうとうこの問題にふれないままで私は別れてしまった。立場の違いを明確にするのは勇気がいる。あなたは正しくない、と反論するのは辛いことだ。そういう処には目をつぶり、口あたりのいいつきあいだけなら容易である。けれど、人と真剣に出合おうとしたら往々にしてそれは避けられない。そのときどうするか、つきまとう課題だ。そして、もしゆきづまったとき、あの壁を〝私の壁〟として一歩引いて見つめてみたい。どんなに陳腐に思えようとも。

前田千百さんは住いを移したというものの心は常に水俣に在った。その生涯は自ら切り開いたというより、与えられた道に忠実で、逆らうことをしなかった。しかし、一見縁の下の力持ちのような、そうした婦人の多くが夫（家長）や家の命運をも実は掌中に収め、一生を肯定して強く生きていた。今や失なわれつつある女の姿を彼女は教えてくれた。こうした女性を私は尊敬する。

夫のこと

私の家はですね、兄の前田永喜が、あんまりもう仕事、仕事で財産を使って、父親がへとへとになりまして、そして最後の財産を永喜にやって、廃嫡《はいちゃく》ですか、私に養子をとりました。主人は農業大学を出て東京におりました。名は隆《たかし》です。

主人の実家《さと》の名字は長野家ちいいます。水俣から一里離れとる深川ちゅうところです。水俣同士《どし》はやっぱり、どこどこの部落部落でいろんな関係できとりますから。先祖は、血統は別ですけど、ずっと繋がっとりますから、前田家とすっかりの他人ではなかったらしいですね。

主人の兄は前田家のこともちゃんと知っていて、永喜のことがなんでしたから、養子ということが難しかったらしいです。永喜の弟に弘というのがおりましたし。弘は家にいたくないちゅうことで、若いころアメリカの方へ一五年ばかり行きましたですもんね。だから、末娘の私に養子を、ちゅうことになったわけです。

今私が話しますと皆笑いますけど、結婚式の晩まで本人を知らずに、写真も見ずにですね。主人も「ぜんぜん知らんから」と一口《ひとくち》言うたところが親類の者に――私の姉が主人の何《なん》に嫁いでおりましたから、「あすこの姉さんち思えばまちがいはなか」ち、言われたそうです。そんな結婚をしとっとですね。まあ、あたりはずれもせずに、五〇年も六〇年も続いて。今ばやりに、〝好かんち〟ち、ピョッと別れるなんてなことは昔はできませんでしたから。親の言うとおり結婚して、そして五〇年も。

亡くなってから玄関の表札をちょっとなおし（しまい）ましたけどね、主人がおるような気持ちで、でかけたいですもん。死んどっても主人はおるもんとして。表札をはずしたところが、すっかり私だけになってしまいましたから、またかけ直しました。

テレビ見ますと、よく夫婦げんかが出ますね。奥さんがもう御主人の手も足も出んようにペラペラ叱りなさるでしょう。どうもあれが通じんですね。さぞ愉快だろうと思う反面、ま、あわれなもん、あんなご主人持ってね。私たち朝から晩と、けんかしましたけど、けんかじゃなくて、あれは何だったろうかち思いました。けんかいう記憶が今ありません。もし、現代的なあんなけんかしたら、いくらなんでも別れとったでしょうね。そんな夫婦で一生終るもんだろうかち思いまして。

私の方がずるかったかもしれませんけど、ま、時たま主人が不快で、一時間でん二時間でん私に説教しますもんね。そんとき私は黙ぁって、「そうですねえ、あなたがおっしゃれば」ち。またその通りですもん、聞いてますと。

九つ違いでした。それで私が、「お父さん、あなたは九年前に生まれとりなさるから、私が一つのときは一〇歳でしょ、それだけ知識が多いから私が足らんでも不平は言うことできません」ち。それでも男と女は、なんか女は雑耳《ざつみみ》が長《た》けてますね、男よりも。そすっと変なところで女は足りませんでしょ。よくそんなふうにして説教されましたけど、私は黙って。

そういうとき一度も、言いのがって、立ちあがってけんかしたことありません。そうです、その通りです、ち。考えてみればそのとおりですもんね。だからけんかもなし、打《ぶ》たれたこともありませんしね。で、予防線張っとったです。「男が女を打ったりひきずったりするのは、私たちが赤ん坊をひきまわすのと同じで、あれは何でんなかですね、男の値うちは無かですもん」ち、私が常々《かねて》言うとるもんですから、時々はそう思ったかもしれませんけど、一度も打たれたことはありませんでした。

政治に報酬なし

主人は県会議員もしよりました。水俣は、保守党で、みーんな異端者はなかったはずですもんね。でも主人はいろんな不正なこと聞くと、じっとしとれん性格で浜口雄幸《はまぐちゆうこう》さんの系統の憲政会から立ちました。私のいとことかおじさんとか兄弟は保守党で隆が立っても、三百票取ればおれの首をやるとか、自由党の本部ではえらい話があったそうです。ところが千三百票とりましてね。それから三回も立ちましたです。ちょうどスペイン風邪のあった頃、私二十二、三で妊娠してまして、スペイン風邪でどんどん妊婦が死にました。私も危篤《きとく》状態におち入ったですよ。そのとき主人が県会に立ってました。私の容態が本部に知れて、熊本から二枚の弔文電報が来たわけですね、御令閨御大病と聞くと心配に耐えん、なんとかかんとか来たわけです。ところが選挙中ですから暗号電報をしょっちゅうやるでしょうが、暗号ち思いまして暗号のひかえば捜《さが》して、どうしても本文が出ないそうです。とうとうまた本部へ電報いったんでしょうね。そうしたところが、それは選挙の電報ではないということがわかりまして、笑ったり安心したりして。何時間も電文をひかせたそうです。そういう笑い話もあります。

スペイン風邪ではみんなばたばた死にました。ところが私の親戚の医者は全部町会議員です。連絡しても会義で来られない。それに私方が憤慨して全財産うちこんで、津奈木《つなぎ》の山田さんという方を政党に絶対に関係せんちゅう条件でつれてきました。医者というものが何のために町会なんか関係するかち、とうとう二、三の協力者もありましたけど、ほとんど私財を投じて自分で共立病院を建てたんですよ。そのころレントゲンなんか水俣に無くて、それをそなえつけて新式の病院だったです。そういうことをせんと気がすまんわけですたいね。

銀行も創設しよったですけど、自分の土地に家を作ったのが肥後銀行の支店だったです。ある一部の人はお金を貸して抵当を取り上げてしまうでしょうが、そういうことを聞くと憤慨してですね。本当にばかなことち言えばそれまでですけど。

主人たちは良さそうな問題を町会に出しましても、とにかく水俣という所は絶対的政友会王国でしたから、前田が言うことはちゅうごたるふうで、少数で苦労しましてですね。山野《やまの》線をひくについても、ある町長が「前田さん気の毒かなー」ち、言いましたですたい。東京や熊本なんかしょっちゅう、自費で出張してますから。自分の山の木を売ったり、米を売ったりしてどんどん行きますもんで、町長がみかねて言われたそうです。町長でも自分の思うとおりいかんそうですね、予算を組むのは。そういうことは主人は覚悟のうえでした。まぁ、そんな人も必要だし、そういう人をじゃまに思う人も必要だし、世の中両方おらんとおさまらんとだろうと思うとりますね。

湯之児《ゆのこ》温泉を拓《ひら》くには主人たちは苦労に苦労をしまして、何百回、県に出張したかわかりません。山口善三ちゅう石方《いしかた》が相談にきまして、湯之児《ゆのこ》にお湯どん出ますが、掘ってみましゅうかなち、それから始まりでしたもんね。その人の銅像も立っとりますが、そこまでするにはそれこそお百度です。

主人はあるとき私をすわらせて、「政治に報酬なし」ち、よく聞いておけち言いました。それでも主人のすることには一口も口出ししません。結婚と同時に私の印鑑は主人に渡して、主人が死んでからはじめて手にかけました。親戚にも一銭も借りまわりませんで、それで今私が気楽にこんな長生きできるのは、誰にも迷惑をかけずにきたからじゃないかと思います。

私はお客がありますから家でこちゃこちゃとしてね、主人はお客さんがきたときは、女中にお茶を出さすのが大きらい、主婦がおって何のために女中にお茶出させるかって、私でないと気がすまなかったですね。私は外に出てどうこうということは絶対になかったですね。家におって主人の手足だったです。ま、政治の話なんてもってのほか、そんな大それたことできもしませんし、わかりもしませんし。主人のすることは悪いことじゃないなちゅう理解は持っとったはずですけど。

あるとき、浜口総理大臣が長崎に見えて、本部の方から出席するようにって手紙が来ました。ところが、二、三の者つれてゆくのにお金が足りません。ああお金はどうして作ろうかなって私思ってますよね。あることでお金ができまして、主人に渡しても、ありがとうも言いません。私も黙ってますもんね。それでもうれしかっただろうな、ち、ことはわかっとりました。私たちは恩きせもしませんし、ありがとうともいいませんけど。ま、そんなふうでした。

水俣病

女島《めしま》に住んでいるある人を知っとりますが、夫婦とおばあちゃんと水俣病ですもんね。全身しびれて一分間も一秒間も休むことなく痛いちうことです。身体を元に戻してくれるならば現金を即座に返しますち言いました。その話聞きますと、かわいそうにと思いますね。

どうして友達になったかと言いますと、もずくを持って毎年春にうちへ来まして、買ってやりよりましたったい。それで私は記憶にありませんが、「お茶も飲ませなさったがな、何もしなさったがな」その人が言うとですたいね。で、逢いますと遊びこい、遊びこいち言いよります。ま、ちょっと行ってみようかな、ち行きました。

そして、家はありとあらゆるぜいたくしてります。「奥さん」ち。「これは大理石です」ち。大理石のね、真中にトラの絵が彫ってあります。床《とこ》において。私は大理石のなんの見る力がありませんから、「そうですか」ち言いましたけど、業者がつかませよっとです。あんな大理石、すばらしいもんと思いますよ、あきれて見とりました。玄関には大きなシャンデリアですか、下っとりますもんね。それで舟も二そう持っとったのを、今は舟に乗られんて、夫婦して水俣病で。

その隣近所が顔みしりになっとって、ここもですよ、ここも水俣病です、ち。そういう家庭ばかり。人間はいいですね、ああいう人たち。そして、たくさんおごちそう出しますけん、たべんわけにもいきませんでね。

いくら魚の量をたべたちいうても、鯛とかなんかはめったにたべよらんだったんじゃないですか。金になるから。下に這《は》うとる下魚《げざかな》ちいいますか、ああいうんとばかり、食べよったじゃないか、ち思います。

橋本彦七（元チッソ水俣工場長、水俣市長四期）さんが大学を出られて水俣の会社に来られた時、工場長が、「前田さん、ああたに紹介したい人があるから」て、それが橋本さんだったそうです。それから何十年か経って、しょっちゅう私方に見えよりましたから、あるとき主人が「橋本さん」ち、「水俣病は会社の廃液かなんかじゃなかろうか」ち云わしたところが、「そんなことありませんよ。あれは農薬です」て二人で議論して真赤になって、あとから主人は黙っとりました。橋本さんも大声出して何しとりましたが、やっぱり会社でしたもんね。

それからもうばったり私方、足ぶみせんごつなったですよ。市長に立候補したときは、また私方に意見を聞きに皆で来ました。二晩も三晩も。橋本さんが、「前田君はどんなふうに思うだろうか」っておっしゃったそうで。「橋本さんがなってくれればそれにこしたことはない」、革新の方から出ますから、そしこの返答をしたわけです。だから、水俣病で言いあったのは、その前、工場長の頃じゃなかでしょうか。

月浦は猫が育だたんとか踊るらしいちいううわさは、戦前から、てんてん（しばしば）あったんです。百間の排水口の近くはビナをとる遠浅の砂浜でしたったい。私たちも水俣の町から皆、子供達そろってそこへ行くのが楽しみで、とりに行きよりました。ひろーい砂ばらで貝やらたくさん。

百姓の人達、最低の生活ですから、子供におやつはないし、ビナを煮て与えとりますから、朝昼晩、食べ放題たべて。それで子供は子供で水俣病に侵されとるわけですね。

私の娘たちが子供の時代に、百間に出入りのおばさんのおったですもん、その話では、ぐるーっと青かとんが、カキですな、「石垣に着いとって青なっとです」ち言いました。「そればとってたべると渋かですばい」ち。「浜かですけん、このごろはカキはとって食べません」そう言うとりました。

子供たち

みんな第一小学校です。長女は大江の女学校、その次は尚絅校《しょうけい》、あとは水俣に県立がなくて、鹿児島の出水《いずみ》に女学校ができましたもんね。今、隣に住んでる娘が行きました。ちょうどその頃終戦で、あと二人は熊本（市）へは食料関係で出しきらん時代でございました。その下は水俣に県立ができましたから。男二人に女五人です。

長男は戦争から帰ってきて死にました。戦病死ですね。次男はソ連に何年か抑留されとりまして、やっと帰ってきまして銀行に務めております。はい、娘が一人死にました。

水俣にはどういうもんか中学校も女学校もありませんで、親はぶつぶつ言いよりましたけどね。その時代の有力な人たちに関心が無かったかなち思いますね。会社といっしょに発展していきますから、建つれば何でもなかったんじゃなかろかち思います。主人は女学校創《つく》らんばん、ちゅうことは言いませんでしたね、不便だとは言ってましたが。とにかく水俣は絶対多数でとてもおさえつけられて、反対派は主人が一人くらいでしたもん。

私はもうずーっと家にいて主人のそばにいましたから、近所の奥さん方の集まりなんか出らずに。政治のなんしとって、事務所も持たんし、自分のうちで切りまわさなければなりませんから。毎日、毎日、いろんな人が田舎から来っでしょう。そういうときの接待も、女中がおっても私がおらんとやかましいもんですから、お茶を出すのは私です。

その頃私も若いし、お茶がはやったりお花がはやったり、いろんな奥さん連中のグループがあって、私も籍はおいとりましたけど。行くとお客さんだから帰れってすぐ電話ですもん、編物のけいことか若いからやりたいですよね。でもいつも電話ばかりかかって、半端《はんぱ》ですもんね、あとの仕上げは女中がやったりなんかして。そういうことで私は社交場に出るようなことは、一切あきらめました。そのかわり、子供の学校の問題だったら、いやも応もないですもんね。学校はさかんに行っとりました。昔は、母の会と申しましてね。

ひとり暮し

私の母の時代とこんなに違うものかと友達と話して笑ってますが、私の母は七十三くらいで果てましたからね。もう六十くらいで、おふくろさん、おふくろさんで大事にされて。私たち六十くらいで大事にしてくれる者はおらんです。ああいうふうにしてると頭もぼやくっとですね。七十くらいになった時はぼやーっとして、そしてお魚でも母にはおろし身にしてですね。私たちはいま一人暮しなれば、頭でも骨でも何でものどにひっかからんごつ用心して食べるでしょう、誰もおろし身でくわせる者がおらんですもん。

そしと寝床でも母が自分で敷いたりたたんだりしたのを見たことがないですね。夜になると寝床敷いて、「おふくろ様やすみませんか」ちてですね。

主人と二人暮しになってから、雨戸をしめて下さいち言うたったですたい。ぶすっとして黙っとりますから「ああたの命令でなくして、雨戸閉めるの運動だから」って。一、二度はしめても、あとケロっとしてますもんね。寝床も上げまっせんから。「運動ですからお互いにめいめいで上げまっしょうよ」「うん」、返事して二、三回はします。そうすと上げたところを見れば、くるくるーって。もう、お父さんのを私が二度せんば、自分のふとんをその上に上げられんです。大騒動ですたいね。そんなふうでした、主人は。

寒い晩など寝床も自分で敷きたくない、ち思うことがあってすね。人がしてくれたらな、とね。でも時代が変わって、親たち電気毛布も知らずに冷たいふとんに入ったんだろうち思うと本当に申しわけなか。ぶつぶつ言いながらも、冬暖くてありがたいものだと思って感謝しとります。

この前、腰を痛めたときはこれで私の寿命もきた、ち思いまして、先生はガンだっておっしゃりませんですよね、きっと。レントゲン撮ったときに、遠まわしに「この辺におできのできとりまっせんか」とか何とか聞いても、先生、ぶすっと黙っとりなさる。でも、ガンの人たちに聞くと症状がちょっと違う。また今度助かっとじゃなかろうかな、って欲ばりが出たりします。やっぱりもう年でございますから。

前田千百さんを悼む

一九八一年八月二四日の午後のこと。私は水俣市の山沿いにある花田俊雄さん（元チッソ労働者）の家へ車を走らせていた。百間港前の大和屋旅館から国道三号線を北進して市内に入り、ここを右折するはずだと思ってハンドルを右へ切ったら、それはまっすぐ市立病院の玄関に通じる道だった。そこで、元の3号線に戻ってやり直し、こんどは大丈夫と思って右折したら、また水俣市立病院の大看板に行きついてしまった。私はあわてて反転し、ようやく目的の花田家に辿りつくことができた。なぜ、そのとき七年間も通い、熟知していたはずの道を何度も迷ったのか、今でもよく分らない。

実はそのころ、前田千百さんが水俣市立病院に入院し、私のことを口にもし、来てほしいと待っておられたのだとは全く知らなかった。それから数日後に、「私は前田千百の娘婿です」と。突然の死去のことを知らせてくれたのは、千百さんの末娘豊子さんの夫君中山和行《かずゆき》氏であった。その御手紙にはこうある。


八月二十二日から急変し、二十五日の午後、病院で、義母はなくなりました。心臓病と思います。二十三日、入院する時「なにか本を持ってきましょう」といいましたら、「私は週刊誌より、色川先生の本で水俣のことを書いてあるのがいいよ」というほどでした。

本人も、まさか自分がここで、八十四歳の生涯をとじるとは、思いもしなかったそぶりでした。

故人の意思を思いやり、先生の著書の一冊をあの世に持たせてやりました。

二十七日、葬儀の終ったあと、帰ってみると、先生からの親身溢るるお便りが届けられていました。

仏前に供えさせていただきました。


その八月二十五日は快晴無風の暑い日で、私（色川）は第二期不知火海学術調査団の桑原連、田口正氏ら海洋班への協力を求められて、終日小さな調査船に乗っていた。不知火海の水俣沖から天草五橋のある有明海の口まで、数十ヵ所で海水や海泥を採取し、水温やベントス（海底微生物）のデータや採取状況を、言われるままにカードに記録していた。天幕の張っていない舟なので一日ですっかり陽に焼け、午後三時ごろは疲れて放心して、舟べりから芦北の入江や山の方をぼんやりと眺めていた。丁度、そのころ前田千百さんは病院で呼吸をやめ、魂が肉体を離れて浮遊していったのである。

私たちが芦北町佐敷に一人住いの前田千百さんを初めてお訪ねしたのは、昭和五三年、一九七八年の四月九日である。小島麗逸さんの手引きだった。それから四年、私たち（色川と羽賀しげ子）は春と夏、水俣を訪れるたびに必らずお寄りし、汲めども尽きぬ興味深いフォークロアを聞くのが楽しみであった。この夏もお訪ねする予定が狂ってしまい、待っているであろう千百さんのことが気になって、私は二十六日に葉書を書いて投函した。それが葬式の夕方に着いたとは何という偶然であろう。私が水俣で仕事を始めた二十二日に、なぜ電話をかけなかったのか、悔やまれる。千百さんからは、もっともっと聞いておきたいことがあったのに。また、私を信頼して下さって、私たちの訪問を楽しみにしておられたのに、つくづく残念なことをしたと思う。

前田千百さんはすぐれた語り部《べ》であった。それは羽賀しげ子がまとめた豊かな聞き書が証明している。今、手もとに、初めて私たちがめぐりあった直後の千百さんからの手紙があるので、資料として紹介しておきたい。

今日は遠路御来宅頂きましたが何のおもてなしも出来ませず失礼申上ました。また御調査に対しましても御期待に添う様なお答えが出来かねた様な気もいたしまして恥ぢ入る次第で御座います。

人様と始めて語る昔の思い出話、今夜一人になってわずかな時間ではありましたが、走馬燈でも見る様にくるくるとあの事この事が浮び出《い》でまして、なつかしさに浸《ひた》っております。あれこれとお話しいたしましたが、必要であったのか無かったのかと案じつつ、これも関係のない事と存じますがお聞きして頂き度いといふ気が出まして書きますが、そのお積りでお読み下さいませ。

それは主人が私にかねて言っていた事で御座います。「政治に報酬なし」と。

町村のため尽くそうとする者が報酬を目当てにする事など出来ないと、それで己《お》れが死んでも何一つ汚点はでないから安心せよ、と。「棺を覆うて人を知る」だよと申してをりました。主人の死後、何一つの汚点も出ませんでした。主人の出生地だと言ふ事で、昔大洪水で橋が流れて長い事、部落の人が困っていても、なかなか役場が橋をかけてくれなくて、主人はそれを聞き、自分の山の木を提供し、労働は土地の人の加勢で出来た事が御座います。昔の事で木橋ですが、今では立派な現代的な橋だろうと思います。

報酬を思はず自分の意志により一生を送った主人の自己満足だったと思います。何の汚点も残さず、清く正しく往った主人の後に残り、私は巨万の財こそ残しませんでしたが、不自由なく誰にはばかる事もなく、前田隆の妻として命は天にまかせ、毎日を生き甲斐として多くの人と共に毎日をたのしく暮しております。前にも書きました通りこの事は余分の事で御座いますが、今夜胸に浮びましたのを先生にお話し申上げたくて書きました。

先生方も私共の郷土の為めの大事業とも言ふべき事に御研究になり、御完成は三年も先かどうかとの御話しをお聞きしまして、その御苦心の程頭が下ります。私もこんな年ですので、又いつの日かお目にかかると言ふ事も望みうすい様に思われますが、どうぞどうぞ皆様、御体御大切に御仕事の御完成を心よりお祈り申上ます。末筆になりましたが他の皆々様へもよろしくお願い申上ます。

昭和五十三年四月九日夜　　前田　千百《ちを》

色川大吉先生　御許《おんもと》に

翌年の一九八二年四月五日、私は千百さんが息をひきとった水俣市立病院を訪ねた。そこには骨折した足の手術で入院していた川本輝夫さんがいた。川本さんを病室に見舞うと、昨夜まで痛かったが、もう大丈夫、文字通りの「骨休めですたい」と笑っていた。二人部屋の窓側で、膝を立てて、もう何か書きものをしておられた。

廊下で奥さんに逢う。妻のミヤさんはこの病院の雑役婦をしている。「大変ですね」といったら、「あの程度で入院になって良かったですよ」と、かえって嬉しそう。身近にいて看病ができるのだし、水俣病患者連盟の委員長で、いつも忙がしくしている夫が自分の掌中に戻ってきたという安堵感をあらわしていた。

川本さんはいつもの通り、上目使いのいたずらそうな笑顔を浮べて「この間浮池《ふけ》水俣市長がひょっくり私の家に訪ねてきましたよ。いよいよ検診拒否闘争がききめをあらわしてきたもんでな」と嬉しそうにいう。

病院を出て私は前田千百さんの遺骨の眠る源光寺の墓地をさがす。警察署の裏通りを歩いて、昔の永代橋の碑の近く、谷川旅館のはす向いにその古い寺はある。ところが境内は新しい建物がぎっしり建っていて、墓地はいくら捜しても見つからない。困って帰ろうとすると、コンクリート造りの納骨堂が目に入り、扉があいている。私は前田家先祖代々の大きな墓所を想像していたので、花屋で献花を作ってもらい、抱えてきたのだが供える場所がない。

納骨堂に入って前田家のボックスを見つけ、仏壇のような扉を開いてボタンを押すと、燈明に電気がつくのだが、花を供える十分なスペースはない。まるで郵便受けかコイン・ロッカーのような感じである。こんな味気ない所に千百さんは閉じこめられてしまったのかと思うと、情けない気持になる。合掌、瞑目すると、在りし日の優しい姿が浮んでくる。花一輪、位牌の前に捧げ、あとは腕に抱えて車に戻り、一気に佐敷の旧宅まで走った。約四十分。

元の家には、もう誰か他の世帯が入っていた。それが前田家の人でないことは、洗濯物の無雑作な干しようや庭の荒れ方を見て一目で分る。千百さんがいた時は、チリ一つ無く、隅々まで一定の秩序が保たれていた。改めてあの刀自《とじ》が持っていた文化の品格というものを感ずる。千百さんの娘の今村さんの家をさがして、学校前の純日本調の美邸にたどりつく。

今村家の人びとは私を待っていた。すぐ抱えてきた花を仏壇に供えてもらう。見れば私たちと一緒に写した写真が飾ってある。私は深々と頭を垂れ、香《こう》をあげ、祈りを捧げる。今村家の御当主で永く小学校の校長を勤められた今村道夫先生が挨拶に出られた。そして水俣に住んでいる千百さんの姪の前田京子さん（前田永喜の娘）にも、また埼玉から来ていた末娘の中山豊子さんにもお逢いできた。最初に千百さんの死を知らせてくれた方だ。改めて御一同に挨拶をする。千百さんの逸話に花が咲く。

柳田国男が『妹《いも》の力』や『木綿《もめん》以前の事』で認めたような語り部であり、伝統文化の継承者であった前田千百さんは同時にすぐれた生活技術の所有者であり、人生の享受者であり、家を差配した「刀自」の名にふさわしい婦人だった。

その人とくらべたら今の人にはどんな芸かあるのだろうか。いったいこのことはどう考えたらよいだろうか、というような話題に花が咲いた。

今村夫妻はこの日も、水俣病に罹《かか》ったのは、貧しい漁民が弱った魚をどしこ（たくさん）喰べたからだ（新鮮な魚はお金にかえてしまうので）という言葉を漏らしていた。事実は、漁民は新鮮な魚を多食していた。その新鮮な上等な魚にこそ猛毒の有機水銀が侵入していて、罹病の原因となった。貧富の問題ではない。ところが行政や企業が地元住民の差別的な意識構造や偏見を逆手に利用して、こうした誤った情報や考え方を永い期間にわたって定着させてきたのだから、この人たちを責めるわけにはゆかない。私は真実を伝える努力や書物によって、近いうちに必らず分ってもらえると信じつつ今村家を辞去した。

一九八二年四月の調査を終えて東京に戻ってしばらくしてから、私は今村悦子さんから次のような鄭重な御手紙をいただいた。娘から見た千百さんの晩年の姿が描かれているので、お許しを得て最後に紹介しておきたい。

先日には御多忙にもかかわりませず、御遠路わざわざ御来佐下さいまして、立派なお花と過分のお供えを頂き、どうも有難うございました。どんなに亡き母がよろこびましたことかと思います。

老後を十七年、佐敷で暮しましたが、沢山の方々からも大へん良くしていただきました。手芸、縫物、野菜作り、盆栽、短歌等、亡くなる数日前まで楽しみにやっていました。その上、最後の数年を先生方から御芳情にあずかり、御研究の本も読ませていただき、どんなに倖《しあわ》せな母の老後だったか分りません。

一年に一、二回おいでになるのをとても楽しみにしていました。入院の折、病院の廻りを数回通られたことや、葬式の日に最後の先生からの御葉書がくるなど、ほんとうに御縁でございました。日が経《た》つにつれて、母の想い出がなつかしく思い出されます。八十四歳まで何一つ迷惑をかけることなく子供や孫の為に一生懸命つくしてくれた母でした。兼て元気でしたので、いつまでも甘えていましたが、あっけなく亡《な》くなった母を思いますと、すまない気持で一杯です。でも母はいつも自分は倖せ者だと申していましたので、それだけでも慰められます。

先生、ほんとうにお世話様になりました。亡き母にかわり心から御礼申し上げます。

昭和五七年五月九日

今村　悦子

附　記

この聞き書は、第二期不知火海総合学術調査団の現地調査の一環として本学の個人研究助成とトヨタ財団の援助をうけて行われたものです。お話しくださった故前田千百さん、前田京子さん、今村道夫・悦子御夫妻に厚く御礼申し上げます。

（「東京経大学会誌」第一三六号〈研究ノート　不知火海民衆史聞き書〉（一九八四年六月）所載。
羽賀しげ子との共同執筆）

獅子島にて

——湯元クサノ聞き書——

Ⅰ

その日はめずらしく海が荒れていた。内海である不知火海は、私たちが海を渡ったどの季節もゆったりと穏やかで、めったに波頭を白くあわだたせることがなかった。四月も初め花嵐は少しも静まりそうになかったが、船頭はそう気にする風でもなく隣の島までの渡しを引き受けてくれた。天草の御所浦《ごしょのうら》島から隣の島、鹿児島県の獅子島《ししじま》へは瀬戸をこえ小舟で約三十分程の距離である。

獅子島は周囲三十二キロメートル、面積十八平方キロメートルの小島で、御所浦島とともに水俣市の真向いに位置している。この日訪れた獅子島の湯ノ口《ゆくち》部落は、さらにチッソ水俣工場の真正面、地図の上なら海上に直線を引いて、その距離は約十四、五キロ程しかない。しかし行政区分は鹿児島県出水《いずみ》郡東町《あずまちょう》、県の最北端の離島《りとう》である。

小さな舟は強い南風と波にもまれて、わずか二、三十分の間なのに私はすっかり船酔いしてしまい、あら

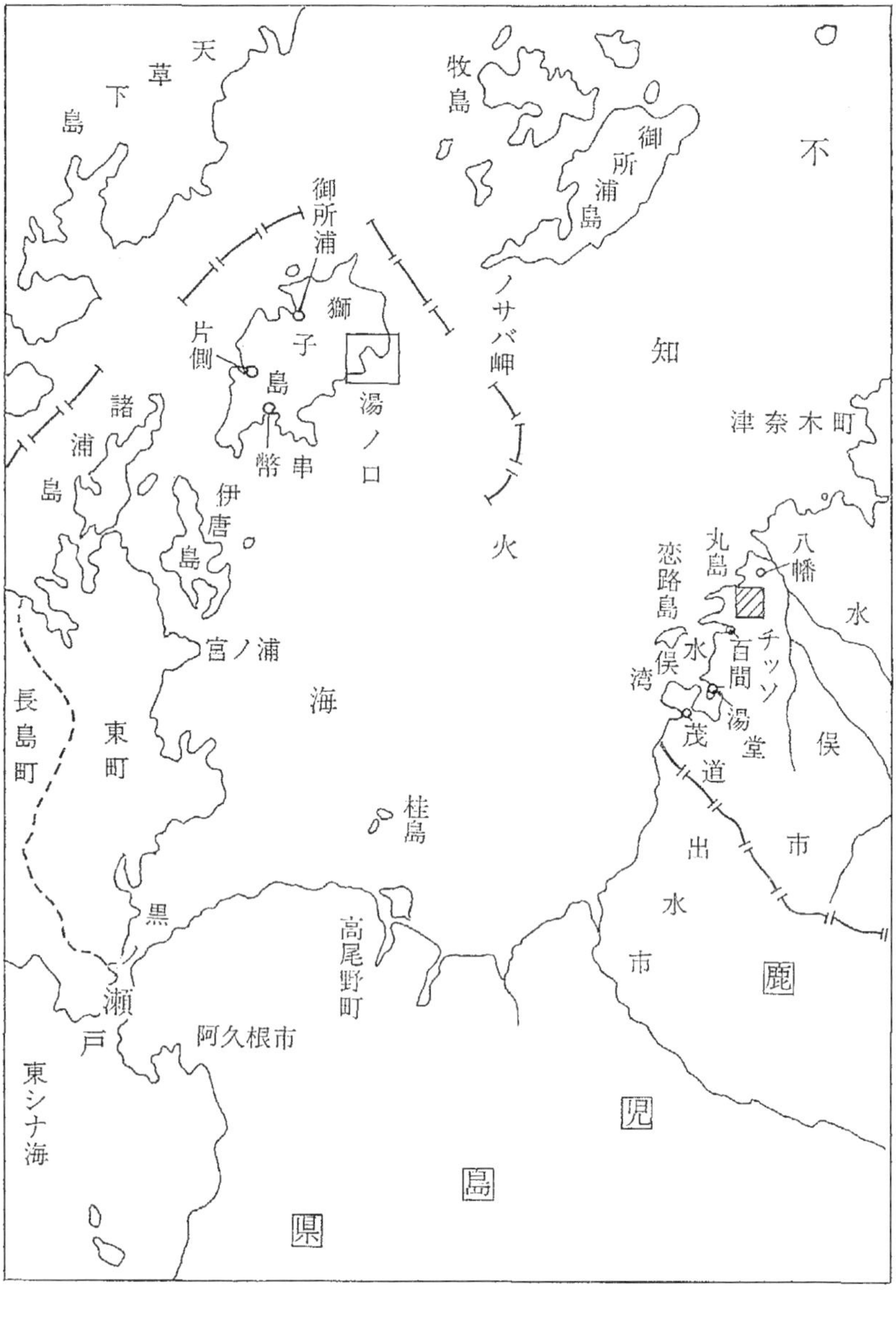

天草下島
牧島
御所浦島
不知火海
御所浦
獅子島
片側
幣串
湯ノ口
ノサバ岬
諸浦島
伊唐島
津奈木町
丸島
八幡
恋路島
水俣湾
百間
チッソ
湯堂
茂道
水俣市
宮ノ浦
長島町
東町
桂島
出水市
黒之瀬戸
高尾野町
阿久根市
鹿児島県
東シナ海

ためて不知火海も海なのだという事実を認識させられた。波止場には私たちを案内してくださる花田俊雄《はなだとしお》さんが待ちくたびれて立っておられた。

一度目の獅子島訪問のまえに、私たちは水俣移動診療所の堀田静穂《ほりたしずほ》さんに湯ノ口部落のことをレクチャーしてもらった。堀田さんは湯ノ口に第一号水俣病認定患者が出た翌年、一九七四（昭和四十九）年から二月《ふたつき》に一度位ずつ湯ノ口に通って調べてこられた人である。堀田さんの話によると獅子島は鹿児島県なのに、生活はまるで水俣依存で、おとうふまで舟で水俣へ買いに行く。

「私は湯ノ口は丸島《まるしま》部落の延長だと思いますね」と堀田さんはいわれる。丸島部落とは水俣の魚市場や漁港のある栄えた集落で、チッソの専用港である梅戸港や百間《ひゃくけん》港がにぎわうまえには水俣の玄関口をなしていた。海上わずか十五キロ弱の湯ノ口が海路で丸島とむすばれていたのは当然である。

獅子島《ししじま》には湯ノ口（戸数一九戸）の他に、裏の山を越えて天草下島《しもしま》と向きあった入江に御所浦部落《ごしょのうら》（約一三一戸）がある。さらに御所浦から少し南に下ったところに片側《かたそば》部落（約一〇一戸）があり、そして南端には幣串《へぐし》の集落（約一二一戸）がひろがっている。幣串《へぐし》はその深い入江により養殖漁業がさかんで、水俣から天草行きの定期船の寄港地でもあるため、島ただ一台のタクシーまでひかえている。もとより、これらの部落と部落を結ぶ車道が開通したのは、ここ数年のことなので島民の交通は今でも船にたよっている。湯ノ口の患者が天草や長島の病院へゆくよりは、まっすぐ水俣の医者をたずねるというのもうなずける。

獅子島で第一号の水俣病患者が発見されたのは湯ノ口であった。水俣で最初に「奇病」が発生してから二十年も経った昭和四十七年夏の検診によって、湯元クサノさんが最初の認定患者となった（昭和四十八年五月）。第二号患者も同じく湯ノ口の岩本ルコさんで（同年八月）、私たちはこのルコさんにも面会している。気さくで威勢のいいルコさんは娘時代を水俣の湯堂《ゆどう》ですごしたという人だけに、人煙稀《じんえんまれ》な孤島の湯ノ口に嫁いできて、しばらくは淋しくてたまらなかったという。よく晴れた夜など浜にでると、「水俣の灯がチラチラ見えるのですね。懐かしくて懐かしくて」「水俣にはなにしろ道がありますものね」。そういえば信じ難い話だが、数年前まで湯ノ口からは他の部落へ通じる海岸の道がなかった。今でこそ小学校低学年生のための分教場はあるが、高学年生は片道一時間半かけて、山越えで御所浦の小学校まで通っている。

堀田さんはこう語った。「一九七六（昭和五十一）年に湯ノ口は花田さんや原田先生の協力を得て百パーセント自主検診をすますことができました。そして村をあげて水俣病の疑いが明らかになったのに、まだ認定された者は七名しかない。鹿児島県はこんど湯ノ口の十名の申請者のうち九名を棄却してきた。私はこれに対する反論書を提出しているのです」と（一九七七年四月現在）。

こうした先人の拓《ひら》いた道をたどって、私たちは湯ノ口部落を訪ねたのである。（私たちの二度目の獅子島訪問は一九七八年夏、御所浦部落を中心に、そして三度目は八〇年夏で湯ノ口に湯元クサノさんを再訪した）。

Ⅱ

湯元クサノさんは湯ノ口で生まれ育ち、きょうだいの中ではただ一人故郷から出なかった人である。戦前、家族はそろって満州へ移住し、敗戦後は水俣や他の都市へ引き揚げてきた。

クサノさんは大正四年（一九一五）の生まれで、学校を終えるとすぐに出水《いずみ》（鹿児島県出水市）へ奉公に行き、その後は大阪の紡績会社へ働きに行っている。島の若者は男も女もそのほとんどが出稼《でかせ》ぎのために出郷していった時代である。

クサノさんの夫、湯元末廣《すえひろ》さんの記憶によると、若いころ湯ノ口は四十戸以上あったが、今では半分以下に減ってしまっている。その大部分は水俣への移住だが、大阪へも四、五軒移っているという。十数年前までは隣りの榎美河内《えのんがわち》部落には四、五軒、宇津木《うつぎ》（空木）部落には七、八軒残っていたのに、今は一軒もない。五万分の一の地図には記載されてある村が、実際に部落の道を通ってみるとしんとした無人の廃屋になっていたりする。部落には娘の姿が少なくなり、青年も住みこみの百姓奉公（でかん）のためにつぎつぎと島を去っていったのである。

そうした村びとの暮しを支えているのは漁業であった。島全体がほとんどが山地で、急勾配《こうばい》の荒地しかないため、わずかな田畑をひらいてもそれで生計を立てるのはむずかしい。水田もあるにはあるがほんのわずかで、半農半漁というより、むしろ漁業に生活の重みをかけている。こうした湯ノ口部落にくらべると、山の向う側の御所浦《ごしょのうら》や片側《かたそば》は田や畑も多く、農村的な景観を保持している。

クサノさんの話の中には、水俣病被害の直接原因である魚や漁のことがあまり出てこない。それはなぜなのか。多分、漁にたいする関心にもまして、私たちに問わず語りにすら語らずにはいられなかった悶々たるものが心の中を占《し》めていたからであろう。それは、最初に望まずして水俣病患者にされ、村人の批難の矢面《やおもて》に立たされつつ生活しなければならなかった日常の累積にあった。クサノさんのなかで、それらの経験は一つの語りの形式に昇華されているようでさえあった。

島の人々にとって毎日の生活における魚の意味がどのようなものなのかを次の言葉が伝えてくれる。

「……生《なま》ン魚のない時は、魚ば串《くし》にさして、風呂ン炊《た》き口にさしておく、いぶられて堅うしたつば籠に入れてつるしとく。そってダシ取ってみそ汁ばつくる。やっぱ味の違うもんなあ……わたしたちゃ朝から魚食うですよ。」（堀田静穂「鹿児島県・獅子島の未認定水俣病」一九七五・九『季刊不知火《しらぬひ》』第二号）

三月から五月は、アジ、タチ。

四月から六月は、イッサキ、クロウオ、ススキ、グチ、雑魚。

七月から十月にかけては、キス、コチ、カレイ、タチなどが面白いようにとれた。

水イカは五月から六月が最漁期で、十月のタイは一本釣でも大物がかかった。不知火海はあらゆる種類の魚介類の宝庫であり、ことに獅子島の周辺は潮流が産卵に絶好な条件をつくり出していた。そして島のまわりの岩礁から水俣の沖へ、さらに汚染魚が群れをなして回遊している水俣湾内と、その漁場はひろがっていた。

だが、その漁獲量も昭和三十年頃から急激に低下する。なぜだか理由は分からなかった。そして島にはこれまで聞いたことも見たこともないような異変が続出した。猫がキリキリ舞いをして死に、原因不明の病気で豚がたおれ、さいごには赤牛までがイワシの餌をたべているうちに死んだ。こうして村の経済は荒廃し、昭和五十年には出稼ぎのために若者は誰一人いなくなってしまった。島の過疎化は急激に進み、湯ノ口周辺の部落もいつのまにかムラごと姿を消していった。

水俣病の問題が公然と部落をゆるがしたのは、そうした昭和四十八年のことで、湯元クサノさんが、集中的な批難をあびたのは決して偶然によるものではなかったのである。

Ⅲ

昭和四十七年（一九七二）年七月、島へ水俣病検診に来た「民医連」の共産党系の医師たちによって湯元クサノさんは水俣病と診断され、認定申請を勧められた。検診にあたった医師の名をクサノさんは覚えていないが、熊本大学（元）の平田宗男医師ら三人が担当していた。

そのころの鹿児島県の水俣病対策はどのようなものであったろうか。鹿児島大学の井形昭弘《いがたあきひろ》教授はこう記している。

「一九七一年、私が鹿児島県に着任した当時の認定患者は十四名にしかすぎなかった。着任後早々、県の事業として水俣病に関する汚染地域の一斉検診が行なわれたが、これは当時としてかなり斬新な試みであった。対象地区は出水《いずみ》市全域、阿久根《あくね》市脇本《わきもと》地区および高尾野《たかおの》町、東町《あずまちょう》、長島町のうち一部地域を除外した全域で、対象人口は約六万名であった」（『水俣病二十年の研究と今日の課題』井形昭弘「鹿児島県における臨床医学的研究」）。

県の第一回一斉検診（一九七一〜七三）によって確かに認定患者数は七十六名に急増した。ことにクサノさんが認定された一九七三年五月一日の鹿児島県の第十六回審査会では、四十名が水俣病と認定された。それはこれまでになく多数であり、棄却はゼロ、保留は六人にすぎなかった。県はこのときの措置をまさに〝斬新〟的と自画自賛するが、そうした行政の姿勢はやがて消え、政治的判断がらみの患者切り捨ての方向へ転換してゆく。

井形教授が行なった六万人の一斉検診には迅速な処理能力を持つコンピューターが導入された。獅子島も一応全域が網羅されたが、結果的にはその時の検診よりも、民医連や熊本大学の原田正純助教授らによって行なわれた自主検診で、より多くの水俣病患者がみつけ出された。そうした自主的な検診医療活動は現在も続けられている。

一時的な現象にせよ、鹿児島県で多くの患者がこのころ認定されたことには、水俣病事件のピーク、患者運動の盛り上りという背景があった。四日市訴訟、新潟水俣病訴訟、富山イタイイタイ病訴訟とともに日本の四大公害裁判といわれた、熊本水俣病の第一次訴訟が提訴されたのは一九六九年である。それから三年九ヵ月後の一九七三年三月に判決が下り、原告側の要求はほぼ認められた。他の裁判でも原告側が勝訴し、世論も公害被害者に対して圧倒的な支持をあらわすようになっていた。そうした時期に湯元クサノさんの認定は重なっていたのである。

だが、その決定に対する部落の人々の驚きと不安は大変なものだった。誰よりもクサノさん自身、医師に水俣病と診断されたときの驚愕を語っている。水俣市とたびたび往復して町の様子はある程度知っていても、水俣の患者たちがチッソの東京本社に坐りこみをしているなどということは、やはり対岸のできごとにすぎなかったのであろう。心配のために幾晩も眠れない夜をすごしたすえ、医師の勧《すす》めどおりに水俣病認定の申請書を提出する。

このときの自分の心情をクサノさんは何度も何度もくり返して私たち（色川・羽賀）に説明をした。「自分はお金がおりるということはまったく知らずに、ただ医師のいうとおりに名前を書き、印を押したにすぎない」のだと。それは、翌年、判決によって多額の補償金が支払われるとわかってから部落の人々が自分を村はずしにしたことへの深い憤りであり、自分の真実が理解されなかったことへの無念の言葉だった。

湯元クサノさんの嫁いだ家は海辺のすぐきわにある。そして漁のあい間に村人が憩《いこ》い、そのむかし漁に使うランプを点《とも》して抒情的な盆踊りや村芝居が演じられたという広場は、その家の縁続きでほんの庭先にあたる。そこには大きなアコーの木が繁り、人びとをかかえこむように日影をつくっていた。アコーの老樹は村の主《ぬし》のような風格と大木が持つ独特の霊気をただよわせていた。その憩いの広場にすら認定されたあと一年間というもの出られなかったというのである。

こうした水俣病患者に対する村八分《むらはちぶ》のような制裁は二十年前の水俣市でおこって以来、不知火海沿岸のほぼ全域で程度の差こそあれ認められる。ただ、クサノさんも言うように一九七三年五月認定というのは確かにめぐりあわせが悪かった。その時期は漁民にとって死活問題の大事件が次々と待ちうけていたからである。

五月二十一日、朝日新聞はこんな見出しの記事をスクープした。

「有明海に第三水俣病、熊大研究班近く報告　全国の水銀使用工場周辺に警鐘　患者八人、二人疑い　汚染源「日本合成」などか？　氷山の一角の可能性……」これが第三水俣病事件の発端であった。

熊本大学第二次水俣病研究班の未発表のデータを、しかも調査の不充分なものを、特種《とくだね》をねらうマスコミが先どりをしたのだった。その結果、五月から夏にわたって不知火海と有明海の魚は市場での取引きを停止された。大牟田、佐賀、長崎、徳山などで水銀被害が報告され、もはや日本じゅうが水銀パニックにおちいった。

不知火海沿岸三十の漁業協同組合は、海上封鎖の実力行使に出てチッソ水俣工場への漁民闘争にふみきった。このとき、湯ノ口部落の漁民が、売れない魚を目の前にして逼迫した今日の生活を憂い、その気持ちの捨て場に、遠いチッソより部落内のクサノさんをかたきに選んだのも分らないことではない。だが、当事者の苦しみは別で、これは正しいことではなかった。

不知火海漁協による第二次漁民闘争は二十日間の実力行使の後、補償要求額百四十八億円をつきつけたが、十一月二十日、二十二億八千万円の大幅な減額で妥結した。さらに第三水俣病は、環境庁が事件を処理するためにすみやかに発足させた水銀汚染調査検討委員会によって、次々に否定的な判断が打出されていった。こうして全国をゆるがした〝第三水俣病〟はなかったという結果に終ってしまった。

クサノさんに対する村はずしは認定患者が増えるにつれてなくなっていった。一九八〇年七月現在で湯ノ口の認定者は十六名、十九戸のうち十二軒の家に認定患者がいる。認定申請書は三十余名にのぼり、まさに村ごとの水銀汚染である。隠《かく》れ水俣病という禁忌《タブー》はなくなったものの、問題が解決したなどということは決してない。水俣病の根本的治療方法が見つからない現在、患者さんたちは一人一人が徹底的にこの病いとつきあっていくしかない。どの方々もおあいするごとにだんだん目に見えて身体が悪くなってゆく。クサノさんを二年ぶりに訪問したときも、夏カゼをひいたといって横になっておられた。水俣病は諸病を併発するのである。

身体を横たえたままゆっくりゆっくりと、それは水俣病独特の言葉づかいのためだけではなく獅子島の言葉にうとい私たちのために、一言一言《ひとことひとこと》選びながら話されてゆくその回想記の中で、クサノさんは二度涙を流された。最初は戦争下に出征した夫の留守をあずかる大家族の嫁として必死に生きていた当時を語ったとき、そして二度目は村はずしにされたことを語ったときである。

たとえ、水俣病という異常な事件にまきこまれることなく、一見平凡な生涯を送ったとしても、クサノさんは「口では言えん」辛さを充分に味わっていた。楽しかったはずの子供のころの祭りの記憶さえ、なんとほろ苦いものとして語られているであろう。

〝どのような人生であろうとそれを生きぬいてゆく過程はそれぞれに重い〟などと正面きって言ってしまえば、恥かしさが背中をつたわってくる。けれども、やはりそうした一生を語る一つ一つの言葉に、私は慣れてしまいたくない。湯元クサノさんの二つの涙の意味をずっと考えていきたいと思うのである。

湯元クサノ聞き書

子供のころ

問（色川）　お生まれは?

湯元　大正四年です、九月。昔の人は、こっちは田舎でしたですで、今みたように機械船もおりませず、役場が遠かったで、やっぱし、戸籍はそれ入っとりますけど、生まれは何月生まれだか、およそに入れときなさったじゃなかですか。お父さんが櫓《ろ》でこいでいたでしょう。そいやから自分が行きたいとき行きなさったそうです。女の人なんか。

男の子はあれですけど、女の子はたいがい生まれた時より、ほいで学校が御所浦《ごしょのうら》でしょう、こっちに無かったから。ちっちゃいおり行ききれないからゆうて、生まれた時よりずっと年を遅らせて入れたっですよね。そやから戸籍と自分のかぞえが大分、はい。本当は私六十七ですばってん、かぞえはですね。戸籍は満で六十五歳。

問（羽賀）　おばあさんの若い頃の話を聞かせてください。小学校は?

湯元　あん山越えして、一年生からあの山越えて（御所浦へ）勉強に行っとったですよ、ここの分教所は最近ですもんね。

学校まではですね、私たち一年生時《じ》からごっつ通うとって、行くのに遊ばずに、そん一つも道草とらずに行けば一時間半でんゆっくり行くとですね。子供はもうあとさに一足《ひとあし》、先さに一足しとるから。学校に本当に一年中に遅刻せずに行くことが何回かぐらいしかございませんでしたもんな。女の人が先行けば、男の人がこんだ遊んどって先生から怒らるるもんですから、女の子供先にゃやらんとまた泣かしたりなんかしてですね。二時間もいくらも遅れて行きよったですよ。十時頃行ったり。ある日はたまには行かんと引返してきて晩方帰ってきたり。一日喰べんとですよ、弁当も持たずに。朝もごはんも喰べずに、私たちもずる（出る）までは、さつま芋《いも》ぐらいでですね、朝も一つか二つか喰べて、一日中喰べんと、晩方帰って喰べよったです。

米のごはんばっかり喰ぶるごとになったのは、（昭和）三十年頃、三十四、五年頃まで麦御飯食べよったです。麦は一番遅うまで作って、一番遅うまで交《まぜ》ん喰いおったですけど。

昔は自分で喰《た》ぶっとは自分の所で作って。醤油、味噌ですね。豆腐もですね、自分の豆をほとびらかして、そしてひきわって、それを大きな釜に入れて炊《た》いてですね、そして袋になんして。豆腐なんかは正月とか盆とか祭々ごとに、自家用で喰べよったです。ただもうそんなときに。

問　なるほどね。学校の行き帰りでは山の木の実なんか食べなかったですか。

湯元　ときどきにとって、五月頃じゃったら、五、六月でしたら山モモがあって、そんなとを喰べるし。そうすと十月から十一月頃になっとんべ（あけび）をとってきておっしょって、今んごと学校にはいかん日もあるし、そんなことにしよったっです。

今の子もやっぱ喰べますもんです。んべをとっとって、真暗《まっくろ》になってから来ることが今の子供でもあっとですよ。

問　暗くなって恐いことないですか、山の神様や狐がいるでしょう。

湯元　神様なこのにき（近く）にはおらんですよ、天草には多かですばってん。

狐もですね、土地の子供には、慣れとる子供には悪さはしましぇんとですね。でもよそん部落の人が、山越えして東町《ひがしちょう》あたりの役場の人が、道路ができるときに各部落山越えして周《まわ》って漂泊《され》きおったでしょが。みんながみんなじゃなかったですばってん、たまにどこさんでまわっとが、さいさいあっとですよ。

問　税金取り来た人なんかよけい（笑）……。

湯元　はい、そうです。夜なんかそんなにして。自分が迷うのか狐が迷わすのか、そりゃわからんとですよね、初めてですから。

奉公と暮しむき

問　学校を終えてからは？

湯元　小学校あがれば募集人がおってですね、紡績会社。大阪とか、三重県とか富山県とか。その頃はこの獅子島にも一人、天草あたりにもいなさったし。周旋人が会社にやりとりしてつれていって、ああしてくださる人がですね、手配してくださるお方がおいなさったもんで。

その紡績行かん人は、今度奉公ゆうて、やっぱり子守《こもり》とか女中とかに行って、自分のうちにおることは少なかったわけですよ。わたし一時《いっとき》学校上ってから、（紡績）会社行く前ちょっとおりましたが、私は出水《いずみ》に行っとりました。私の姉さんなんか鹿児島のシチカリ（菱刈、金山で有名）ち、奥ですかあれぁ、あんな所に奉公に。卒業せずにやってしまい、家の貧しか、暮しのあげんとしかためですね。奉公のお金は、やっぱりはじめはちょぴっとで、いろいろですね。子守りなんかはただ着物きせるだけで。

そんあとは大阪の会社へ行っとりました。

また、青年も青年で他人のうちに船乗りに行くとか、でかんち言いますもんね、男の人の百姓奉公。住みこみの店なら番頭とかいうでしょ、あんなかっこうのこの辺ででかんち言いました。私たち、ちっちゃい時は（この部落は）四十軒ぐらいでしたけど、宇津木《うつき》と榎美河内《えのんがち》と四十何戸はあったんです。この鼻《はな》の先が宇津木《うつき》でですね、こっちの榎美河内《えのんがち》っていう所に五、六軒あったっですよ。今ではあっちもこっちも誰もおらんごつなって。大阪さねとか、水俣とか、ほうぼうにもう。十何年前からですね。

私の生まれた家は、この一番上の、いま屋敷も草山になってああして無いんです。私のうちはお父さんたちや兄さんたちがおるとき、舟は小さかったけど機械船じゃなくして漁していなさったんです。私の生まれた家はですね。父親もやっぱし半農半漁で、自分喰べるだけはなかったですけど、お米も少し作って喰べるし、お芋も麦とか作って喰べる。漁はゴチ網ちゅうか、また釣ばしたりして。

そして妹が小学校、私が学校卒業してからお父さんが早く亡《な》くなったもんでな、お兄さんがあれしとって、ちっと百姓して。

問　電気が来たのはいつごろですか。大東亜の頃はもう？

湯元　いやいやまだ。まだランプをずーっと。九配（九州電力）が十年くらいじゃんかなぁ。そん前は自家発電で、片側《かたそば》から送って何年か、五、六年かしておりましたっです。自家発電が昭和四十年ごろでしたでしょか。

忘れっぽいからよく覚えてないんですけど。もう今したことも忘るっとですけん。そこにおいた品物でも何か取りに行こう思っても、何ば取りに来たかなぁと思って迷って、忘れっぽい。

問　台所にりっぱな冷蔵庫や台所セットがありますが、いつ頃から？　昔はくど（かまど）でしょう。

湯元　はい。三十八年頃までまだくどでした。四十年頃からじゃなかったですか、早か衆《し》がそのくらい。十年くらいですね、みんなやり出したのは。

問　子供の頃、便所の紙は、なに使ってました。

湯元　竹んへら。それとかロッポ（ロープ）の藁で作った、ロッポが古かところ、使われんところがあるでしょが。それを二ひろか三ひろか便所にやっといて、それをほといて、ひっちぎって。子供がおるごとなったら子供のノートの使い古《ふるし》とかですね。

楽しかった盆の季節

問　一番の楽しみは盆、正月でしょうか、どんなことをしたんですか。

湯元　私がちっちゃい頃はね、盆踊りのけいこやらなんやら踊りの師匠さんなんか佐敷《さしき》あたりから来て。八月の八日九日、晩にやりましたですね、盆踊りちゅうて。そん前の、アコーの木の下でですね。

そしてやっぱり電気がないですから、バッテリとかガスとかをとぼしとっとですね。ガスでこんな大きなランプを、魚とり、イワシなんか獲《と》る時、こんな大きなガスをとぼして魚をよせていましたでしょ、そのガスを。踊り踊る所は私の家の縁を二階に、下に舞台をかけて、これがまだずーっと広かったけん、たいがいここででしたで。はい、縁先で舞台かけて。私たちちっちゃいおりは、私はまだここは来ていなかったですけど。

私がここに来てから、ああ一回やったね。私が来ない、ちっちゃいおりには毎年のように。

以前は青年の衆《し》が、盆の八月一日、以前は旧でしよりましたからですね、踊りの師匠さんを頼んで来て一週間ぐらいけいこしてですね。そして、七日八日九日って三晩ぐらいやりよったですよ。もう本当に着物着たりお化粧して、鎧《よろい》、兜《かぶと》持っとってですね、そんお師匠さんたちが。やっぱり昔の忠臣蔵ですか、ぁれを芝居をやいおいなさって。鎧、兜は太夫《たゆう》さんたちが持っといなさっちわけ。

太夫さんたちは兄弟で、ほら女の人が千両役者で、まあ姉《あね》さんがじょうずじゃった。弟さんと兄弟で三人でですね、あいしよった。

問　毎年同じ太夫さんが来るのですか。

湯元　あの頼めば。毎年ちゅうことじゃなかった、弟が来たり姉《あね》さんが来たり兄弟三人おって。たまには兄弟三人供《どめ》、一晩か二晩か。三味線とかひきに加勢に来たり。けいこする時はただ一人来てですね。兄さんか姉さんかちゅうごとしてきて、そげんしてずっとしおられましたですけど。

私が小学校あがった年でしたか、私の兄さんがその時青年会長しとって、私にも三番《さんば》（叟《そう》）を、学校の少女の衆《し》や学校あがった衆《し》が四、五人おりましたばってん、三人でか三番《さんば》をやるようにちゅうてですね。ちゃんとあれしたけど、私は兄さんが会長しとって、兄さんが踊っていたから、兄妹二人もお盆前、毎日毎日一週間も十日も遊んでそんなことはできんて。妹踊らさすっとならおれが踊ることはでけんちゅうことで。とうとう役まで、文句まで書いてやってくれなはったばってん、私しゃ踊らずに他の人にあれさせてもらったっです。

ちょっと口げいこなんか、三番《さんば》はようけないからね。口で言うのはあれしましたけど。もうそんな兄さんがあれやったら私がやめるから言うて。やっぱり兄さんは青年会長しとったらどうせかかわりあわんならんでしょう。

一家満洲へ

湯元　そん兄さんは、ちっと百姓して、ちょっと商売をやったら失敗をして、そしてこっちを引き揚げてしもうて満洲さに行ってしもうたっです。

問　満洲ですか。

湯元　はい。兄弟家内《やうち》、もう私とお母さんを一人残しておいて。兄弟もうみんなですね。嫁さんに行たとる姉《あね》さんたちまでがみんないっしょに満鉄に行ってしもうて。こっちじゃ、あん、私がここに（嫁に）来てから、お母さんたちも引き揚げて。私がここに来るまではこの部落におったですけど、あの上の方に、お母さんたちは。

問　いくつでお嫁にいらっしゃいました。

湯元　私ですか、二十でした。早かったです、まあだ。

ちょうど二十歳、その満洲さに行くゆうてあれして来とったら、ここのばあちゃんが一人なっとおいてくれちうごたるふうでですね、とうとう私だけ行かずに。

そして大東亜（戦争）になって、みんな一応水俣さに。水俣に一番上の姉さんが田中に縁づいておりましてですね。その人も大阪とか、ま、そこここずっと夫婦ばえ働きに行っとったですばってん、水俣に来て家も建てああしとったから。みんな空襲の時分な、水俣さね引越して。女の人ばっかしやら子供やらを、あげんとさせとってですね、大東亜になってから。そして男の人たちだけ満鉄に入っとったから。そしておったら今《こん》だ水俣に作ってくれとった姉さんどが、お母さんたちの入っとった家が直撃おうたでしょう。

会社（チッソ）ん。丸島のちょうど会社の横っちょでしたもんで。そん家は焼かれたっていうか、ひっとんでしもうて、何もなかったです。満洲から妹と兄貴《あにき》の姉さんと疎開して来とったたってですよね、子供をつれて。（直撃された時は）その家におらずに幸いに防空壕にな入れてもらいに行っとったからよかったちて。そいから家のもうなくなったから、どうせまた満洲さに行かにゃいかんいうて、また満洲さに行って。

問　大変でしたね、あれからまたみんなで満洲に行くのは。

湯元　そうですね。子供つれてまた満洲さねそれから行たて。そしてこんだほら満洲から引き揚げの命令が下って。そん時は何も、ただ自分の着物さえも。子供連れとる人はもう自分のからだだけしか持ってこれんかったそうですからね。何も捨てくるのが、ほんとやっぱほしかって。着物もみんな持ってきならんし。満洲もひどかったから歩き歩きで、もう大連まで満洲国から何里って歩いたりしてくるから。自分で背嚢《はいのう》ば、かつげるだけかついで、持っていかんばちゅうごたるふうでですね。

兄弟の衆《し》もこっち来たとき哀れでしたってですよね。喰べるもんはないし、お金は持たせんし。配給でこっちおっても喰べる品物は、ま、私たちは作って喰べるだけの自分のはあれはあったけど、水俣あたりはやっぱし作ってない人は配給で自分喰ぶっと（食べる分）もなかったってですからですね。兄弟やなんやちゅうても、なかなか。姉さん兄さんが融通して百姓の家から分けてもらってきて喰べなさったでしょう、ばってん。一人二人じゃなかし。大人はひもし（ひもじい）めにおうとって、子供にあぐるちゅうぐらいで。その時分に引き上げて来た人は本当兄弟でもやっぱし難儀して。水ばっかり何日も飲んどったちゅうこともあるしですね、子供に水ばっかい飲ませとくわけいかんから、お母さんな喰べずにおって子供に少しずつあげて。自分なお水ばっかり二、三日も暮しとったこともあるって、満洲からそんないうて帰っておりましたってですよ。

問　皆さん無事に引き揚げられましたか。

湯元　そうですね、私の兄弟はみな無事で引き揚げて来たってすけど、子供らを二人死なせとりました。ちょっとほらお医者さんなんかかけられんと、満洲から引き揚げてくるおりに。妹が一人死なせて、兄貴が一人男ん子を死なせてですね。来るほんのちょっと前。ほら風邪ひいて熱が出たら医者にかけならんもんで。一人ずつやっぱりすそっぽ（末っ子）を死なせて。四つか五つになった子供を死なせました。

問　兄弟の方は今も水俣におられるのですか。

湯元　はい、もう兄貴はおとといしなくなりました。今年で三年忌でした。弟は水俣でもう二十何年前か会社に入ってグレンカで、こう打ちあがれて死にましたけど。また一番私の兄貴は内地さね帰ってきて別府やらどこやら、腸捻転《ちょうねんてん》かこっちきて水俣であれしとったけど、なくなってですね。それからお母さんがまもなく、大東亜の直撃受くる前の年になくなって、続いたみたようにずっと。お母さんも満洲につれとったってすけど、引き揚げてきて、そしてから、亡くなったんです。

　私一人だけ生まれた土地におった。

問　その頃、この島から満洲に行く人は沢山いましたか。

湯元　そうですね、そんここへ縁づく前は大阪へ四年か、学校あがってから行ったと云いましたでな、そいでよう知りませんけど、他の人も大分島からな、行っとったじゃなかですか。

話されない涙も落ちる

問　ここから水俣は直真ぐですもんねえ。

湯元　そうです、もう大東亜戦争の時、会社（チッソ）に来て、飛行機からあれするときは私ら毎日そこのうしろの山の中に隠れたり、そこの先の岩の下に行ったり、そっちん竹藪《たけやぶ》ん中、防空壕掘っとってそこさん走ったりしよったが。もうアメリカの飛行機は水俣の会社をやるのには、この上ばっかり飛んどいましたですもんね、道になっとったわけですね。そいでもう空襲の時分はもう、水俣をやるときは弾《たま》でもなんでも落とすときは、ヒュー、バンちゅうてた、いっちょいっちょ聞こえて、飛行機がつっこんで行くときもこう、その木からどん見えて。うしろのおじさんな見とって、よう教えよりましたが、あら、またつっこんでいった、水俣にまた落としたちゅうて。

私は子供が二人、小学二年と一年とじゃったが、あれしとりましたで。毎日防空壕さね、朝早くから。ばあちゃんの八十なんぼかならるるばあちゃんと走らせおいましたでな。私はもう牛ば飼っとったで、毎朝早く草刈りに行って牛に食べさせないかんもんじゃって。朝十時頃なったら飛行機がこう来て、ビュンビュン来ておめきよったでしょう。そいやから早く逃げさせよったですね。来てからな、間にあわんちゅうて。一回逃げさせんうちここにおったら、上に落ちたような気持ちで。ほう、水俣に落とすとが、ちょうどここん上落とすみたいな音がすっとですね。もうそのときどま、自分の頭の上落ちてきたっじゃなって思って心は死んどかな、わからんようになっとったこともございますですね。

ここに来てからは主人のかわりに朝晩、昼は空襲の時分など、でけませんけど、私も漁はしよったっです。残ってる人ちゅうて女でも誰でも。

問　おじいさんは何年、事変に行ってましたか。

湯元　足かけ四年じゃんしたな。支那事変。大東亜のときも召集受けて九州ばっかまわっとりました。

事変に行きなさるときは、ここに三家族、兄さんたちと、その上の兄さんと私たちと三家族いっしょにおりましたです。十八人か、子供連れで。私が二人子供を持って、兄さんが三人持って、真中ん兄さんが六人か七人子供がおったでしょう。私がここに来てから六年か七年いっしょにおりました。

一番上の兄さんは養子にやって、私のじいちゃんな一番の末子でしたって、末子があとをとったわけ。ばあちゃんが末子にかかったわけですね。

問　小姑《こじゅうと》さんが沢山いて苦労なさったでしょう。

湯元　小姑ちか、じいさんたちの姉さんは二人とも縁づいて、私が来たときはかしづいてしもうとんなさったけど、嫁さんたちが二人おるでしょ。子供がおったでしょ。

二年かそこらしたら、じいさんが戦争で召集でとられてしもうて。そして十何人の中に私も子供かかえて、こけえいっしょに義姉さんたちと四年か、主人がおらん間。とうてい苦労は、もう話すちゅうても話されんぐらい苦労はあったっですよね。

子供二人かかえて十何人も家族のなか、主人がおらんとに四年も五年もいっしょにいるとですけん。そすっと、私の実家《もとえ》はこっちにおるかちゅうたらおらずに、満洲さに引き揚げてはってしもうたから私は行く所もないし。家内《やうち》は何軒か私もあったけど、よそにちても行く処もない、話すちゅうても話されない、涙も落ちる。泣く時も大分ございましたっですね。もう本当、若い時から苦労続きでずっと——。

そして、大東亜行きなさるときは、兄さんたちも別れてしもうて、私は子供が二人と、八十いくらになるるばあちゃんと四人《よったり》でしたけど。そんときは二年くらい。

事変のおりはただ兄さんたちについて百姓でんするだけでしたばってん、大東亜のときは私が牛でも自分で耕してですね。畑とか田んぼとかずっと、今みたいに機械でひとつもせず、牛ばっかりでした。畑かやすとも牛、田んぼかやすとも牛。じいちゃんが（召集に）行く前牛ば習いあしといました。自分一人で子供は小さいし、頼む人ちゅうても、もう若い人はみんな召集とか出てしもうとっておらんしですね。戦争どきは本当、ずーっと苦労の続きであしとりました。

島中《しまじゅう》に奇病《きびょう》の恐怖

湯元　でもその頃は身体《からだ》が元気でですね、今みたように太ってもおらず、すーっとしておりましたですばってん、七、八年前から身体が、手足はそう大きもなかですばってん、ちっと太ってですね。仕事もぜんぜんできないようになってしもうて。近頃は手足までしびれたり、痛かったりして。

細いときにゃ元気で、若い時分にな、ほら牛をずっと使うたり、俵なんかもですね、自分できびって抱えたりしおったっですよね。そるが、自然と担《かつ》ぐ品物が担げんようになって、なんででしょかなぁと。こげん水銀とかなんかは知らずに、お医者さんにかかっても神経痛神経痛っていいなさるもんじゃっで。目まいやするし、もう立てば立ち倒れとかしたり、手足のしびれて痛《いと》なったりして。みんなは若いとき働いとったから、そいでそげん悪うなったっじゃって、やっぱり言うとりましたですよね。

問　村の中でおかしいなと、気づき始めたのはいつ頃ですか。猫が狂ったりとか。

湯元　そうですね、猫が死んだのは……。

問　息子さんの年齢を考えてみては。

湯元　そうですね、はい。息子が死んだとは昭和三十六年ですもん、その前ですね。

私たち猫いらずちゅうて、どこかで猫殺しをするでしょが、それを喰べて来とるのじゃと思って。何回、何匹も見たっですよね、私も死ぬのを。もうキリキリ舞うて、ドスッ、ドスッて、こう目がめかからんとですね。ピンピン、どけんでんつきあたって、漂泊《さる》くとですよ。私たちでん、そば歩いていけばめからんとでつきあたってくっとですね。そげんして水俣病で死ぬちゅうこと知らんから。ブク（フグ）喰べれば死ぬちゅう話は聞いとったから。潮ん満ちぎわにブクがあがっとるのを、こん猫は拾《ひろ》って来たっじゃなあって、そう思うていたわけ。

また猫ばっかいじゃなくして、魚がいっぱい浮いてきて。タチが打ち上げたりなんして、なしてじゃろか、潮目《しおめ》じゃろか、凪《なぎ》じゃろか、ちゅうくらいにあったもんですから。そん水俣病ちゅうとは、最近水俣あたりの衆が坐《し》り込《こ》みにかかってから知ったわけで。ブタもですね、やっぱしうちんとも死んだ、ちゅうごたるふうで。魚を与えて食べさせよったでしょが。水俣病の魚ちゅうことも知らずにですね、頭とか骨とかワタ（臓物《ぞうもつ》）とか、たいていブタに喰ぶさせとったでしょう。ブタコレラくらいに思っとりました。アブクを出して、ふるえてこけて、手も足もかなわずに、ふるいのきすっとですね。

問　そういうことがあったり、昭和三十四年にはチッソに対する漁民の暴動があったりで、魚が売れなかったときは、どうしましたか。

湯元　長いことじゃございませんじゃったもんです。こっちあたりは魚が売れんかったのは、わずか一ヵ月あたりだったもんな。十日か一週間ぐらいして、また一時売れて。水俣の方は検査じゃって取らんちって、こっちは水俣の方へばかり持って行きよりましたでな。そのあと、水俣あたりの魚は獲《と》らんけど、こっちは獲《と》りよったですよね。販売所は出水《いずみ》とか、米ノ津《こめつ》とか。あっちあたり持っていきよったですな、水俣で獲《と》らない場合は。一時《いっとき》でしたもんな。

私は、もう身体がどうしても前へ動けんごとなって、あんまり痛くして、お医者さんに行ったたっちゃ、いっこう神経痛じゃなんとかいって、あんまり手当もしてくれられんし、お薬飲んだかて、いっちょんあれせんし、じゃったもんで。痛いところには針灸《はりきゅう》ばっかり月に何回と行ってやっておりましたもんです。

私が申請したのではない

湯元 それで、四十七年にこっちに大学の衆《し》が来なはって診《み》てもろったですよ。水俣の人が、おばちゃん、熊大とか鹿児島からとか、お医者さんがようけ来るから、そこここ痛かんならあんたも診てもらってみんかね、ちゅうて来たですよね。そいから、そん衆《し》なら知っていなさるかもわからん、こげん身体の痛くして寝られんし、あんまし不自由なもんだったし、私も。そん人が、おばあちゃん、あんた一人よ、皆悪い人は診てもらったいよって、つれに来てくだはったから、お金はいらんとじゃから診てもらうだけしなさい、て言《い》うなはって、私も診てもらいました。

四人《よったり》か、先生が来なさってて、その先生が誰かちゅうこと私記憶がなかったですね。先生の名前をよう聞いときゃ良かったね、自分ば診てくださって、と思いますとですけど。(著者註・原田正純先生)

そのとき、身体の悪い人十四、五人診《み》てもらったってでしたよね。私が行たは一番しまい頃でした。もう、あなたは水俣病。私は水俣病ってそんなこと知りもしまっせんとですばってん、あんたは水俣病の気《ケ》がありますねって言いなさっでしょが。私は水俣に灸《きゅう》はさしには行くけど、どんな病気か、どげんなっとるか、まだ見たっことがなかったですよね。会社に坐り込みに行くとかなんとかは、他人《ひと》が話しとるのを聞いたことがございましたばってん。それから、先生、どうしてですか、私お医者さんにも、どしこ(どれほど)行ったって水俣病って言われず、どんなんとが水俣病ですかちゅうたら、あんたは口に来てますね、あんたがごと口に来てる人は少ないねって言いなさったもんね。自分では気づきませんかって言われて、いえ自分ではひとつも気づきませんとですけど、ちったら、うんな、こんな言いなさいちて、言いにくい言葉ばさき言わせんなはったですよ。

診察も何もせんとってですよ。そしたら、みてみなさい、あんたは舌がどうしてもころばんって。他人に言われたことはなかですかって。いえ、そんなん言いなさる人もいないし、自分でも気づきません。んな、あんたが痛いところはどこですかち、言いなはったから、ここじゃって。手がしびれて、お医者さんにかかったとはいつ頃か。そんなこと聞きなはったから、そんときで四年前でしたから、そんなことをま言ったっですよね。肩にかける、のせるちゅうことがぜんぜんできんし、歩けば腰が痛いし、天井なかたまにはキリキリ舞うし。そすっと、立ったり坐ったり長いことしとれば、ひょっと立てば〝うっ〟とくっとじゃって、目が真暗《まっくら》、立ちくらみのして、それで立ちくらみは血系《ちけい》でしょって言うたら、いや血系じゃなかって、そげんとが原因じゃって言いなさった。それから、ちょっと歩くとか何かさせただけの診察でしたです。

もう今は自分でもようわかるですよね。言いたい、ほうここまで来とって、出ん言葉が多いし、言おう思ても言われん言葉があるし、舌がころばんようになっととが、でしょか。

その先生（原田正純先生）は、あと二、三年したら仕事できんようになるが、困ったもんねーって診ていうてくださったもんね。そのときは私ももうびっくり。自分ながらその時分までじゃ、ちっとはでききらんかったけど、だいぶまだ仕事をしおったっですばってん、そんな教えてくださったが、ま、あれじゃなぁと思って。

先生私の身体はそんなにもあっとでしょか、ちたら、あんたは口にひこきとるから、自分で仕事できんようになるが、本当かわいそうじゃねえていうて。こら自分で治療していくちゅうたら大分《だいぶ》お金かかりますようって。そやから、県からああしてくるるようにしてあげますから、お名前だけ書きなさいって言いなはったで、名前は書きますっとは書きますけど、書いたらどんなんなっとですかって。知らんもんですから、ちたら、県の方に出しておいて悪《わる》なった折には、県からこの人は大丈夫、悪なるから治療してくださっとば、ただでしてもらうようにしてあぐるから、って言ってくださったたっですよね、先生が。そうですか、そんなん私の身体は悪いでしょか、ちたら、はいって言うて。そいから、でも私一人ではかってにはできませんから、印鑑押すのじゃったら主人に一応尋ねてみますちたら、ならそれでよかですよって。

私は水俣病ちたかてどんなんなっとかと思って、一晩二晩な寝られんとですよね。もうわからんもんじゃから。家内《やうち》に水俣病になっとる人がおるわけじゃないし、知らんかったもんですけぇ、どんなんなっとかなて夜も眠れずに。

そいからじいちゃんに、先生が私はえらか悪かって言いなさっとじゃが、名前書いて印鑑押せば、私が悪うなったおりに、ただで治療してもらうようにしてあぐるからちゅうて言うてくださったが、印鑑を押してよかじゃろかいなちたら、そらぁ自分のことじゃもの、あんたがよかごとしなさい、ちて主人が言ったもんで。そいから、先でそげん動きへんごとなれば、子供も気の毒じゃっで、なら印鑑ば貸さんな、ちて、そのときですね。そして名前を書いて印鑑ば、ただ押して。

ほしたら、三月ぐらいしてから町役場からやってきて、あなたはこうこうして水俣病にあれをしたねっていうてきなさったですもんね。申請したですねーって。そん、なしてそげんすっとな、役場を通じて前もってせんかったかって、いうてきなさったでしょが。そんなちゅうことは私は知らずに、そん、こっちに熊大からのどこからのってお医者さんが来ていなさるから、何も感じずに診てもらいましたって。そしたらこうこう悪いということで教えてくれなはったもんじゃって、ならそげんしてくださいちて、自分の名前書いて印鑑だけ押しましたって言うたっですよね。

ほしたら、そん前に一応こっちにあれしてくるれば良かったのにって、役場からな、やかましう、みたように言いなさって。ならもう無かったと、それが申請なっとでしたら、それは打ち切ってくださいって頼んだんですよね。そんなん悪いあげんとであるちゅうこと知りませずに、そん、自分の身体のことを思ってなんしたわけですから、役場の方を通じてせんかったのが悪かとでしたら、打ち切ってくださいって。そらとりやめてください、ちたら、とりやめたら向《む》こうから出したのに私が責任になって職辞《や》めにゃならんて、その人が言うとですよね。一応出しとっとを切るちゅうわけにはいかんて。なら自分が出したっだから自分がもうしょうがなかって。

そのあげくには診察をしますからちて、また役場からつれにきて、二、三ヵ月してから、またつれに来て、役場で二度、東町《あずまちょう》で。その五十人ぐらいした折に東町で、私と三人でしたっでしょね、初めに水俣病であるちゅうことがわかった人が。獅子島では私が四十八年の五月でしたか、初めて認定されたっですよね。

〝村はずし〟(村八分)にあう

湯元　私が検査を受けて一月《ひとつき》二月《ふたつき》くらいたってからですか、新聞記者とかなんとかって、さいさい(再々)来てですね。もう、そっちからこっちからって、よう来おいました。

私が認定になるまではそうなかったっですけど、認定になってこんだお金もらうちゅうことになりましたでしょう。そしたところが、部落の人が非常にもう言いたてて。水俣病であるということだけでは、まだみんなもそうなかったたっですけど。私が認定されたはざ（当座）はお金をすぐ出すちゅうことではなくして、ただ見舞金だけ少しくるちゅうだけのことだったですもんね。あとで水俣の人がまぁようけ出て、裁判なんかがあったっでしょう、それからお金を貰うちゅうことがわかって。

それからのみんなの私に言うのが、とっても生きちゃおれんような。漁民の人がですね。魚が売れんごとすなっていうところで。ほとんど、川に行けば川に、海端《ばた》にでも行たとなれば、そげんとこにも人がよっとって。

今は昼間仕事に行くけど以前は、アジガシちて、夕方みんな舟をここに着けてしもて、二人も三人も乗って、いっぱいここへ来おったたっですよ。そすっと、朝も行きよったから、そのアコの木の下に、漁業行きなさる衆《し》がたいがい寄って、ほして朝でもお昼でも木の影寄っておらして。夏どまそこにいっぱいみんなが坐っとっとですが、私はもうそとにも出ならんかったですよね。私がそこまで、浜にでも行けば、どうじゃこうじゃ言うでしょが。私はそのころ「籠《かご》の鳥《とり》」といっしょ、家のまわりにゃ出られんかったですよね。

その当座《とうざ》は、私はもうここにはおいならんから、も、どこさんか出て行こかっちいうてですね、着がえでも二、三枚持って行くからちてしよったら、息子が、ま、しばらく辛抱しとれて言うてですね、外に出ずにおればよかっじゃって。けど、私にばっかいじゃなくして、家内じゅう子供から孫どめぇまでですね、部落の人が何やかや言いおったそうです。私が一人認定されたおりはですね。そして、二、三人認定されたあとは、そんなんなかったですばってん、一年あまりぐらいはほーんと。そけ（そこへ）行けばそこで、こけ（ここへ）行けばここへ、私を見れば通りしなでも、私が聞こえるごと大きい声でしてですね。

問　村はずしみたいに？

湯元　村はずしみたようになっとりました。ちょうど親戚でも何かあったっちゃ教えてくれんし。しんふきなんかあってももう教えてくれなかったりして。

しんふきはですね、ある親戚の人が死ぬでしょう、そんなんがあっても教えてくれんわけですよね。そして、漁業に息子と嫁さんと行くでしょ、そすっと、嫁さんに、私げ息子にはやっぱり面と向かっていう人も少なかったそうですけど、嫁さんには言いおったじゃなかっでしょか。嫁さんが、私にこう一度辛くあたって、何ヵ月かはものも言わんし、おったですもんね。あん人も辛かったでしょもん。

問　ふ（運）が悪かったっていうか、クサノさんが認定された昭和四十八年という年は、ちょうど第三水俣病事件で不知火海の魚がまるきり売れないときとぶつかったんですね。

湯元　はい、一時《いっとき》。こっちの方は長ごうはなかったですけどね。一応十日ばっかり漁に行かずに、こっちは水俣にばっかり持っていきおったでしょう。水俣の方がちょうど悪くてイワシなんかの漁が。そしてまた一時中止。沖で魚をとっても売りもならんていうことは、二回かちょっとづつ間があったったですよね。それやから、その魚が売れんからいうて、その分だけお金貰うて喰べていけば、人は食わせじ害すっとじゃって、そげん人間な、こっちから出してしまえとか、打ち殺せとか、やっぱしそげん声も聞きましたってですね、もう。

そいで、あとでは私は言いましたっです。私にあんだけ言うて皆は今さら、申請さして下さい、申請さして下さいってよう行かれるもんですねえって。私はそん、申請してもらうげに行たとでなくして、ま、弱い人はこうこうしてかかって診《み》てもらわんかって、こっちにお医者さんの来てでしたから診てもろうたまでのことで。それに私はふ（運）の悪して、こうこうお医者さんの言うてくれて、ただ自分の名前どん書いてやったばっかりで、水俣に一ぺんでも申請に行たとでもなかったたっですけどって。

死んだ方がよか

湯元　後から認定なっといなさる衆《し》はみんな元気でしょう。たまになそらお医者さんに行きなさるでしょばってん、働きにおいなさるばってん。私一人ほら仕事ができんもんじゃっでん、じいちゃんがいっつも私になちっと、ああしたときに言うとですよね。水俣病て認定になって、お前一人じゃないか、ないもできんたって言いなさるばってん。私も一生懸命するつもりで、ちっと具合の悪かったら、今んごとするつもりで起きてすっとですよね。草でんむしったり。ま、野菜ごなでもちょっと作っとれば、百姓もちっと自分食うだけ、田んぼもちっと作っといなさり、芋も作っといてしっといなされば、姉（嫁）さんが沖行なされば陸《おか》があるでしょ。そいやから自分が倒れてもいいなぁちゅうところまで、畑とか田んぼとかに行たて、道ころんだり、うっこけたり。この前なんかも何回か田のどのくらいでけとるか行て見に行ったたっですよね。そしたら途中で道ねったりこけたりして、そげん自分のもう倒れてもいいなぁと思うぐらいまで、もうがまんしてすっとですけど。自分などうしてもでけん、って、じいちゃんなたまに言いおったたっですよね、わたしゃああしてせんとじゃなくして、自分がなしよって、そん思うとっとですばってん、自分の身体がどしてもそんだけできんとじゃものしょうがあっかなて。

みんな、ほら水俣病にかかっといなさる人も、どんどん働いとっていなさるがって言いなさるばってん。どうしてもでけんとですもね。どんなに言われたかて。

灸もからっとっとですよね。兄弟どが水俣におって、お米どん持っていったとって、泊って一週間焼いてきたり、針うってきたり。お医者さんの注射ぐらいでは一日かそこそこででしょ。痛いところに針うってもろうて、灸を焼いたり、相当針灸もしとっとです。どうせだめかな、と今では思うとです。

そして、そん、四十八年ごろにひどう騒ぎがあったりして私になんか、こっちで、部落の衆《し》が言う頃でしたで、鹿児島から公害部が二回か、私の処に来てくださったですもんね。その人が親切に、えらいなんやあれで。一回は夕方、ちょうど私がお風呂《ふろ》炊《た》きしやったぃやってきなさって、一回は昼やってきなさったが、皆が憤《おこ》りおって言いおって、そげん処へ来おったでしょう。

ちっちゃい山道がそこまでございました。単車をそこでうっちょいて、自分だけくだって来た言うて、おばあちゃん大変ですね、って言うてですね。シンハラアキラっちゅう名か、鹿児島県から来てくだはったですよ。本当、おばあちゃんどんな思うとるか、えらいそうですねって、言うてきてくだはったから、私はもう自分で覚悟しとります。ひどくなったら、女の子も何も持ってないから、男の子供二人持っとるけど、一人は死んでおらんし、一人やから、介抱なんかしてもらうちゅうこともできませんし、今のようであったら早く、農業しとったら農薬ございますでしょう、農薬でも飲んで早く皆に迷惑をかけんようにあれしようと思っといます、って言うたら、ばあちゃんそんなまでして、この世には二度来ならんとよっていて。そんなまでして死なんちゃ、言うて、県の方で養生してくるるからがんばっていなさいよ、って言うてですね。二回か、その人がなぐさめてくれました。

附記

昭和二十四年版日本民俗学会編の『離島生活の研究』に、大藤時彦氏の「出水郷長島の民俗調査」の報告がある。その中で三十年程前の獅子島が次のように紹介されている。

「獅子島は『出水風土誌《いずみふどし》』によれば、むかし鹿が多く、島民は鹿の皮をもって年貢としたので、宍《しし》の島の名を得たとある。獅子島は御所浦・湯ノ口・幣串《へぐし》・片側《かたそば》の四区からなっている。御所浦は御所浦・平野・平河内・白浜・国出《こくだし》の部落がある。御所浦の名は島津光久が人情視察のためこの島に下向あったときの行館の跡があったからという。湯ノ口は以前温泉が出ていたからといい、湯ノ口・宇津木・榎美河内《えのみこうち》にわかれている。幣串は幣串・立石・柏栗・鍬ノ木迫・樫の浦からなり、片側は片側・里崎の二部落からなっている。各区には区長がいて東長島村村役場との連絡事務をとっている。各区に小・中学校があるが、ただ湯ノ口のみは昭和二四年にはじめて分教場ができ、小学二年生までを収容しているが、他は御所浦へ通学している。医者は全島に一人、理髪店は湯ノ口にあって全島を廻っている。女子はパーマをかけに米ノ津・水俣へ舟で出掛けている。御所浦には舟大工が五名いる」

最後にこの聞き書は、「不知火海総合学術調査団」の現地調査の一環として行われたものであることを附記します。この折、同行された団員の方々、および案内役をしてくださった花田俊雄さん、御教示を賜った堀田静穂さん、近沢一充さんに感謝いたします。そして病気中にもかかわらずお話しくださった湯元クサノさん、末廣さん御夫妻、および湯ノ口の方々に厚くお礼を申しあげます。

（「東京経済大学　人文自然科学論集」第五六号〈研究ノート　日本民衆史聞き書（二）〉（一九八〇年十二月）所載。

羽賀しげ子との共同執筆）

女島にて

——井川太二聞き書——

I

〝女島《めしま》〟というやわらかな響きの名をもつその土地はどういう所だろうと思っていた。

ひとりの水俣病患者がしきりに女島のことを話題にしていた。女島に連れていってほしいとも懇願された。そこには彼女の片恋の青年が住んでいたらしかった。患者である若者たちが遅かれ早かれつきあたるそうした恋のありようと、めしまという語感は奇妙に渾然としていた。

それからしばらくたって、初めて女島を訪れたのは、活動家の運転するライトバンに乗って、患者さんの家の甘なつみかんもぎのアルバイトに行ったときだった。

国道三号線を水俣市街から八代《やつしろ》方面へ十五分ほど北上し、途中で左手に折れる海沿いの細い道へ入る。それはすぐ山道となり、彼は慣れたハンドルさばきで狭い九十九折《つづらおり》の道を縫っていった。やがて道は海岸通りに変わり、しばらく進んで車は止まった。道路から海側に急斜しているさらに細い道へバックギアで入り、その小道は海辺の突端に点在する部落へつながって切れた。そこが女島の沖《おき》部落であった。

熊本県芦北郡芦北町女島は、沖、釜《かま》、大崎、小崎《こざき》、大矢、福浦、平生などの部落をもち、さらに小字《こあざ》の集落がそれらを分解している。沖部落は、牛《うし》ノ水《みず》、京泊《きょうどまり》、東泊《こちどまり》などで形成されている、というように。自動車で陸路を行けば山越えの難所だが、以前はもちろん舟でお互いに往き来をしていたから、交通の不便さは近年になって、より顕著になったものであろう。

女島は湾をへだてた対岸の鶴木山《つるぎやま》と対照的である。鶴木山とは、かつて〝鶴、来たる山〟であったと、村の古老が話してくれたが、そこは古い歴史を持つ村で、特に民俗的な慣行や祭などが他の地区より豊かであるという。それにくらべると女島はずっと年若い村である。

私たち調査団のメンバーである桜井徳太郎氏は、沖部落、牛ノ水で悉皆《しっかい》調査をしたが、それによると、せいぜい四、五代前の幕末期に人々が住みついたものであろうという。佐敷《さしき》町や釜部落など、元村《もとむら》の人々は牛ノ水に苫屋《とまや》をはり、農作業のあいまにそこで漁をしていたものが、やがて永住するようになったのだろうと推定している。村人の出身地は、その他天草、鹿児島、人吉などがあり、〝天草ながれ〟などという言葉で、その出自が伝えられている。

女島の古老に話を聞いたとき、「昔は掘立《ほった》て小屋のようなそまつな家ばかりだった」と、半ばはにかみを含んだ声音《こわね》から、村の誕生のわけと、そのありさまが想像された。元村から出郷した次男、三男や、一家をあげて他国からこの地へ移住してきた人々が女島の先祖となったのである。

井川家は釜《かま》部落から分れてきた旧家に属するようだ。今は、父、祖父と二代前までしかさかのぼれないが、もとは佐敷辺《あた》りに住んでいたのだろうか。祖父井川清の名が『芦北町誌』の芦北鎮撫隊についての項に掲げられている。

「明治十年二月十八日から武装した二千乃至《ないし》三千の薩軍が続々と湯浦、佐敷を通過し、芦北も物情騒然となったが、熊本地方で官薩両軍によって戦端が開かれてからは、さらに不穏な空気は広まり、無法者の横行が目立つようになった。

そこで、社会の安全と秩序を維持するため、熊本県庁は県内各地に『鎮撫隊』の結成を示した。芦北でも同年三月十六日管内戸長会を開いて、第十三大区長牧信友《まきのぶとも》が鎮撫隊結成の指令を出した」(『芦北町誌』)

芦北の鎮撫隊は士族を中心に旧手永《てなが》ごとに編成されて、西南戦争に対処した。その湯浦《ゆのうら》鎮撫隊五十三名の中に井川清が入っていたのである。当初薩軍側だった芦北鎮撫隊は、結局官軍側に味方して波乱の時代をのりきった。人々は、しかし新しい歴史の到来の中でも、なお気持ちの奥まですっかりとりかえるわけにはいかない。井川清は、借金の保証人倒れで、ある日、責任を負って切腹した。その死の際《きわ》に「恐るるべきは借財なり、財産足らずして命までとる」と戒を残した。その遺訓は子孫である井川太二さんの代までずっと語りつがれている。

父清雄が十代で家督をつぎ、その長男の康雄がまだ成人しない前に、父も海で不慮の事故のために急死した。「これでは家の栄えるときがありません」と井川さんは言う。十五歳も年齢の離れた兄は幼ない弟妹たちをかかえて、一家の大黒柱としての責任を負い、網元の役目を務めなければならなかった。兄のことを語るとき、井川さんは夕やけを見つめるようなまぶしげな顔つきになる。

長兄康雄は子供のころ、かなり勉強のできた秀才だったが、井川さん自身も勉強好きの少年だった。兄は家のことも漁のこともすっかりとりしきり、末弟には思うまま勉強させたかったのであろう。高等小学校になってから一年間の教員養成所に通学しているが、ここでの勉学は井川さんに大きな影響を与えている。

芦北郡教員養成所は昭和十年（一九三五）四月から同十八年三月まで開校され、上級学校への進学希望者をつのって、小学高等科第二学年課程として、受験準備教育を行なった。郡内の各地から少年たちが集まり、一年間無休で猛烈な勉強に励んだという。そのスパルタ的な厳しい教育方針に鍛えられた期間が、井川さんの最後の学校生活だった。

しごかれたはずの養成所時代とはいえ、それについて語るときの井川さんの口調にはなつかしさがあふれていた。井川さんがその後もずっと貫きつづけている勤勉な生き方と記録魔ぶりは、生まれついての性格に、スパルタ教育を耐えぬいたという誇りが加わって出来上ったように思える。

卒業後は難関の国鉄試験に合格し、八代《やつしろ》へ配属された。やがて、旧家の出だけあって南満州鉄道に移るので、戦前の女島牛ノ水部落に暮したのは十六歳までだった。

村ですごしたその短い少年時代の記憶にあざやかにあるのは祭りだった。芦北郡には多くの民俗芸能が伝えられていて、太鼓踊り、棒踊り、奴《やっこ》踊り、俵《たわら》踊り、獅子舞、大名行列、唐人《とうじん》踊り、狂言、早苗《さなぶ》振りなど、その種類も豊富である。

民俗学者の桜井徳太郎氏によれば、「牛ノ水には神社がなく戦前国家神道にのっとった強制的な参拝が行なわれたが、戦後はピタリとやめた。そして昔からの慣行〝まつりづきあい〟をもって村のマツリとする。これは日本民俗の伝統的な〝御日待《おひまち》〟である」と解説している。井川さんの経験した部落の祭りにも、戦争がなんらかの影をなげかけていたのであろうが、それでも村の若衆には楽しかった想い出にちがいない。女島と大川内《おおかわち》は棒踊りが特技で、ゆかたにはちまき姿で踊るのは「それはきれいかったですよ」と語ってくれた。女島沖に箱庭の小岩のように並ぶ竹の島、木《き》の島、沖の島の小さな三つの島が祭りの舞台であった。そして鐘を叩いての臼太鼓は鶴木山《つるぎやま》の衆が得意とするものであった。

そういえば私たちは天草の島々の各所で、「昔は佐敷からよく踊りを教えに太夫《たゆう》さんが来なさったり、相撲とりが来らした」と聞いた。経済的には水俣に越されても、不知火海沿岸の文化的拠点だったのであろう。その最後のにぎわいを見知っている一番若い世代が、一九二四年、大正十三年生まれの井川太二さんたちなのかもしれない。

Ⅲ

女島部落とその村の成り立ちなどが対照的な鶴木山に、井川さんとこれもまた好対照をなす一人の漁師がいる。その、下田善吾さんの純漁師ぶりを知れば知るほど、井川さんの特異な漁師としての個性がはっきりと浮彫りになる。

鶴木山の下田さんは八十歳になる網元で、きっすいの誇り高い漁民であった。その系には一人も漁民以外の夾雑な者はいないようだった。下田さんは何十年も鶴木山の高台に登り、魚の群を見つけだしては網子たちが海上で待機する舟にむかって陸から魚群を指示し、漁をあやつってきた。風貌はどこか金子光晴《かねこみつはる》に似ていて、その眼光は鋭く、視力だけではなくひょっとすると心すら島に近いようであった。今はもう漁をやめ、茶の間でテレビを見たりされているが、手つきは機敏で、わずかな立居《たちい》ふるまいにも野性的な毅然とした雰囲気が溢れていた。

一方、井川さんは小さいころから勉強好きで、もし事情が許せば上級学校へ進み教育者にもなれた人だった。その望みはかなえられなかったが、国鉄でもっとも多感な青年期をすごした。戦争と敗戦の混乱の嵐をくぐり、なんども生死の境をくぐってようやく女島に帰りついた。

だが、帰宅してほっとしたのもつかの間だった。長い間、親がわりをつとめてくれていた兄が、数年後にとつぜん斃れたのである。兄の死によって井川さんの一生は一変した。子供に恵まれなかった兄にかわって井川太二さんが家を継いだのは、一九五二（昭和二七）年のことだった。

〝好かん〟漁師を続けていくためには、何もかも一から学ばなければならなかった。漁師の仕事は子供のときから舟の上から見よう見まねで覚え、実際に漁をしながら、いつか一人前になっていくのであろうが、井川さんにはそうした訓練が欠けていた。短時日では養うことのできない勘《かん》が要求される仕事なのに、自分にはそれがない。その上、網元としての煩雑な事務と責任が一身に蔽いかぶさってきた。井川さんは煩悶した。

水俣病の激甚地である茂道のある漁師から、漁を子供に教えるときのようすを聞いたことがある。

「漁を教えるのなんの口でいったっちゃ、いっちょんわかりません。海にですね、子供を入れて泳がす。おぼれかけて喚《おめ》いても知らんふりですたい。そのうち泳げるようになって、そこで、ほら、あの太《ふと》か影はフカぞ、あやつはこげんしたふうにやってくるち、ちょっち言葉をそえれば自然と覚えていかす。漁もそげんしたふうですね。身体で覚えんことにゃ、どもこも漁師にはなれんですたい」

その全く無駄のない、豊かな話しぶりに、聞き手の私たちはみなほうと溜息をついたものだった。

子供のころから漁師になろうとは少しも考えていなかった井川さんは、非常な勤勉をもってこの遅れをとりもどそうとした。そしてそのために漁に関するあらゆる事がらを文字化して反すうしていった。鋭い勘と経験とが同じ意味をもつ漁の世界に、その仕事を記した文字や記録は不要だったろう。漁民の残すそれらの文書はまったく無いにひとしい。子から孫へ、口から口へ、手から手へ、直接に伝えれば、それで充分だったからである。

井川さんの漁業資料は大変に貴重なものとなって残った。資料は、その価値の発見者で、私たち調査団のメンバーである最首悟《さいしゅさとる》によって次のように分類し整理されている。


（資料一）、備忘録（永久保存）昭和二四・四・十三～昭和三一・六。資出入金明細表其ノ一～二、昭和二四・四～六。巾着網《きんちゃくあみ》見取図、昭和二五・二。地曳《じびき》網図、昭和二八・十一仕立。新網《しんあみ》昭和二八・十二作成。網図、昭和三〇仕立。棕梠《しゅろ》網昭和三一・六仕立。

（資料二）経費計算書、昭和二四。経費明細及び計算書。湯ノ浦網子氏名。

（資料三）生帳附計算書、昭和二五・一～二六・九。出漁日、漁場、各漁ごとの水揚《みずあげ》及び製造人分配高、生代単価、計算書、火舟、発動船、網舟乗組氏名、及び各人割前長。

（資料四）魚網水揚帳、昭和二七・十～十一。仕切書添付（佐敷町漁協）、計算書、出動人員氏名、漁獲明細。

（資料五）生台帳。その他忘備録、昭和二九・三～十一。出漁日、漁場、各漁・水揚高（種類）、製造人分配

高、生代単価、計算書、各漁ごとの状況忘備。

（資料六）生台帳、昭和三十・九〜十、三十・一〜三。三〇・七月闇、八月闇（阿久根行《あくね》）、十一月闇、十二月闇、一月闇、二月闇、以上漁場水揚高種類、分配、経費明細計算書、昭和三一・五〜六までの太刀魚《タチウオ》仕切書、井川自己分地曳網収入明細。

（資料七）阿久根《あくね》行水揚帳、昭和三一・七〜十月闇、八月闇、三一・一、阿久根吉田宅における計算シメ。

（資料八）漁業各種水揚帳、昭和三四・五・三〜三八。エビ網、口底網、タチ釣、ヒラ網、吾智網《ごちあみ》、対馬《つしま》イカ釣漁、昭和三四・十一・二九〜三五・二・七。漁日誌、水揚高経費、仕切書、漁栄丸、漁徳丸、海洋丸の記録、写真、町長、町議の激励電報、手紙、はがき。

（資料九）水揚明細忘備録、昭和三九・一・一〜四一・十一・三〇。魚獲氏名、数量、単価、売上代金、手数料、貯金、差引仕切金、口底、エビ流網、経費。

（資料十）水揚明細附領収書類、昭和四一・十二〜四五・十・二三。口底、エビ、ゴチ網。昭和四三、納税通知書。

（資料十二）牛ノ水組合海苔《のり》養殖記録簿、昭和四三・十一・六〜四四・十一・十八。海苔養殖日記、昭和四三・十一・六〜四四・一・二二。昭和四三年度シビ図。昭和四三・十一・六〜十四、準備経費。昭和四三、収支明細。昭和四四、恵比須《えびす》祭計画表。同年のり養殖経費明細、同年、収支明細、記載なし。

この厖大な井川文書は、不知火海漁業史を研究中の最首悟が、いま克明な検討を進めている。そのくわしい内容については、いずれ報告されることになっているので期待している。

井川さんは、また別の側面を持った人でもある。それは女島の水俣病運動の指導者格の一人、という姿である。水俣市民やマスコミの一部から〝過激派〟とやゆされているグループとも、善は善として協力している。「過激」という言葉が単に暴力をふるうとか、非道な行ないをするといった意味に使われるのなら、これらの漁民たちはまったくその対極にある。運動の指導者とはいえ井川さんはあくまでも勤勉で、正直なひとりの漁師にすぎない。とりわけ道徳を重んじる性格が強く、数時間の話の中にさえいくつもの教訓的な言葉が出てくる。しかし、それが押しつけがましく聞こえないのは、まず自らその訓《おしえ》を生徒たらんとするつつましさのせいであろう。素朴な道義心や謙虚さは漁民たちの心性の集約でもあるかもしれない。それがもっとも純粋に高まったとき、たとえば水俣病事件の自主交渉の時のような爆発的なエネルギーに結晶するのだろう。

井川さんの個人史の中に水俣病事件を見出すためには三十年以上遡《さかのぼ》らなければならない。井川さんの兄康雄が働きざかりの四十代で突如として逝《い》ったのは、一九五二年、昭和二十七年のことであった。井川さんの兄も穏やかな自然死にめぐまれず、切腹や、頭部しか遺体のあがらなかった海難死という祖父や父と同様に、いやそれ以上に悲惨な死に方だった。

戦後、もうすでに不知火海は日窒（チッソ）がたれ流した水銀による急激な汚染が進行していた。水俣湾から離れている女島の漁師であっても、漁場は水俣湾やその周辺にある。もちろん汚染は水俣湾内だけでなく、潮の流れに運ばれて、有機水銀やその他の重金属は不知火海のあちらこちらの漁場へ広がっていた。兄は数十日間苦しみもだえて果てた。医者は神経炎と診断したが、水俣病の急性劇症であったろうと推測される。

その昭和二十年代後半は、奇病時代といわれ何もかもが混沌としていた。病人を死後に遺体解剖したわけでもなく、病気の原因がつかめないまま何年もたってから、あああの人は多分水俣病であったろうと思いおこされる人々が、不知火海沿岸の各地に存在するのである。女島にもその後、病いと惨死が漁民におそいかかったにもかかわらず、村じゅうひっそりとひたすら激痛に耐え続けていた。ことに一九五九（昭和三十四）年の漁民[1]たちによる暴動の敗北後は深い沈黙が村々を包んでいった。女島の漁協政策がそれまでの水俣病隠しから申請推進へ大きく舵を転換[2]したのも、一九七四年八月になってからである。この闇に閉ざされた二十数年間を真に批判できるのは、患者家族だけであろう。女島は全村水俣病被害といってもいいすぎではない状態だった。

女島に住みついたある活動家が、「女島でも漁民の生きる道は厳しくて一本釣と養殖でケンカしている。それなのに赤潮被害のようなときは一致団結する。以前女島に遊びにきていた人が冬、海に落ちて死んだ。そのとき村中の漁師が舟をぜんぶ出動させてその人の救助にあたった。いわし網の船から底曳き船から一本釣の舟まで。その結束ぶりに感動した」と語ったことがある。

女島の共同体的な結束はいまなお強い。それが正になるか負になるかのたづなを握る、井川さんたちの荷は重い。

井川太二聞き書——波乱万丈の人生

父の死

私ん兄弟は、これが一番兄貴です。その下に、もういっちょ、そしてそるが下に、姉が三人おんました。で、男三人女子三人です。いま、健在なのは私が一人と、姉が一人。あとは死んでしまいました。妙な、どういう因果か知らんですばってんが、四十代でほとんど死んでしまうですたい。

一番上の兄貴が四十三でした。次の兄貴は四十八か九です。そすと一番上の長女が二十四ですもん、そん次が健在ですたい。そん次が年五十六で死にました。私は今五十六ですが、私と姉と二人。

私、大正十三年の二月にここに生まれて、そしておやじが二つのときに死にましたで。父は事故死でした。福浦《ふくら》に村会議員の選挙があってその喜びに行ったらしかですね。そして舟から行ったらしくて、向こうで酒ば飲んだっじゃなかですか。

親父は自分で一杯なら一杯、二杯なら二杯飲んだら、絶対それ以上は飲まんらしかったちですばってん、とにかく酒はきれいかったですたい。だから誰でん、井川さん飲み来なはらんかって言いおったそうです。で、祝いに行って、そのとき五月二日で八十八夜ですたい。八十八夜時化《じけ》ちて、必ず時化《しけ》るですもんね。そやつにまきこまれて。凪《なぎ》だったそうですたい。風も吹かず、夕方からパラパラ雨ん降りだして、そして風が吹きつけきたらしかですね。うちんおやじは飲んだならすぐ寝るくせがあったそうですたい。で、たかんい、い、い、い、バッチョ、バッチョ笠（真竹の皮製笠）ちて、丸かとんありますたい、あやつどんかぶって、帆ばかけて、そして舟に寝たらしかですな。

そいで船頭が寝とっとじゃもんで、舟は帆まかせ帆は風まかせ、福浦《ふくら》ん浦から出とっとですけん、ああ、井川さんな今戻らすばいちゅうて見てるもんもおるわけですたい。やがて、夕方から雨がパラパラして風がつけ、どこでひっくり返って死んだっぢゃいわからんとです。そすっと、舵ばさしとるトコ、あやつは竜《りゅう》が岳《たけ》の琵琶首《びわんくび》、あすこにあったですもんね。舟は八代《やつしろ》ん前、築島《つきしま》に流れついて、死体は六ヵ月後にあがっとっとで、頭だけしかあがっとらんと。これが誰かちゅうことは歯で見分けたそうです。

私はそんとき二つじゃったそうです。ぜんぜん知らんとですたい。よか人間だったそうですばってんなあ、やっぱり。もう欲のなかとん、ぼっちゃん育ちだったもんですけん、とにかく。欲のなかとん、部落の人がみんな誉《ほ》むるですね、おやじんことは。

そんあとは、母が一人で育てよったですけん、貧乏暮しでやっぱりそうとう苦労したらしいですな。母ん家は計石《はかりいし》ですよ。もともと八代《やつしろ》から来たそうで、西南戦争でこっちさん来とらす話ですよ。トイちゅう名で。そして、ワカキ屋ってかい、旅館をやって、昔は佐敷《さしき》に蒸気船の来よったですたい。そん渡しですか、あればしよらしたっち話です、旅館をしながら。

「恐るるべきは借財なり」

おやじが名は清雄《きよお》で、爺《じい》が清《きよし》でした。財産もえらいもんだったそうですばってん、これはじいが時代に保証人倒れとかで、家があげん傾いたっじゃなかですか。

「恐るるべきは借財《しゃくざい》なり、財産たらずして命までとる」ちて、腹かっ切ってうっ死なしたちゅう話です。

このじいが四十一か二やったっちゅう。あげんこっしてな、死なっさんち良かっじゃってん、そらあ借銭な知れたがもんじゃったばってん、山でん一ヵ所売らせば借銭なたったやったがばってん、ち言う人もおらすが、やっぱりそういう気質なんですね。

何もかんも、鎧《よろい》でん槍《やり》でんあったそうです。私が知ってるのはその刀を入れるたんすだけ。たんすを見たばかりですな。刀も知らんです。しかし、一番上の兄貴どもは、脇差しなんかでですよ、ねんがら遊びをやりよったそうです。

ねんがら遊びっちゅうはですな、ねんがらちて山から木を切ってきて、こう、ゲームですか、地だに打って、片一方がまた打って倒すわけですよ。櫨《ハゼ》とかあげんしたとはボロボロ折ろるちゅういうて、だめでしたもん、たいがい樫《カシ》とか榊《サカキ》木とか、取ってきてやりよったです。強かもんは薪にするごて持っておりましたもん、弱かもんは、山から持ってきちゃぁ作るばっかりでした。先をこげん（このように）して研《と》ぐわけですたい。兄貴は脇差しでそげんしてやったっち。

猛勉強と国鉄試験合格

ねんがら遊びは私どんもさかんにやりよったですよ。他にはですな、ヤンコブちてコブのおっでしょう。足の長か、尻からずっと生糸のごたっとば出っとかい、自分で巣を作ってとまっとですたい。見られんですか、多かですよ。ああ、クモですたいクモ、今、思い出した。

そやつを、こっちからこっち持っとるわけですな、こっち側とこっち側で這わしてけんかさせるわけですたい。そしてけんかすれば噛みついたりして、尻から糸を出してまくわけですたい。ヤンコブのけんか。

家ん中では私どんも気持ちの悪かもん、外の竹やぶとか、日暮れまで採っとくっとですたい。そして、キュウリなんかに這わせたり、強かコブはとにかく大事にしよったですたい。めし食わせんばかりですたい、ハエなんかとってやったりですな。

学校は女島《めしま》小学校、こっから一里一町、五キロあります。小学校卒業したら芦北教員養成所に行て。とにかく、そん頃ですね、数学がことに好きでしたが、神さんになりおったですよ、数学の神さんのごて。この前に女学校ちありましたが、あん女学生どめに教えてあげよったですよ。

養成所はスパルタでしたったい。一時間と一時間の間五分しかなかったですけん。もう暗くから暗きまで、毎晩明《あ》っかうち戻ってきたこたいっちょんありません。とにかく毎日コブのでけとらんことはなかったですよ。八十四点以下は前に出てこいですよ、そすとですね、三十センチものさしちて、丸なかこって平たかっとがあってでしょが。三つに分けとって使いくらせよった。八十四点以下は平たか方でくらせよって、六、七十点なれば別の所で、よし、よし、こうやって、スパルタ式ですよ。

生徒は三十人くらいおったです。もう一学年しかなかですけん、あと師範とか幼年学校とか受けよったですもんね。もうそん中学校なんかはここは準備学校じゃなかですけん。私どのときは師範は六名受けて通ったっですよ。

私はなして鉄道に行たかちゅうと、兄貴が上の学校へ出されんち言いましたもね、そんならもうしよんなかったいちゅうことで、さっそく銭ばとることにせんばつまらんちゅうことで、鉄道の試験ば受けたわけです。そんとき三百二十名ばかり受けて二十七人残ったっですたい。

当時鉄道の試験も、数学の五問でて三問できれば通りよったです。数学と国語、作文とあったごたったですね。そるばってん、小学校卒業でその三問ができるかでけんか、小学校卒業じゃ一、二番のものでもどげんでん通らんじゃったですよ。そんくらい難しかった。口頭試問に残ったたっが三十二名おったです。そして合格通知が来たっが、二十七名。

まこてなあ、朝ん五時ごろまで勉強するのは珍しなかったが、よう勉強しよったもんだ。そん頃はランプだったですよ。

満鉄に入社

そして、昭和十四年の何月ってでしたか、八代《やつしろ》駅の勤務を命ず、日給九十五銭ですか、辞令で八代駅へ、そっからが始まりです。それから一年半ばかりおって、満鉄（南満州鉄道会社）へ十五年からですな十九年までおりました。

二十《はたち》んときに車掌に合格して、車掌ば六ヵ月やったっですよ。私は自分の子供には魂の入れて勉強せろち言うわけですたい、車掌の試験にこげん問題の出たいよ、ちゅう。おら試験の覚えとるがぞちゅう。選別機《せんべつ》ちゅうと、こやつは何か。どうしてもわからんち。あとから見てみたらこげん書いてあったち、そやつは信号機のことで、文句に書けば、

「出発信号機に進行を指示する信号を現示すれば、出発信号機に従属する遠方信号機と場内信号機とが同一テコにより操従せられ、両信号機が同時に進行を指示する信号を現示する機械的設備をいう」

これが要するに選別機《せんべつ》じゃ、昔覚えたったい、自分でしもうたちゅうことは、必ず復習しなさい、と。そげんして覚えたことは絶対忘れんとたい、と言うとです。

そんときですが、大学出が三人おりましたよ。私どんよか卒業試験が下でしたもね、それでですな、学生

が学校の試験より難しかって言って、聞いとんますで。手荷物規程とか、そげんとば問題の出れば、何ページのどけ（どこに）あったちゅう場所までわかるごてやりおったですな、暗記じゃあるばってん。

満鉄へなして行ったかちゅうと、こっちじゃ出世はでけんち、町長ばしよった鳥居正直《まさなお》ちゅうぢいが、こっちおったっちゃ出世はでけんとぞ、と言いちゅう、満洲さ行かんかいちゅうごた言ったもんですけえ。

満鉄へは十五年のですな九月でした。九月にラプラタ丸ちゅうのに乗って大連へ行ったですたい。大連に上陸してそこから安奉線《あんぽう》の鶏冠山《けいかんざん》駅ちゅうのにはじめ入って、そして駅員をして、車掌になってから蘇家屯《そかとん》駅へ勤めたっですが。あなたは、そん、まじめか人ですね、ちゅうて表彰状もらたっです。蘇家屯《そかとん》列車区でですな、青年学校ちゅうところに行かんばならんかったじゃもの、私どま行かされた。そこは学校から軍事教練からなんからいろいろあっとですたい。そこで模範生ですね、三百人に一人ぐらい、各支隊にですな。ただまじめかったばっかりですばってんが、認められて青年時代重宝がられてですな、育ってきたっですよ。

私どんがいた所は紫明隊舎《しめいたいしゃ》、各支隊に三百五十か四百人ぐらい入居していたですね。で、小さか駅にはなかったと思いますばってんが、各駅には隊舎がありよったですもんね。二階建くらい、若い人がほとんどで、あと舎監とか寮母がおりました。炊事場があって、いっしょにごはん喰べよった。夏、冬、多少違ったかもしれんが、たいがい五時に起きて、裸足で、木銃ですたい、あやつを持って外に飛び出て訓練たいな。

秋木荘《しゅうぼくそう》ちゅう駅がありよったですが、ここん（が）匪賊《ひぞく》に襲われたっです。昭和十四年に、私が行く前の年ですたい。秋木荘《しゅうぼくそう》はですね、大連から、こやつが連京線、奉天ですもね。そすっと、ここから安奉線《あんぽう》、ここら安東《あんとう》、ここが鶏冠山《けいかんざん》、大連から奉天まで二時間くらいかかっとじゃなかろかち思うばってん、奉天から安奉線に乗りかえて、こんだ下ってくっとですけん三時間でしょかなあ。はい匪賊にやられて、駅員も何人か死んだんじゃなかったですか。私勤めてからは無かった。

兵隊になって

現地入隊が昭和十九年末で、陸軍の大隊、歩兵ですたい。大隊砲ですたい。部隊にはですな、熱河省で入隊しました。そすとですな、万里の長城のすぐ下ですもん、古北口《こほっこう》ちた所におったですよ。万里の長城、あらぁまこて、何百年前か何千年前か知らんばってん、耐火レンガば見ましたよ。どれくらいですか、レンガのこれよかまだ太か、二千年前でくれば、できたもんち私思います。あら、幅は四列縦隊に並ぶよかまだ広かですね。

敗戦のときは承徳《しょうとく》ですたい。部隊は旭《あさひ》師団ですもん、旭師団の分かれ。で、百八師団の二四〇連隊のですな八八一部隊、そしていよいよもってロシアが来っときにはですよ、どげんしたあんばいか知らんばってんか、二〇五六〇部隊、こげんいいよった。よう、こやつの数字ば覚えとったと今でも思う。

武装解除はですな、承徳さ行ったとき、あったですたい、師団司令部さん、全部集合ですたい。行ったところが衛門の前からなんからソ連兵がロケット砲を全部すえつけてしもた。そうしたもんじゃって、私どまもう、事ここでしまいと思うたもんですけん。ふとん爆雷《ばくらい》ばかるてですな、戦車の下敷きになるつもりでした。そやつが命令じゃもんじゃって、しょんなかちて、ふとん爆雷ばかるたってですたい。

そして、山の頂上にですな、師団司令部の旗ば上げとったですよ。旗やつが降りたつなら、いよいよ戦闘開始だと、いうことでしたったい。いつまでたっても旗がおりんとだもね。そしたら全員集合、行たところが要するに武装解除ですたい。刀も全部、銃も何も、そんときはやっぱり涙の出たですたいな。八月の十

六、七日の頃じゃなかですか、武装解除は。

外蒙古へ送られる

それからですな、捕虜ですけん、将校と下士官なぁ分けたっですたい。兵隊と、つんぱねたですたい。第一番にやっこさんたちがやったことはそれでした。そして何故こういうことをしたかっちと、指揮をとれんようにしたわけですたいな。

そして、いよいよ輸送が始まったわけですたい。輸送が始まったが、捕虜になった経験がなかもんじゃって、こらどこ経由で戻すとやろかねち思うとりましたですたい。っで、奉天からこっちさん来て戻っとっとじゃろうち思っとったですたい。安東《あんとん》さんちところ、朝鮮経由で我家さ、戻っとっとじゃなかろうかち。

して、今度はいよいよもって自分の装具ばまとめてここで降りっとやったですたい。奉天でおりたとこが、降りちゃならんちゃもね。まだ満洲は地理にくわしかですけんね、あいや、こらどこさん行くとやろかね、あば、ハバロフスクさん行たって外地さん出てから、ウラジオストクからでん戻ったろばいなぁって思って。それでもなかですもんね。

それでついた所が黒河《こっか》まで連《つ》れたが、黒河はあぁた、ここは黒竜江《こくりゅうこう》やって、あとここ連れたとでおろすとやね、あらこらどけんすっとなち思ったですたい。十一月の三日、明治節の日ですなぁ、ここん氷の上を渡ったですたい。

そしてこんだついた所が黒河と対岸してるブラゴエシェンスクですもね。そこからはですな、貨車に乗ったですたい。やっぱ私はずっと経由してウラジオストックから戻っとやろち思っとったですたい。そしてずーっと行くわけすっとやもね、どうも不安になってきたもんじゃって。

日本な武器は無かったばってんが、ソ連は石鹸《せっけん》すらなかったで。とにかく物資には不自由しました。私ば石鹸《せっけん》ばせびりに来《こ》っとですたい。で、聞いたところがですな、ここはチタちいうもんね。あら、ソ連さね連れてゆくとばいち、チタまで来たもんで。いよいよもって捕虜で連《つ》れてゆかるっとばいなあち、そんときにもう泣いたっちゃ涙もずるもんですか。ここでもう発心《ほっしん》とけたったい。あはー、捕虜ばいなぁと。こらもうとても生きて戻るみこみはなしち、ごたふうに誰でん思うたろちと思います。

そしたところがですな、こんだチタからですな、おろして自動車輸送ですたい。三百キロぐらい走ったち思うとですたい、チタから。トラックですたい。どもこも寒くて自動車に乗っとって凍傷にかかった人間がおっとですから。そうとうな自動車やったが、どんどんどんどん。そけえついたのがナルシカちゅう所で、収容所でした。外蒙古《もうこ》でした。

収容所生活

内蒙古の兵隊もおったですで「白地に赤く日の丸染めて」、そらじょうずもじょうず、内蒙古は日本と仲よしでしたって。外蒙古は敵でしたばってんが。

収容所にサンドンちゅう主計中尉がおったですたい。私どん収容所の所長やったっじゃもん。サンドンはモンゴル人、外蒙古人ですたい。収容所はボンボト谷ちゅうところで、伐採作業ですな。

そこにですな、行かってたまがったことは、やっぱり話しとかんば、ち思うことは、あすこにノモンハン事変の日本捕虜が連れられていったちゅうことですな。こっちじゃもう死んだっちゅう位牌をつくっとる家庭が多かろち思うばってんが、実は生きとる人も多かちことです、外モンゴルに。こん人たちも我々捕虜が戻ってきたときに帰したろかねち、今でも気がかっとるわけですたい。その人たちが何をしてたかちゅうと、ほとんどパン工場ですな、あげんし所に、ウランバートルになんおったです。

そすと、あの〝暁に祈る〟の吉村隊がおったのがウランバートルですたい。私どんもウランバートルへ出張に行たったたい。あすこは建築ですな、石とりとか、れんが造りとか。吉村隊の石山には行きませやったったい、おかげで。まる二年おったですけ、十一月行ったでしょ、我家に戻ってきたのが十一月の二十二、三日でしたで。

飢えに瀕して

ある朝、おーい、おいち仲間を起こしても、そんときはもう冷とうなっとった。そげんした死に方ばかり。要するに栄養失調の特殊な死に方ですね。上と下、毛のついとる防寒服ば着てですよ、やっと歩けるぐらい。

ドロで作った生レンガ、あやつを七枚、二宮金治郎じゃなかばってん、乗する台ば、借りてレンガ運びよったっですたい。七枚ばやっとんこってフランコフランコして。

メシはどげんかっていうと大豆ですたい。大豆ばどしこ食ったっちゃ食いもならんがですね。あるば乾して、ごはんなんて仏さんぐらいなもんですたい。そやつを飯ごに入れるわけですたい。そして、水ばいっぱいするわけですよ、ごはんがとけて、散って姿ののうなるまで炊きおったわけです。ぞうすいですたい。山ん草はやわらしくなるやつは何でん食いおったです。私どま蛇《へび》はどうしてん食う気になりませんじゃったが、馬ん脳みそでん何でん食いましたよ。うまかったですよ、塩気あって。一番食ったはねずみでしたろう。そすっと、昆虫じゃイナゴば、採ってくっとですたい。ガーぜんごたっとに入れてはじめ煮こむと、フンなんかも出しますもね、そればこんだごはんの中に入れる。

パンの一食は四百グラムですたい。こやつを八百グラム、二食二重装填《そうてん》しよったですたい。二食とも一ぺんに朝のうちに食っとですたい。そすっと昼めしはぬきです。パンば四百グラム、あげうどんた、飯ご入れて水入れてツルツルってやってか、小便二、三回行けば腹んすくです、ああた。そのとき、ああこげんに大事なもんかなち、思ったことはですな、人間に塩分のあることとですたい。塩がどれだけ大切であるか、ちゅうこと感じましたですな。

そすっと、もう一つは人間性の問題。人間なちょうど、かねてな人の本当の気持ちはわからん。自分が食うか食われるかの土壇場になってきて、初めてその人の本当の人間性ちゅうやつがわかるんだと捕虜で感じてですな、いかに兵隊のとき将校さんでいばっとったっちゃ、ああいう土壇場になってきたなら兵隊よかおろい（よくない）方多いかち。はい、兵隊の方がかえってえらかと思う。

そっで子供育つときも、私は、礼に始まって礼に終わる、礼儀の無か人間は、犬畜生と同じぞということを、他んことは教えんばってんが、教えよったですたい。

引き揚げ

二年間そけ（そこに）おって、いよいよ帰国ですたい。出発するときに身体は悪かっじゃなかったですたい、栄養失調ぎみじゃあるばってん。で、ハバロフスクで湯に入れたっですたい。そんとき十一月でしたっですで、ぬれたタオルば、パァーっと樫の木の棒んごて凍る季節でしたが、そんときに風邪ひいたですね。やっぱ肺炎みたいなやつばやったっじゃなかですか。ナホトカから乗った船ん中ずーっと具合の悪うおましたで。

そして函館にあがって、まず目についたのが、イカば、くし刺したような売っとんますが、あれ。あやつば五、六本食ったろうと思いますな。そんとき身体が弱っとっとに食うたもんで。そして青函連絡船の中でですね、兵隊さんちて、お客さんの、白か見たこともなかにぎりめしばくれらしたもね。たぶん二つだったと思ったが、そやつを食っちゃならんとやったろうが、おかずが塩ざけでしたったい。どもこもうまさもうまさ、はじめてん米んめしじゃったけん。うまかったはよかったが、さあそれから下痢をして。

東京駅で、どうしても具合の悪して、いったん降ろされて、医大の生徒が救援に来とったろうと思うですが、そっどんが注射どしてくれてですね、そしてまた汽車に乗ってきました。もう、酔うとぐらいになったですな。

それから門司まで行けばち、歩いて行かるって。そういう帰らんばんちゅう意欲はあるわけですね。身体は栄養失調でやられ衰弱しとるが、何といってもとにかく下関はまだ海底トンネルやったで、門司まで行けばと思って歯をくいしばって来たっじゃろと思いますたい。はじめ函館でもろた外套とか衣類や救援物資と、金ば三百円持ってましたばってんが、水筒ばとられ飯ごもとられ、こう放ってきた。

そして、船の中で何日に帰るって電報を打ったわけですね。そしたところが検疫でひまいって一週間ばっか遅れたっじゃなかですか。兄貴は子供がおらんで私を抱《かか》え子《ご》にしようとして、一生懸命帰りを楽しみに待っとったわけですね。電報のきたもんですけ、毎日、弁当持って。昔は櫓でこいで女島から佐敷駅まで行くとですけん、毎日一週間通ったっちゅうわけですたい。

そして、私が佐敷駅に着いた。着いたところが向こうホームに、下《お》りたじゃもんですけ、二番に着いたですね、汽車は。二番ホームから歩くことがでけんとですよ。四つばいに這《は》うて、駅までたどりついたっですたい。私はそこから兄貴だっちゅうこた、わかったばってん、むこうはわからん風でしたな。そして兄貴に手ばひかれ、海岸端まで来てかい、そして舟で帰ってきたわけでしたが。

もうこん家でしたで、ここにあがって親に正座して帰った報告をせんばんち、それするのに坐ることができんかったです。ぜんぜん正座もなんもできん。そのときにちゃんと待っとって、米のごはんもおかゆみたいにやわらかくして、魚ごしれで待っとってくれた。そんごはんの口に入ったかと思うとパーッって、そのまま。

足は豆ばかりでて、横に豆ばかり太かごてですな、そして身体ばちょうどヘビのうろこですたい。もう虱《しらみ》にようとりこにされてしもて、今思えばぞっとする。それが全部服の折目にずーっと卵がつくとですけん、いまでも話せば頭のじんじんいいなっしますわ、はい。えらいむごい目にあいました。

結婚

それから毎日座敷に寝とって本読むのが仕事でしたが、そげんして二十五になるとき二年くらい寝たり起きたりして。兄貴は何とも言いまっせんし養生しろと。二十貫くらいふえました。自分のどん腹んじゃまして、股ん見えんごたった。そして、女島さんの祭りに、井川さんの身体の太かっで、相撲に出てくれんかっち、いうもんじゃっでん。私しゃ人の言葉など何でん、はいち言うもんじゃっで、出ましたった。出ましたところが、百姓しとる二級下の男と相撲とったところが、頭がここん胸にあてて二ヵ月ぐらい痛うして。これまたまるで病んばしたったい。身体の太かばかりで仕事のでけんで、相撲とったところが、そげんしたことがありましたが忘れられません、はい。

かかは湯浦ん出身ですたい。昔は婿入祝儀ってありましたね。嫁の処に行って、そして戻ってくっとですね。あのときに初めてつらば見たばかりですよ。話だけで。そしてですなあ、そるから一ヵ月ばかりありましたな、式まで。手紙ば中で一ぺんやりました。

あん、私しゃ二十四、五のころは嫁ごはもらわんち思とんましたよ。ばってん二十七になっても、嫁ごばもらう気はございませんじゃったもんね。そって私は争いごとが好かん男で、今もそうですが、兄貴が親がわりなもんじゃっけん、仲ようしてな自分の嫁ごじゃあるばってん、兄貴の気におうたような娘をもろうてくるればそるでよかろうち、お家騒動がおきらんように、安泰にいくようにちとが願いから考えとるわけですな。その相手もおるが兄貴じゃって、人並の嫁ごばもろてくるつじゃなかろうかちことから、兄貴におまかせしとったわけですたい。だから、自分のそういう気持ちをかかに書いてやったですたい。ん、この人はしっかりしてるね、ちゅうのが向こうの評価だったそうですたい。そして珍しいきれいか字の書きよんねち。だから、一度もけんかばしたことなし。打《ぶ》ったことはなし、はい。こげんしたふうにお互い働くとでしょ、月給とりじゃなかってすけん。お互い同じ仕事をするわけ、そして女子《おなご》はそれ以上に炊事洗たく、男よりも仕事がありますもんね。

奇病にたおれた兄

昭和二十六年四月四日に結婚して兄貴が死んだのは二十七年の九月でしたったい。ちょうど長男坊が生まれて百日くらいたったときじゃなかっかな。

神経炎ちゅう病名でしたが、身体じゅうどこもかしこも痛がって、うずき出した。最初からですね。四十二日間とうとううずくれて、モルヒネ打って身体ば衰弱して、とうとう死んだんです。いっちょん病気なんしたことなかですけん、突然ですよ。すぐ井上病院に入れさせましたが。

病気にかかった当時は巾着網《きんちゃくあみ》をやっとったですよ。そら、晩の仕事ですけん、昼間は疲れて寝《ね》るちゅうことは当然のことってですが、ばってん人より寝坊が多かったごたった。

昔は櫓でこいでいってから苫《とま》張って、明神《みょうじん》とか茂道山《もどうやま》ん下に寝泊りして水俣漁港に魚ばあげよったです。ちょうどあそこから櫓ばこいで、黒瀬戸《くろんせと》の入口のわらび島に渡って、荒崎、福の江、名護《なご》、米ノ津《こめつ》、ずーっとあれしてっかい、熊本県と鹿児島県の県境、さけんたんち水の浅か沖に白瀬、黒瀬ちありますもね。それみて水俣に戻ってくれば、ちょうど夜の明けよったですよ。暗くなって出ていって、そして一晩中みて網をはったりなんかして漁をして、水俣までくれば夜は明ける。

雨が降れば苫《とま》を張って、木で枠をつくって赤土でちょか（急須）がかけられるようにしよったですよ。めしでん何でん炊ける。海水で米をといでですね、水入れて炊いてごらんなさい。そらあおいしかですけん。それで舟んめしはうまかちいうですよ。

兄貴はですね、六〇ぴろの網をたぐっときに網を海からあげるのに、私とすぐ上の兄が二人であげ、片一方兄貴が一人であげるのに勝ちまっせんやったもな。そげん身体はこまんかったですが、達者だったですよ。病気したこたなかったですもん。そやつが急にバタっと。

おやじが死んだとき、兄貴は十七でした。これは福浦《ふくら》の学校ばとにかく一時間でん二時間でん習い走りよったそうです。おやじが投網《とあみ》をやりおったですたい。投網の櫓ば一人はこいでおらんばんでしょう艫《とも》弟子《でし》つうですな。そん艫弟子に兄貴が行た、そして戻ってきてから唐芋《からいも》でん何でん握って走りよったそうです。学校まで。そいで優等生ですけん、とにかくできよったそうですよ。小学卒業じゃあるばってん、こん部落の手紙は一人で書いてくれよった。

部落ん電気もですな、兄貴が発起人で心配したそうですたい。電気がきたのはここら昭和二十一年ですよ、終りごろ。ここで電気の打上げをやったそうですけ。手紙も大分残って、それにも書いてあるが、涙の出《ず》るようなごと苦労はしたらしかですね。電線もそのときは終戦後の資源不足でなかったそうですたい。康雄です。私と十五違って、親がわりでしたもね。

かかが船頭

やっぱり運命もあっとですね。兄貴は子供がおらん、跡継ぎなし。私が一番末子で跡ばとってくれろち、母がそげんいいますもんじゃって。私もそのころ二十七じゃい二十八じゃいなっとった。やっぱり家のことわからんこつじゃなかもんじゃって、やっぱりこらおらんばいかんとじゃろかねえち。半信半疑抵抗しながら考えてずるずるしとったときに、母が死んで兄貴も死んではってゆく。大黒柱がおらんごとひんなったもんじゃって、とうとうこけ坐っとらんばしょんなかごてなってしもたちゅうことですたい。

それば、パッとふりきって出れば、こげん好かん漁師もせんちゃよかったかもしれんばってんか、そやつもやっぱりふりきりえずに、ぜんぜんわからんとじゃなかもんですけん。やっぱり抵抗しながらずるずるがほんなこってすたいな。

好かんも好かんごて、あるもんですかい。そるばってん子供ば養わんごていかんばならんち。恥かしか話ですばってんが、漁は夜中の十二時、一時、二時、三時起きて行かんば、ですけんなあ、私がオイ、行くばいちて嬶《かか》ば起こして行たことは一ぺんもなか。嬶《かか》からばかり、もう行きますばいち。かかが船頭やもね。

私は漁師の家に生まれましたばってんが、漁師のことはいっちょん経験したことはなか。西も東もわからん、巾着網《きんちゃくあみ》やって銭の軌道もわからん。それやったでしたっですが。まこて考えて、借銭のこと。二十八でしたで寝ざかりでしたが、考えだしたなら一晩中パッシリせんごと幾晩もございましたよ。目のさえて、そやつは金の問題でしたよ。どげんした風にこの事業をあれすればよかっじゃろうち、こっちから金を借る、乙にもどす、乙から借りたのを丙にもどす。人の金を操作せんばならんです。まこてなあ、兄貴が十七のときにおやじが死ぬ、おやじが十七のときにじいが死んどる、私は成人しとったばってん、二代も三代もそうして、家が栄えるときがなかったじゃな。

言わんばつまらん

そして私はですな、巾着はなりたたんと、これからは家族ぐるみででくるような仕事を選ばんとつまらんばいちゅうことが発想でした。だから家族内ででくること、何んでも方々《ほうぼう》から収入の得らるるように計画したほうがよかろう、ということで、まず、こん沖部落の誰よりも早く甘夏蜜柑《あまなつみかん》をしかかった。太二さんな甘夏を植えらすが、あげんとなる（実る）もんかいと笑うた時代でした。そして山んあったもんですけ、ブルドーザーを水俣まで頼みにいって金はどげんかなろうと思って、そして開いたが現在のみかん山です。一町ばかしで。こら、やりすぎだったばいと思って。こんころはつくづく考えとんますが、そるばってん形をつくれば、やっぱりせんばなりまっせんし。

兄貴はですな、ならぬ堪忍するが堪忍、堪忍するより宝はなかちいいました。モットーですたい。しかし、私は違うところはどこちいいますと、堪忍するより宝はなかろうばってん、そのしわよせは自分にくる、だから堪忍すればそれだけ心に持つわけですから、それだけ寿命がちぢむ。だから、堪忍ばかりするっちどげんするか、その言うべきことを言わんでどげんするか。吐《は》かずんばつまらん、しかし、そこに注意をせんばならん、表現のしかたに注意をすればよかち。兄も四十二か、ならぬ堪忍をしたからそういうふうに命がちぢまったんじゃなかろち、私思います。

附記

最後にこの聞き書は不知火海総合学術調査団の現地調査の一環として行われたものであること、およびトヨタ財団の共同研究助成を受けたことをおことわりします。何度もお話しくださいました井川太二さんに厚くお礼申し上げます。また同行された団員の方々、特に文中で資料を使わせていただいた桜井徳太郎と最首悟の両氏に感謝いたします。

注

（1）『東京経済大学会誌』一一六・一一七合併号、一一八号所収色川大吉「研究ノート・不知火海漁民暴動（1）（2）」を参照。一九八〇年九月、一九八一年三月。

（2）芦北漁業の水俣病対策変更の資料として次のものがある。

「昭和四九年八月十日付　環境庁長官毛利松平殿　報告書芦北漁業協同組合　理事　岩本広喜、同幹事　井川太二

一、主要漁種及び操業地域

一、女島地区患者発生と組合員による認定

申請控の指導

昭和三四年水俣病劇症型緒方福松氏死亡（狂死）。部落全家庭のネコ狂死するに及び組合員の間に動揺が発生し、組合としても此の対策に何回となく役員会を開催協議しましたが、水俣病認定申請することにより、魚価暴落を生じ、漁民の生活苦、益々増大するを懸念し現段階では認定申請を控える様指導するとの結論に至り、以後昭和四七年十一月迄は其趣旨のまま指導して来ましたが、その間にも患者が続出して来ました。

一、組合役員、水俣病認定申請控指導解除（出水《いずみ》の下鯖江《しもさばえ》の問題化、組合復員の責任追及の激化をみて前者の轍を踏まざるよう協議し解除した）」

（「東京経済大学　人文自然科学論集」第五七号〈研究ノート　日本民衆史聞き書（三）〉（一九八一年三月）所載。

羽賀しげ子との共同執筆）

きれぎれの思い出
――杉本栄子聞き書――

Ⅰ　女網元

水俣病事件に関心を寄せている人たちには、茂道《もどう》の杉本栄子さん、といえばつとに有名である。杉本家は海端《うみばた》に向かってのびている急坂な小道のそば、海の光と風をいっぱいに浴びた茂道湾を一望にする高台にある。茂道を歩いていて「栄子食堂」という看板のかかったその家の町を通りかかると、ベランダで洗濯物をひろげたり、小魚を陽に乾したりしている栄子さんの姿を見かけることがある。「こんにちは」と声をかけると、〝誰じゃろ〟という表情はされても必ず、「こんにちは」とハキハキしたリズミカルな声が返ってくる。そして、かたわらに調査団の顔見知りの先生がいようものなら、

「あよー、先生、いつこっちに来られましたか。さあさ、上ってください」

「いや、漁からお帰りでお疲れでしょうし、約束も何もしていませんから、ここで失礼しますよ」

と答えれば、約束のなんのよか、上らんかいはよはよ、と私たちをまたたく間にその雰囲気の中に包みこんでしまう。そしてお茶に漬けものを出され、その朝獲れたばかりの魚の刺身や、はては昼ごはんまでごちそ

うになって、栄子さんの話ともどもたっぷり私たち（調査団色川一行）は味わってしまうのである。そうした豪放磊落《らいらく》な、しかも感受性豊かな栄子さんの元に、遠来の人も知らず知らず引きよせられ、人づてに聞いて来た初対面の者さえ温いもてなしを受けてしまう。漁業の道がかつてないほど厳しい状態におかれ、漁民が加速度的に減少している今、漁師気質《りょうしかたぎ》そのものの栄子さんと話をしていると海のにぎわいが彷彿《ほうふつ》としてくる。

不知火海沿岸には女の漁師がいるのだと当たり前のように思うようになったのも、漁民の姿以外には考えられない栄子さんの強烈な存在感があったからであろう。ところが、女が海に漁へ出るということはそんなに当然のことではないようなのだ。特に遠洋に出漁する漁師たちはすべて男であって、女は不浄だからと船に乗ることがはばかられる慣習さえある。男は漁に出て女は獲れた魚を行商するか、あるいは僅かな農地を耕す、という漁村が多い。しかも先ほど不知火海沿岸、と大まかに言ったが、茂道からそう遠くない田浦《たのうら》や獅子島《ししじま》でもかつては女は漁に出なかった。獅子島のおばあさんは戦争中に男手が足りず漁に出たものの、舟に酔って仕事にならなかったと話してくれた。もちろん、最近は漁業が零細になり、家族内だけで労働力を確保するために、妻も夫と共に出漁するようになってきてはいる。

栄子さんを一人前の漁師として育てあげたのは義父の進さんであったが、ほかにもう一人、杉本家の網子で魚をみつけることの名人といわれた女の漁師さんがいたと聞く。茂道や天草の女たちがどれほどの昔から直接漁に携わっていたのか、それは魅力ある疑問符である。

宮本常一氏の示唆に富んだ次の文章を参考にさせていただく。

「船にはキール（竜骨）のあるものとないものがある。キールのあるのは洋型船に多い。日本の船でも伝馬にはキールがある。―略―ところがこの型の船のあるところには水上生活者が多く、それは日本にも及んでいる。そこには男女共漁もおこなわれている。一方沖縄のサバニとよばれる刳《くり》船型の漁船を見ると―略―船を推進するのに櫓《ろ》ではなく櫂《かい》を用いている。太平洋の島々にはそれが多い。この船には男が乗り、女の乗ることが少い。本土にも古くは分布していたのではないかと思われる。というのは男は漁にしたがうが、女は海に出ない例が少くない。このような漁村のタイプを男漁女耕の村といっている。瀬戸内海などでは男女共漁と男漁女耕ははっきりわけることができる。―略―漁民には二系統あった。それが国外と深いかかわりあいをもっている」(『海の民』)

〝女〟ということにこだわりたくなるのも、硬質でしかもたおやかな原初の女というものを、栄子さんの内に見出すからだろう。それが私たちの身体の奥深くに忘れ去ってきた何かをゆさぶる。

一人娘として大切に鍛えられ、女網元となって、よく働きよく子を産み、めりはりのある海の人生をどこまでも拓《ひら》いていけるはずであった。

海に異変がおこり、栄子さんの健康が急速に衰えだしたのは二十代のときであった。

＊

昔はイロリでしょう。そのイロリ端で父が私をひざに抱きよったです。網子ん人たちが来らるっとおりれちゅうて。それまではよくひざに坐っとった。そんかわり仕事は厳しかったけん。小学校三年生のときはハンギリちゅう酒造りの桶んごたる入れ物で鰯を洗うとき着る着物の腹んとこがすり着れよるくらい仕事した。仕事が終るまでごはんも喰べさせられんかった。だからみんなが鬼ち、言いよらしたもん、舟にのれば。とにかく厳しかった。そるばってん、他人《ひと》と違って陸《おか》に上れば舟んことは絶対言う父じゃなか。私に一番厳しかつは、けんかに負けてそん相手に勝ってくるまでごはん喰べさせてくれんかったときじゃな、そげんときが一番きつかった。

私は小学校四年生んころには焼酎《しょうちゅう》五合飲みよったですよ。学校から帰ってきてのそれが咽ん乾き止めだったて。第一、人（網子）ば使うとなればそんくらいせんば、大人ん仲間入りはできんし大人の話も聞けんし。ときには誰《だ》っと誰っとけんかして仲直りばさすっために、父の代理で行かんばならんときがあるし、小学生ですよ。今はもういっちょん飲まん。

網子を育つっとに女の子、男の子ち差別は無か。男ん子じゃったっちゃメソメソしとる子は絶対だめです。教えてくれる者の腕をおっ取るぐらい知恵ん無からんば、使わんとですよ。

うちん父は網子ば育てる力がものすごくあってですね、ところが、もう育てきったちゅうとき舟ば降りる子供がおっとです。ばってん絶対追わんだったです。ただ、一人前にしてやってくれて育ててくれるばってんか、あとは追わん。そこはきれいかったなぁ。いやでも網子でここに残れちゅうことは言わんかった。漁にかけては一番熱心じゃなかったろうかと思う。そりゃあ漁師ですけん誰っでん熱心ですたい。まあ私は父ば一番信頼しとったし、父も私が可愛いかったろうし。漁するからには父のやり方は採ってゆかんばならんなと強う思いよった。

＊

今年は牛深《うしぶか》でハイヤ祭のとき四千人くらい踊ったですよ。町じゅう練《ね》って。私、踊りに行ったっじゃなくて見に行ったです。ちょっと町の変わりぐあいと漁のぐあいば見に行ったわけですよ。そしたらですね、広場からものすごい、三千人ぐらいおる広場で踊るわけですね、で、その中で踊りの先生たちが十人ばっか踊ったとですよ。列の先頭で踊りよらった先生が脇で見よった私ば見つけて、あんた来て踊って、てなことでですね。いきなりきて私をひっぱって行かした。そこで列の最先頭ば先生と二人で踊ったわけですよ。そりゃあ、最高の栄誉ですもんね、そんなときゃほんとに幸わせだったぁ。で、青年団が踊るでしょ、私がまっとやらんか、やらんかまっとって言うと、おばさんいっしょにやらんかね。あんたどまへったくそやがね、まっと精力ば出さんかね、って。なんかバカんなっとですね、ああいうときは。

踊っとに持っていた荷物をですね、うっちょいとったら、どこんじょのおばさんがそん私ん荷物ばずっと持って来よらった。ハイヤ祭は踊りながらされくでしょ、町じゅう。それにいっしょにつられて踊っとったら知らん間にずーっと行ってしまってですねえ、荷物ば思い出したときには元の場所からとっくに離れとって。あれえ、どげんしょち思うたらそのおばさんが、私が持ってきよってよかばい、踊って行かんなって、知らん人の。

ハイヤ祭は招魂祭《しょうこんさい》と港祭をいっしょにしたわけですよ。そこでは魚も本当に大事に供養されるわけですよ。観音様の太かつを建てて。こっちではエベス祭をしても魚に感謝をする供養ちゅうはなかですよ。そって、牛深んとには魅力があって惹かれて、いつも行くとです。

踊らんでも何千人ち踊りの中でじっとしとれば良かですたい。ずーっと見物してされいてですね、特徴のある踊りを見つけて、あ、あんたはじょうずばい、とか誉めてされくわけたい。あんたは、まちっと、まちっと踊ればじょうずになるばい、あんたはじょずじゃあ、とか。〝牛深三度行きゃ三度裸〞ち言うばってん、そしこぐらいせんば、生きとるうち入らんですね、私に言わせれば。「舟も何も売って徒渡り《かち》」とにかく舟でんうっちょいて走ってけえち。またあくる朝から働きだせばよかっですもんねえ。ボサァとしとる人間ほどだめち思う。

茂道ん部落の人が十五、六人ばかり来年は私に着いて行くち。おるも行こ、おるも行こっち。部落ん衆にな踊りを教えたったい。ばってんこげんせんかな、たちゃ、せられんと。踊り用の刀ば握ったまま、一曲終ってもそのまま。終ったが抜かんかいち言うてようやく気のついて〝終ったぁ〟。そげんして十人ばかりうっ立たせたですよ。そして、三回目はきれいにじょうずにならはったじゃっで。茂道山で。もうな、菜の花ばずっと飾って畑から採ってきて、桜の木ば折ってきて、全部花ささってしもた。朝からのぼせさるくもんで、だるっとだるっと。あとからな感じん出らんでパンツばぬごかいち言わはった。着物、着とらんじゃってぬぐなちゅうて、賑おおた、賑おおた。

父ちゃんがな最後にしめてな、こげんして踊らんばんとたいち。茂道山からたい、足ばひっかけて、こーして出てきたたい。あら、良かち、あら近代風だじゃち。

まこて人間ち一致すればなぁ。昨日まで花見たい。だれったじゃが。

今まで形式ばって、部落ん花見は男一人とか、婦人会は女《おなご》の人ち出たで面白なかった、やっぱ夫婦そろわんば。歌ん練習してな、こん頃はじょうずになっとたい。踊りはじょうずになる、歌はじょうずになる、こん頃はバカんごつなってな。

＊

杉本家ちゅうたら茂道にあるうちで全部家内《やうち》。私は子供にはな、血が繋がっとらんでも大事にするために他人でも家内ちって教えよっとですよ。あの人は他人じゃち子供に教えれば、私はその人と一番の友達であっても、私が急に死んだ場合子供たちは行かんごなっでしょう。だからあそこは家内じゃっで、母ちゃんが死んでも行かんばぞち、教えとる。

　あとで自分で知るときが来っでしょう。自分でつきあいば選ぶときが来っでしょう。あらあ、家内じゃなかったばってん、行かんばならんとだって、そういう人が家《うち》にいっぱいいますよ。そるばってん子供に教えるときは家内じゃっち、教える以外になかっじゃなかですか。そうですねえ、親戚関係は他人よりあさましくなりがちで。

　心の親戚ちいうか、部落全体がそげんしたふう。

　漁師ちゅうとはきれいかちゅうか、海におっときと部落に戻ったときはコロっと変わるわけ、それはもうここの良さちゅうか。漁師の誇りを忘れる人と忘れん人とおるわけでしょ、毎日焼酎飲んでけんかがあって仲良うなって、そげんつがこの頃は無かですね。けんかが少のうなったちゅうか。でもいらいらしてる人がおっとじゃなかでしょうか。けんかする人はずーって家庭訪問して部落を全部知ってる人ですよ。そげんした人たちが何人かおるわけ。でも、ほんなこつ部落を作っていくためにはそげんした人たちも必要だなっちゅうこつばわかっですね。誰でも友達ちゅうか。

　私たちある人は敵だろうと裁判当時はふっと思ったです。あの人は絶対違うと。でも自分が考え直してみたとき、あげんした人も必要だ、こげんした人も必要だって。

　こん頃はほんに、部落にけんかが無くなった。部落で会合をやっても、明日は漁じゃっで、今日は常会ば十分で止むい、そげんつが無かです。だらだらだらなって。も、こるは二つ三つけんかばすればパッと終っとに、ち、私はいらいらするばってん、十一時なっても十二時なっても終らんとですたい。やっとこつきあっとっと。こげんときにゃやっぱ二つ三つけんかどました方がすきっといくとにね、と思うばってん、言わならんですしね。

＊

大沢さんと漁に行ったわけですよ。私は仕事すっとき興奮状態になるもんで茂道以外に出らんわけですね。すと相手は関西の人でしょ。「ハイ」って返事は軽うさすとじゃばってん、わかっとらんとですたい。一番はがいかったはですね、私は他ば考えとっとですね。女籠《めご》を持ってきて釜ばとげんようにして滾《たぎ》らせれば一人ででくっけねえち、一人ででくっ方法を考えんばならんですもん。で大沢さんの奥さんに、「大沢さん、女籠ば持ってきてけえ」ち言うたら「はい」ち返事せらすもんで、持ってこらっもんと思って待っとったら持ってこらったは、桶ですもん。ま、魂消《たまが》って。「あんた、桶ち言わんだったろが、おら」ち言うたったい。「いやーわからんかったので」。もう、怒《おご》ったも怒った。後から帰ってきて飯食うときに、「すまんかったな、あんたがな、わからんならわからんち言ってほしい。そげんとは口返答にはならん」ち言うたら、「聞けば怒られそうだった」って。

＊

どんなことがあっても自分さえ変わらんご生きればち、そげんした感じですね。人と見比べじゃなくって、自分が生き方は自分でずーっと整えとらんば、これは見比べ辛かし。

でもいろいろおかげで病気が私に必要なこっばさせてくれるし、教えてくれた。踊りをするごつなったつもそん一つです。訓練のために。訓練の一つだって考えてますから、踊りも自由にどこでもできる。これは健康の人がやっとじゃなくして悪い人がやらんとじゃなかかち。そっば病気が教えてくれた。

結局動かんばしょんなかですよ、自分で。薬も漢方も良かろち思ってとりよせ、そすと説明が中国語ですたい。あれはわからんとじゃ漢字ばかりで。わからんばってんたい、郵便で来ればですな絵なっと見ろかいち、その時間の多なっとですね。前は本どま見ろうごつなかった。説明書に図やなんかあっとでしょ、ああここが肝臓じゃねえち、私中国の針も打ってますもん、そすとはぁここがこげんなってここじゃったったいね、とか言ってですね。

私は最初医者の薬はいやだって思って薬草ば試してみたっですよ。ドクダミば自分から飲んでみようと思って始めた。そしたらあとから本にいっぱい書いてあっとですね、私いっちょん知らんかった。土本さんの映画に出たときも私自信持って話して、自分がそん薬草を生みだしたぐらい思うとったですよ。そげんくらい本は見らんかった。今思えば恥しかごたっとば、ペラペラ自信持って話とってですね。このあいだもな、こげん太かムカデに刺されて、青かった。そげんとん身体に這《は》うてくっとのわからんとですよ。バカんごたっと、皮膚の。おかげさまで普通ん人たちなら〝痛かっ〟ちおめくごつ刺されとっとに痛うなかですよ。痛とうなかっじゃばってん、なんだか痛っちゅう感じのあるもんで、ひょっと見るとムカデが這《は》うとる。ムカデが痛かっじゃがち思うた瞬間痛かっです。水俣病ちそげんしたふう。

II　海と人

栄子さんが感性の人なら夫の雄《たけし》さんは知性の人である。昭和十四年生まれの雄さんは他の街で小学校二年生まで育ち、国鉄に勤めていたお父さんの転勤で茂道に移ってきた。高校を卒業してから八幡製鉄の入社試験に合格したものの、勤め人になるのがいやで面接試験を放棄してしまった。栄子さんの家へ網子として通うようになったが、当時高校の卒業生の中でも漁民になろうとしたのは雄さん一人だけであった。少年時代に漁の手伝いをしなかった者にとって、成人してからその仕事を覚えることは並大抵の苦労ではない。雄さんもむろん例外ではなく、結婚してからも親方にしぼられることとなった。

栄子さんの語り口が自由奔放で言葉が自在にほとばしり出るのとは対照的に、雄さんは無駄のない簡潔な言葉を選び論理的に話してゆく。その語りもまた逸品で、それは私たち調査団のメンバーの一人である角田豊子さんがみごとに再現している（雑誌『暗河』八一年秋季号掲載）。

不知火海の漁師は荒々しいというよりむしろこまやかな気質を持っている。それは例えば、最漁期だというのに行きずりの私たちのために一日漁を犠牲にして船に乗せてくれたりする、そんな心づかいの中にこめられているように思える。最初は七年に一度めぐってくるというチドリ貝の漁に、二度目は夏の太刀魚釣《たちうおつり》にさそってくれた。

七年ぶりということで茂道は久しぶりに漁村らしい活気にあふれていた。チドリ貝の漁は早朝に出発する。真夏の午前五時五十分、朝やけの後の白く光る海に漕ぎ出ると茂道湾の小さな岬をすぎたあたりから、何とも言えない芳香がただよってきた。それは海のにおいともちがう、木々の香りに近かったがそれよりもっと涼やかで馨《かぐわ》しかった。潮の香りだという。

「今日は遊び。陸《おか》にいるときは鈍行に乗っとる感じじゃばってん、漁になれば身体が新幹線のごたる。海にいれば勇気の湧いてくっと」

網を引く栄子さんはまったく別人のように明るくきびきびした表情に変わっていた。それは雄さんも同様だった。梶をとるのは長男の肇君でキラキラとひとみを輝かせながら自在に船を操《あやつ》った。栄子さんには五人の子供があり、どの子もくりくり坊主で笑顔がとても可愛い少年たちである。

視界には五十四隻の船。私たちの乗った船には漁師以外の人間が五人も便乗しているので、近くをゆく船から何事かとふり返られる。この漁はカイゲタを海底に落とし二十分くらいそのまま入れておく。網につながれた網がピンと充実しきり、こきざみにブルブルブルとふるえている。うまく網に貝が入っているのだ。チドリ貝はうす紅色の大きな貝で、赤貝に似ている。カイゲタはチドリ貝だけを獲るように底をひっかいてゆく。この朝、監視船は出ていたが、鹿児島の船が出漁していないので境界線ぎりぎりまでゆくという。もちろん私たちには海の境目などさっぱりわからない。

七時十五分前、山々からクマゼミの声が聞こえて来た。何度も貝を引き上げてゆくが、栄子さんも雄さんも無口なほど言葉をかわさない。朝飯に石牟礼道子さんが持ってこられた大きなにぎりめしをほおばると、至上の幸福という意味が理解できるような気がする。いくらでも食べられそうである。この日、貝は四十キロの水揚げだったが、初日は二百キロだったというから、杉本さんにとって本当に遊びの日であった。

海に賭《か》ける人々のそれは祭りのような夏のひとときだった。「海で生活せんば陸《おか》に上っても生活しきらんわけですよ。漁に出る、それはとがめられないわけですね」。なぜ汚染された海へ出漁してゆくのか、町に住む者の愚問を漁師の論理がさとしてくれた。

＊

私と父ちゃんは男と女の関係とすれば面白おかしか結ばれ方じゃったたっちこつなるかもしれんばってん、それも熱心だったちゅうか。二人で手旗信号でな、船と陸から情報交換すっとたい。そん内容は仕事関係ばっかりだったですけど、そば見とった者のおって、「ちったぁあっどま（彼らは）おかしかぞ」ちいうこつになった。他の網子の者にしてみればお互い、何かかんか私に好かれようち、しとったらしくて、どこかでそれを見とったらしいです。うちたちは何もなか、ただ網子と親と、そのつもりで手旗信号で連絡しおったわけだったじゃばってん。そしたら他人はだんだん恋愛と思って、そしてうわさに負けたちいうか、そういうふうになったっですけど。

それは結婚するち私も思っとらんだった。第一、結婚するごつある相手じゃなかったですもん。身体は細かし、石の括《きび》っ方も知らんし、そげんように一人前じゃなかったわけですよ。高校卒業して網子に来とって、漁のこつば何も知らんとですけん。何が一人前なるかち言えば、とにかく人以上親切だったちいうか。そして人に見られんこまめかちゅうか、私の考えとるこつ当てたりして、何でお腹ん中まで知っとっとじゃろかち恐しかぐらい。そっで私も弟んごっして。なんやこの網のつぎ方は、やり直さんなち言いよったです。

手のやわっかです。あるとき舟から上っちゅうで遠かつじゃなかなち、手をピンちひっぱって握ったっじゃが、やわーか。あれえ、何じゃ知らんばってん、感じたよーっちゅうごたるふうでしたね。男ん手っちそげんやわかけ。他ん者と漁で手と手を握っとき、がっちりがっちり豆のできとっとに。男ん女ん手ば感じたときあげんときじゃねえって、私は逆に言うたっです。あら、あんたが手んやわらかよう、まいっちょ握らせてみんちゅうごたるふうだったで。

男の友だちはそら言い寄ってくるばってん、それは一回二、三人ピンちうば、パチッちやっとけばあとは絶対に来んもん。三人ぐらい打ってたたいておけばですね、絶対に来んですよ。そのかわり仕事だけを真剣に話していくとか。

あるとき白子《しろご》ん大漁に獲《と》れたっですもん。そん頃主人にな就職が来とったです。で、網子はいっぱいそれに行かんばんとたい。親方は頼んでいけば費用ばやらんばんでしょう。やっぱり親方は計算して力ん強かつに頼みにいくわけですよ。で人が十キロじゃい、六キロじゃいちゅうとに主人は四キロぐらいしか担《いな》いきらんかったですもん。そっでこの人は頼まんぞち思うとった。すっと、自分から、おるも行くち来らったですよ、朝も早くから来て。で、市場に連れっ行ったわけです。そして就職の決まったんなら行かんばんたいち言うたところが、行かんち。で、結局はもうそげんした問題もあって困っとっとに、「結婚する」ち言い出して、市場に行っとってですたい。こっちはひっ魂消《たまが》って。で、「うちにおらせてくれろ」ち。「結婚のなんの、おらまだする立場でなかでな。せん」ち言ったですたい。そしたところが、「なら網子としてＯＫするまでおらせろ」ですもん。私、冗談半分に思うとった。

主人があんまり熱心だったもんでな、私はいろいろ父に話したわけですよ。そしたところが、ま、おらせたっちゃ、男と女だから子でもできればどもこもならんで、そんならもらいにかかろうかって、なったわけです。

こっちは三日三晩行くわけですね、もらいに。うちげから行かんばんとです。うちに主人をもらうことだから。そして仲人を頼んで行ってもらおう、そんとき、ちょうちんを作って持っていかんばんとですよ。そげん準備があるわけで、ちょうちんば作らんばならん。普通ん場合は話の決まっとは一晩目に決まって、それでもやっぱり三日行くわけです。いいえ、三日ともことわられた。

三日目は終るもんと思って待っとった。そん頃私の母は入院でしょ。うちはもう一銭も無か時代でした。村八分で網子は来んわ、満足に漁に出られんわ、ちゅなことで。私はごちそう作って父と二人で返事を待っとったわけです。晩の十二時頃頼んで行った人たちが、三人か四人来られて、「これはだめだったぞ」っち。そげん、今考えてみればだめですよね。高校あがったばっかりの息子を、一生懸命親は育てたばっかりで結婚するちいうとですから。

そしたらなあ聞けば、焼酎ば持っていったつば庭にぶりやって割らったちがな。自分ではだめち思っとったばってん、頼んで行ってくれらした人の話ば聞けば、もう関係がでけとったじゃろうち向こうはそげんふうに言わったそうで。私が一つ年上じゃもんで、いろいろ遊びを教え、しょんなかで（しょうがなくなって）もらいに来らったっち、そげん向こうに誤解されたらしい。そげんこっじゃなか、おらいつでんあきらむるばい、ち言うたったい。

すっと、そん人達の言わすには「そるばってんね、雄《たけし》が出っきて父ちゃん結婚すっとじゃなか、おが結婚すっとやっでおら行くちゅうて出っきた。あら、やっぱ結婚するち言うたしこあっとぞ」ちそこば感心してですね、皆帰られた。

母は入院しとったですもんねえ、もう。で、父が言うには部落に三日坐って失敗したなれば辛かじゃろ、明日は友だちんとこでん行って二、三日ゆっくりしてけぇ。二、三日網も休もうわ、ち。私はそげんまでせんちゃよかばってんち思うてのんびりかまえとったばってん、まずどこも行ったことなかでしょ、さあてどけ行こかなあと思って、バッグに着がえつめたりなんかして。そん夜中ん、一時か二時頃かガタンガタン誰かが戸ば叩かった。そしたとこが父はすぐ「雄じゃ、雄が来た」ち。戸ばあけっ見たらどてら、あるばいっちょ持って、立っとらった。

「おら飛び出っ来たあ、おじさん、おら我家《わがや》飛び出っ来たばい」ち。も、父がそん時喜んで喜んで、じゃあじゃあじゃあち。それっから父が抱きつかんばかり喜んで、よかったよかった、よかったいち言う。そしてな早よ飯どん食わせんか、茶どん飲ませんかになった。そっから主人は元家《もとえ》に行きならんごつなったってでしたい。

その当時、母がマンガン病にひっかかったちいうて、村八分にちょうどされとっときだったもんで、網子はだんだん舟からおじってしまいよった。その辛《つら》か最中に来たんだから、ほれたばっかりじゃなかっでしょう。じゃなかわけです。やっぱり網子としての責任ちいうか道義も考えとらしたろうし、網が好きだっちゅうこつもあったろうし。ま、私にほれとったかもしれんし。一応形だけの結婚式はそれから一年くらい後かな、昭和三十四年の十二月十八日にやりました。

主人の元家《もとえ》にはだいぶ反対されましたけど、今にしてみれば、そんくらいせんば一人前にならんぞっちゅうときだったんだから、ありがたいことだったと思うわけですね。そしこせんば二人ともやっぱりくずれとったかもしれん。ちょうど辛かったときだったから。私も一生懸命大事にしていかんば、信頼していかんばちゅうとのあったわけですね。こっちも一人前にならんば親が認めてくれんちゅうことも、それは良い罰であったんじゃなかろち思います。今はもう何するにも、お舅《とう》さんお姑《かあ》さんが相談に来られるくらい。

＊

海を捨てるちゅうよなことをまだ一度も考えたことはなか。食堂をやったときもあくまで副業と考えとった。今は私に与えられた身体づくりの楽しみ、ただ何もしなくての身体づくりはよそうと思うわけ。今までん方法とは違うところから一つづつつかむことじゃち思うた。だいたい私は茶わんを洗うことしなくてよか育ち方したですもん。その上、ようと動かんごつなった手ば使わんばんとじゃっで、茶わん洗い一つでん楽じゃなかった。それ教えとくれたっが食堂だったですよ。

今はじょじょに海を忘れさせるちか、子供たちにゆずらんばならん時代に近づきよっとじゃあち、海をあきらめさせてくれるその時間じゃなかろか。でも子供たちにただ教ゆっとじゃなくて、たたきつけて教えるちゅうこっぱみ過してるちゅうこつが、今本当にはがゆかちか、くやしかちゅうか。それはもう誰にもわからん私の苦しみ。船に乗ればあのざまでしょ、身体が。

ばってん、考えてみれば私よりも長男の身体がそうだったら私はもっと淋しいだろう、私が病気にやられても子供がおるんだちゅうところに私は生きてるちゅうか。それは他人の考える以上に喜び。

ただ私の海に対しての辛かつは具合のこげん悪うなっても男どもに、こしこぐらい負くるもんかちゅう、その意気がだんだんなくなってきたこってすね。

長男の肇《はじめ》がせからしか（うるさい）母ちゃんな、ち、いうばってん、もうせからしかこと言わんばですね。ほうってせからしかこと言うとくで、今度母ちゃんが船に乗らんごなって、せからしかいつ言われたっけち思い出せば良かっじゃっか、って言うとです。おら漁を覚えたときはそげんしたぞち。じいちゃんが船にいっしょに乗っとらしてせからしかっていつでん思いよった。そるばってん、じいちゃんが、ポッて死なはったとき海に出てせからしかごつ言ってたのはいつじゃったけねち、思い出しとるち言うとです。

親子三人、父ちゃんが機械ば調節して梶ば取って、それが夢じゃ。これが親子でやれたらなあって私は思いよったです。他人はですね、その子がちょっとよそに目ばくれたときはようでけんですもんね。でも血の繋りがあればぱっと気ば合わせなる。そげんでくるようになればなあと思いよった。それが今度チドリ貝引いてできたからうれしい。船ん上で父ちゃん茶飲まんかなち声かけても、まだ！　まだ！　あんときゃおやじが男らしかったですたい。

一番速か船は五万円引かれたっち、油代に。うちんたな十二馬力ん舟で、五日で九百円じゃった。他ん家はほとんど今二十馬力、四十馬力あるですね。ばってん乗っとる者の意気の合うたときな他ん船の恐ろしもなかしな。他の船がビクビクしとっとわかっとです。親子三人乗ってみなっせ、恐しかっじゃっで。親子で梶ば握っとっとと、機械ば扱うととな、見張りと三人そろうときは負けん感じじゃ、誰にも。少しでも他のこと考える人間がいたら何十人舟に乗っとろうがつまらんと。乗ってる者の意気ば見せたときに恐ろしかちいうこつになる。

肇に瀬を教えられたらそれが一番良かなち思って、最初の二日は梶ば握らせたっです。二日間遊んだちか瀬を覚えさすためにですね。子供は人のすっとがやっぱ気になってて、「父ちゃん沖行こい、沖行こい」ちせかせよった。で、三日目か、父ちゃん山手ば見てくれんかな、ち言うごなったですよ。母ちゃんしめたな、やったな、ち、父ちゃんと二人で言うて、山手ちゅうとは漁師のコンパスな。

矢筈《やはず》山が一番漁の神さんで、山が漁を助けてくれるわけ。漁は海じゃなくして山と、自分がおる位置とちゅうこつば見極めっとき、山がコンパスになっと。

＊

一番うれしいのはですね、家族五人が船で勇むとき、そんときが一番うれしかっですよ。私は海だっけに育ったちゅうか、漁以外のことは何ばしてもこうピンちぃかんですよ。満足せんちゅうか。今度三年ぶりに船に乗ったですけど、乗れば私はますます身体が悪くなるちゅうこた一番知っとる。

私は海に出ると身体ちこっば粗末にするわけですよ。仕事となっちゃえば絶対やりとげるまでごはんも喰べず寝もせんちゅぅなこつ小さいときから育てられとるもんで、自分ちゅうと大事にしないわけですよ。それは私のそばにいる人が考えてくれんば自分じゃ気が付かんとですよ。それがあるもんで主人が注意してくれるわけですけど、どっしても納得せんとですね。それ悪い癖だなと思って。私ん母はそこを知っとるわけです。そげんこっすれば子供ば育てられん身体になってしまうどが、長う生きられんぞ、海は見るな、ちぃうとです。それはわかっとるばってん、海と私の因縁の強かちいうか、なんでこげんあるかなち思うくらい騒ぐとですね、血が騒ぐ。

鰯が見ゆってでしょ、で、で、そっば見るなって、夢は見るなって。陸《おか》ん方ば見ていっちょけ、陸では女《おなご》やって生きらるち。その女とですね、海ば見っときの私は違う。女じゃなか。血が燃ゆっとです。申しわけなかっですよ、近頃。舟魂《ふなだま》さんの鳴らすとの聞こえて、今年は漁があるかなと思いながらですね、申しわけございませんてゆうて毎日謝るわけです。

*

熱心に仕事すっときはですね、私たちは一口も一日中しゃべらんです。漁ばしよっときは目と目で合図、そるばっかりやっとですよ。だから、親方ん態度いっちょで、今日はもう何時間待っとったっちゃ、鰯は来んわいねちゅう私らには感じらんばんとですよ。で、おやじん様子ば見とって、次ん潮に鰯が来るねっち感ずるとですよ。おやじの細か動きでこん次は何じゃねち全部吸収せんばんと。こっちは次ば考えんばんとでしょ。ずーっと網子にそれば送らんばんとですよ。ちょっと遅れだせばうまく伝わらずに、もう帰ったが良かじゃなかか、網子はこげんした心になっちゃうわけです。親方とこっち一体にならんば網子の動きはとりならん、仕事はでけん。絶対にむだ話しませんよ。それは神経使う。

だから、獲《と》っても焼酎、獲らんでも焼酎、ちゅうとは、やっぱり神経ばほぐさせよったんだなって今考えよっとですよ。焼酎飲まん者にゃ無駄じゃなあって思うときがあるばってん、この歳になってくればそげん考えるごつなったですね。

境が無くて境におる鰯ば見て澄まして、あすこにおってね、あとの者は梶ばとってね、誰に合図ばしてね、ちゅう。しゃべらんように相手の船の者に見せかけよって、その鰯ば獲っとだから。いかにもしゃべらんようにしとってしゃべりよっとですよ。そして、相手の網代《あじろ》ばまきこんで、バッと獲っとですよ。そこがもうこつですたいね。

III　父の心

一枚の写真を先ほどからずっと見ている。少し甘いピントの中から小柄で柔和なおじさんがこちらを見つめている。背中に赤ん坊をおんぶしていて、その子は安心したようにくるまっている。背景は茂道湾である。その実直で無口そうな様子からは海の男というイメージは思い浮かばないかもしれない。しかし不知火海の漁民は、このような半ば寂しげで羞らいを含んだ顔を持っている。

写真の主、杉本進さんは栄子さんの実の父ではない。妻の連れ子を実子のようにかわいがり、しかも確固たる厳しさで漁師に育てあげた。栄子さんの生き方や考え方の根本に進さんの思想が貫かれているようである。その語りの端々《はしばし》に進さんが登場し、私など一度もあったことのない人なのに、なんだか懐かしい人であるかのような錯覚におちいる。

一九五六（昭和三十一年）五月に水俣病が公式承認される以前から、茂道では多数の猫が狂死し人々は水銀に侵されていた。茂道は水俣市の南端に位置し、鹿児島県出水《いずみ》市と隣りあっている。ここは湯堂《ゆどう》、月浦《つきのうら》と並んで水俣病患者の多発地帯といわれていた。約一二〇世帯の部落のうち、ほとんど全戸に認定患者かあいは申請患者がいた。湾に面した急斜面の土地に家々が集まる典型的な漁村で、ボラ漁、一本釣りなど小規模な漁業を営み、不知火海の豊かな魚介類に支えられていた。今はもう絶滅してしまった美しい茂道松《もどうまつ》が岬という岬をおおい、魚たちはその影を恋うて集まってきたという。その茂道には四軒の網元がいる。

杉本進さんが水俣病に認定されたのは一九六一年八月であった。妻のトシさんが奇病に倒れて以来、杉本家は部落の中で孤立していた。水銀禍は人体に恐しい被害をもたらしたばかりでなく村そのものをも蝕んでいた。患者とその家族は肉体の病いと同時に露骨な差別をも一身に引き受けていた。村八分をした人々の身体にも当然その毒は多量にくいこみ、村人は我身の不吉な予兆として忌避したのかもしれなかった。

一九六〇年に新日窒（チッソ）水俣工場のアセトアルデヒドの生産高は四万五千余トンで最高値に達し（一九五六年一万五千九百トン）、塩化ビニールの生産高は二万五千余トンを記録した。一九五〇年代後半から、新日窒は絶好調の景気をむかえた。工場は日夜もうもうたる煙を舞いあげて人も機械もフル操業であった。一九八一年現在、約三万七千人の水俣はその当時五万人余の町だった。チッソという会社が水俣の社会でどれほど大きな比重をしめているのか、それはたとえ市の財政をチッソがどれだけ負担し、市の経済発展のためにどれだけ貢献したかを数値ではじき出しても実感としてはおそらく伝わらないであろう。特に、水俣市民の心象に深々と根をはっているチッソの存在の大きさというものは。チッソ関連企業は十一社を数え、家族、親族を加えれば市民の七割が現在もチッソに関係している。

「チッソに入社したときのうれしさうれしさ、あげんこつはあとさき考えても他になか。そら何十倍ちゅう競争率だったもね。も、部落じゅうの祝い。うちんおやじのな、おるに言うたもん、これからは名誉ある会社ゆきじゃっで、すべてに気をつけんばいかんぞち」

「私が入社したのは昭和三十二年でしたが、水俣高校でも成績の一、二を争う者しか合格できなかったです。競争率は相当でしたね。出水からも受験に来てました。はい、ボーイになってですね、ばってん水俣で採用される人は班長止まりですな、出世頭も。幹部は全部中央から来っとですよ」

チッソは漁民と患者に対して驚くほどわずかな補償金で片をつけ、不知火海沿岸に及ぼした計り知れぬ被害に何の責任も取ろうとしなかった。一九五九年春に患者と結んだその契約書には〝今後水俣病が工場排水に起因するとわかっても新たに補償要求はしない〟という脅迫めいた条文さえ記されていた。唯一の患者組織であった水俣病患者家庭互助会はまったくの孤立無援の中で、明日より今日を生きのびるためにこの屈辱的な契約をかわした。そしてチッソは、一九六八年にアセトアルデヒド製造が中止になるまで排水と共に有機水銀をさらに流し続けていった。同年、政府はようやく水俣病を公害認定し、翌一九六九年六月、患者たちは「ただ今から国家権力に立ちむかいます」と宣言して、ついに訴訟提起にふみきった。訴訟をおこすか否かをめぐり患者家庭互助会は分裂した。

互助会に所属していた杉本進さんが周囲の重圧を押しきって訴訟のグループに身をおいたのは、漁民として患者として、もう決して黙っていてはいけないのだという思いがあったからに違いない。しかしこの年の三月、進さんは病いに倒れた。発病以来なんとか身体の均衡を保っていたが、力つきたように容体が急変した。肝臓と胆のうが特に悪化していた。裁判は最後までやれよ、と娘たちにくり返したというが、その志を残して七月二十九日とうとう他界してしまった。漁師としてまだ現役で働ける六十九歳、認定患者四十四人目の訃報であった。

＊

お舅《とう》さんとお姑《かあ》さんに水俣病をわかってもらうためにはずいぶん骨折った。私たちテレビにじゃんじゃん出るでしょ。だから部落の者なうちの両親と私たちと二組全部認定してるち思うとったらしいですもん。お舅さんとお姑さんと義弟をつれて熊本大学に行って検診してもらって、申請が千何番です。お舅さんたちが先に申請してから主人がしたっです。そうせんば自分は申請せんち言うて。まず裁判のとき親子隠れて行ったっですから私たちは。だっれも相談相手はおらんかったよ、部落には。裁判終るまで。

＊

鰯網は網の袋があってですね。うちん父は袋作りの名人、茂道で一番。どこに鰯を遊ばせてどこで獲るかちゅうなこつばすっために皆今だに袋作りじゃ、しってんばってんしとらっと。そるば私たちも自慢しとったばってん、最近は忘れとった。じゃ、ばってん、広島ん親方が来て言わしたったい、ここん親方はじょうずじゃったち。広島県から来らるっとです。

父は進ちゅうとやったが、みんな「じゅんどん」と呼びよった、「じゅんどん」ち醜名《しこな》だったです。本当の名前は子供たちは知らんかったです。うちの孫たちもですね、「じいちゃーん、じゅんどーん」ち言いおったです。そっで広島の親方が、じゅんどんの作らったご作ってくれんなち、他ん人たちの頼まったよち、話してくれた。実際みんなは寸法知らずにですね。

舟大工さんからも言われたじゃばってん、雄さん、じゅんどんの作らった袋だけは持っとどもんなあ、あっさか持っとれば、あんたたちはいつでん大漁すっでんなぁち。まあ覚えとらる者は覚えとらるるなぁと思うとった。

漁は舟からあがれば説明はつかんと、ほんなこつ。父に仕立て方を頼むわけですよ。どしこにすわりを入れて、どげん仕立ててくれろちゅうなこっで。それもいっちょん字で書きよらんかったですもんね。だから電話一本すれば広島から飛んで来よったです、作る人が。網の仕立て屋は広島ばっかりだもん、父の言う通りに、寸法書かないで。

網子校がおらなくなってそして道具作るのにお金もないでしょう。漁に親子四人《よったり》で行きよったですけど、やろうか、どげんしようかち迷ってたとき、やっぱやろいちいうこってすたい。そして袋ば広島から送ってもらうのに、その頃送り賃が七千円かかる。代金の内金を十万円入れんば網は送ってくれんわけですよ。私がお金作りに一週間歩《さら》いた。晩のうちにあすこはこれくらい出してくれる、あすこはこれくらいだちゅうようなことを計画して、死んだ父に祈願して寝って、あくる朝に行くでしょ。そすればですね、決まったごし貸してくれなさった。そして銭はできたぞ、船は修理できたぞちゅうことで、今度はどげんして網屋に言えば貸してくるるか。とにかくあたってみようちいうこっで、貸してくれんかなち頼んだんです。そしたら網屋が、「あんたたちがそれ待っとった、やれ」ちてですね。それもちゃんと私の家に届くように送ってくれらした、そん運賃もいらんように。そんときはもう、届いた袋にかがっついて（抱きついて）泣いた。父のこう、バカち言わるるごと人間の良さとがこれやったじゃなと思った。も、そんときのうれっしさっうれっしさっ。そして他人は何ち言わったかちなれば、あっどま困ったふりしとってお金はあっとぞ、ぐらいですよ。そんこっば当たり前語ったっちゃ〝嘘《うそ》〟ちいうたっですよ。網屋がそげんすっごとある網屋かちて、わっどんな最近のお得意じゃばってん、おっどま何十年ちつきおうとっで、そげんしたことただ一度も無かったぞち、笑われたですよ。でも、絶対やるぞち思うてですね。そして大漁したっですよ。人が三十人行きよったのを裁判中だから網子が全部来んごなって、家族四人《よったり》行ったわけです。私と主人と主人の兄弟と。主人は本当に私を信じきってくれてたし、私は亡き父を信じとったから。

いっつも海に乗って行けば父の魂だけを追って、自分も生きとるか死んどるかわからんでしょ。何かいっちょ集中すれば飯食うときも子供さえわからんごつなる時代で。

そって、父は、おるが死んでからもとにかく裁判ばやれよ、そしこのことだったでしょ。父の口癖はどうせ生まれたとき裸一貫じゃったし、どげん言うたっちゃ人一人裸で死んでいかんばんとじゃっで、何もかもしかかったんだから、やってしまえば良かっじゃっでって、そこだったでしょ。相談する相手ちゅうても無しで、たとえ行っても逆ばっかり教わる。だからもう裁判をやることで絶対恐しか人はおらんかったです、不思議なくらい。迷わんかったちゅうか。

そんためにどっからどげんして食いおったかしらん。米はいっちょん無《な》かちゅうとき、部落ん別の友だちが誰か持って来てくれる、しょうゆ持ってきてくれるで。全然漁師のこと知らん人と、ぜんぜん政治のことは知らん人と、百姓んことも知らん人と、友だちがおったっちゅうこつが、本当にありがたい、ちゅうか。

＊

父は死ぬまで、私が飯食うときは必ず子供の世話をしてくれた。子供のおしめ替え、尻洗い全部。私が始めればすぐ父がついとって。もうひだるかー（お腹空いたかー）ち来るでしょ。今はですけど、私はごはんどきハエが一匹おっても喰べんだったです、神経ん尖《とが》っとって。子供がバタバタて走るでしょ、それでも喰べられんかったです。

子供はごはんどきに何やかやりだすっとですね。それをきれーいにしまつしてくれて。したら不思議に主人がその役ですね、今。ほんなこつ幸わせ。病気が良くなったとはいつも主人に感謝しとっとですよ。主人がおらんば私はもとっくに死んどる。

附記

この聞き書は「不知火海総合学術調査団」の現地調査の一環として行われたものです。お話しくださった杉本栄子さん、雄さんに厚くお礼申し上げます。また同行した団員の方々、テープおこしを整理してくださった堀田静穂さんに感謝いたします。

（「東京経済大学　人文自然科学論集」第五八号〈研究ノート　日本民衆史聞き書（四）〉（一九八一年七月）所載。羽賀しげ子との共同執筆）

御所浦島にて

――白倉幸男聞き書――

I

数年ぶりに訪れた御所浦島《ごしょうら》はようすが変わっていた。水俣市と海上二十キロメートルを隔《へだ》てて向きあうように横たわるこの島は、大小十八の諸島からなる熊本県天草郡御所浦町の主島である。天草上島《かみじま》・下島《しもじま》、鹿児島県の長島《ながしま》に囲まれた湖のような不知火海の中に、牧島《まきじま》、横浦島《よこうらじま》とともに有人、無人の小群島を形成している。

水俣市から長水丸《ちょうすいまる》に乗って約一時間で御所浦島本郷《ほんごう》に着く。最近、島の中心地である本郷には船着場《ふなつきば》が完成し、カー・フェリーは直接岸に着くことができるようになった。以前は湾のなかばに船が停泊し、伝馬船《でんません》が行き来して人や荷物の乗りおりを助けていた。それは都会からきた旅人や健康体を持つ者には一つの楽しみでもあり素朴な旅情をあじわうことができた。しかし、波にゆれているカー・フェリーと伝馬船の上下運動のリズムをとらえて乗りうつるのは、病人や老人にとって危険な一瞬であった。島の人々は島内の診療所へ行くのと同じような頻度《ひんど》で船を使って本渡《ほんど》あたりの病院へよく通うのである。

上陸して島をめぐると真白な新しい診療所や町営の総合施設の建物が目についた。これも離島振興法によるものだろうか。

島の交通は当然のことながらそのすべてを海路に頼っていた。牧島や横浦島などの他島との連絡はもちろん、島内の嵐口《あらくち》、本郷《ほんごう》、元浦《もとうら》、大浦《おおうら》、外平《そとびら》などの各部落へも船がなくては通えなかった。太古から天草の島々は東支那海にむかって広く開かれた土地であった。横浦島には海洋民族の族長のものらしい古墳が残され、倭寇《わこう》が残したらしい大陸の品々が出土している。舟と人との繋《つな》がりは何百年にもわたって受けつがれ、両者は一つに融けあってきた。

各部落を結ぶ道路が整備されはじめたのはこの十年くらいのことであり、それ以後急速に自動車が増えだした。島は変わっていく。だが、そうした外観に反して島の過疎化は進み、一九五五年（昭和三十）に九千人余人を数えた人口が今は五千七百人あまりに激減している。

島は中央山稜が海岸線に急傾斜して森林をつくり、耕作地はわずかに開かれた田畑しかなく、自家用の穀物生産すら困難である。土に対して特別の愛着を持っていない者にさえ、砂壌土や粘土質の土からなるその土地の痩《や》せようが見てとれる。加えて、そうした島の形状から雨は島の体内に浸《し》むことなく海へ流出してしまい、農業用水どころか、飲料水の確保が島にとって常に重要な課題だった（一九七九年、水俣市から海底パイプで一日千トンが送水される工事が完成した）。しかし、目の前には青い海が拡がっている。人々の食生活が魚介類に依存するのは当然であった。

ずっと以前、不知火海の沿岸を訪れる前に、私は東京で土本典昭《つちもとのりあき》監督の長編記録映画『不知火海』を見ていた。その中に白倉幸男《しらくらゆきお》さんの家で大きな食卓一ぱいに並べられた海の幸に、島の漁師たちが舌つづみをうつ饗宴《きょうえん》のシーンがあった。新鮮なあらゆる魚のあらゆる料理が色どりどりに並べられ、それは圧倒的な豊かさだった。たべてもたべてもたべつくせないのではないかと思われた。映画館の暗闇が観客のため息でしばしの間どよめいた。あれは確かに一種のカルチャーショックであった。

御所浦島は不知火海の中でも有数の漁業王国である。船曳網《ふなびきあみ》、五智網《ごちあみ》、流網《ながしあみ》、たこつぼ、一本釣と、漁法も多彩で、部落ごとにその採用する漁法が異っているという。一九七九年（昭和五四）度の総水揚高は四七六二トン、中でもイワシがその半数以上をしめて、島内に三つある漁協の組合員数は一七九六人（一九八一年版『町勢要覧』）である。島の海岸沿いには赤レンガで積み重ねられた煙突がところどころに立っている。それはカタクチイワシからイリコを製造する釜の煙突で、かつてはそこから吹き出す煙がその年の漁の景気を示すものさしだったという。しかし、現在は使われているものさえ数えるほどしかない。

養殖漁業と甘夏生産がここ御所浦でも主流になっていくのだろうか。一九六一年から試験的にスタートしたマダイの養殖に、町当局は〝日本一〟のかけ声をかけて、その宣伝や普及に余念がない。そして冬場になると、漁師たちは島外へ出稼ぎに出かけてしまう。そうしなければ生活は成り立っていかないのだ。

Ⅱ

牧島《まきしま》に椛《かば》の木《き》という小さな集落がある。一九七七年（昭和五十二）の春、土本さんの案内で私たちはある人に会うためにそこを訪れた。昭和三十年代、水俣市の周辺で水俣病が奇病とよばれ、多数の急性激症の患者が悶《もん》死し、社会的差別と貧困の中で家族が苦闘のただ中におかれていたころ、御所浦の島々にはまったくといってよいほど、そうしたニュースは伝わってこなかった。伝わったにしろ、それは対岸の事件の一つにすぎなかった。

実は一九五七年（昭和三十二）ごろ、この付近でも猫が狂死していたのだが、当時そのことと水俣の奇病とは結びつくことがなかった。一九六〇年、熊本県衛生課は三年という期間をかけて不知火海沿島の住民の毛髪検査を実施した。その前年に水俣病事件史の重要な結節点となる不知火海漁民暴動がおこり、また厚生省の食品衛生部会や熊本大学研究班によって、水俣病の原因が工場排水中の水銀であることが発表されて、行政としても緊急の対策が迫られていたのであろう。

このとき毛髪検査を受けた住民は二七〇〇余名で、その地域は水俣、津奈木《つなぎ》、湯浦《ゆのうら》、芦北《あしきた》、田浦《たのうら》地区、天草では姫戸《ひめど》、竜ヶ岳《りゅうがだけ》、御所浦、そして八代、河内、長洲《ながす》、熊本市の一部、などであった。県衛生課は各市町村の検査担当者に水俣病発症のおそれのある水銀値を指示し、警戒線は五〇ＰＰＭと通知していた。御所浦は他地域と比較すると検査率は良く、一一八一人分の検体がよせられた。そして、牧島椛《かば》の木部落に九二〇ＰＰＭという驚くような高水銀値の婦人が発見されたのであった。

その松崎ナスさんは一九六七年、水俣病と診断されることもなく亡くなられた。私たちは松崎さんの遺族とお会いしたいと思い、部落の細い道をたどっていった。しかし、家は雨戸がしまり玄関に板が打ちつけられていて、そこに貼られた松崎夫妻の孫の名前によってかろうじて連絡先がわかるだけだった。九二〇ＰＰＭというおそらく世界に類のないその数値もさることながら、重大なのは、この検査結果が毛髪提供者本人に知らされもせず、追跡調査や診察さえも一切行われず、そのまま見殺しにされたという事実である。それどころか、この県の調査自体が、十年後に「水俣病を告発する会」の宮沢信雄さんによって発掘されたのだった。

松崎夫妻の死を看とったという倉岳《くらだけ》の小松診療所を追った土本さんは、小松医師からの悲痛な証言を得ている（土本典昭「不知火海水俣病元年の記録」一九八〇年『暗河《くらごう》』二七号）。

松崎さんは行政と医学と国と企業と、水俣病を隠蔽《いんぺい》する連合体によって抹殺された象徴的な存在であった。あの椛の木を訪れた言いようのない重い暗い日のことは、決して忘れることではない。妻の悶死、夫の孤独な死、一家の離散、そして死のあとには廃屋が残されているだけ。このような人々が不知火海沿岸の島影にどれだけいたのだろう。御所浦町の先の毛髪水銀値検査ではほかにも高濃度の汚染者がいて、また、五〇ＰＰＭ以上の者が一五〇余人も存在していた。

Ⅲ

この島で水俣病の問題に初めて鍬が入れられたのは一九七〇年代になってからである。そして、その先頭に立ったのが当時町会議員を勤めていた白倉幸男さんであった。水俣病は現在と比較にならないほどの禁忌《タブー》であり、島にとっていらんこと以外の何ものでもなかった。〝騒げば魚が売れなくなる。子供たちの結婚にさしつかえる〟などという島民の声の中で、民間人の手によって集団検診がなされるということは困難をきわめたのであった。

一九七一年、熊本大学の原田正純《はらだまさずみ》助教授が中心となって、大浦と元浦で自主検診を行なったのを皮きりに、嵐口《あらくち》や外平《そとびら》などでも始まり、民医連（日本民主医療連盟）が離島の水俣病に活発な対応をみせた。しかし、そうした医学者の手によってのみ水俣病問題は解決できるものではなく、解決の主体は患者や島民自身なのだと、白倉さんは住民を励ますのである。

「だから私は言うとるんです。だれがじっとしていて認定さるるか。だれが耳をかたむけるか。お前たちも魚とりなら分るじゃろ。魚をとるには舟をつくり、棹《さお》をかい、テグスをかい、鉛《なまり》をかい、針をつけ、それに餌をつけて、自分で魚をさがし、根《こん》くらべで魚をとるとじゃなかか。相手はチッソぞ、県ぞ、金ば出さんように出さんように必死になっとるとに、おまえらは畳の上にじっと坐ったまま魚をとろうとすっとか。認定さるるまではたたかいぞ、こう言うとっとです」(土本典昭『わが映画発見の旅』)

白倉さんは一九一〇年(明治四十三)、御所浦島大浦《おおうら》に生まれた。その半生は「聞き書」に述べられているので、ここでは簡単な紹介にとどめたい。島の小学校を卒業後、熊本市の中学校へ進学するという当時としてはかなり恵まれた教育を受けた。やがて朝鮮半島に渡り、朝鮮総督府に就職し日本の植民地政策の一端を荷うことになる。一九四五年、敗戦により一年間の拘留生活を経て島へ帰り、町会議員、漁協専務理事、海区調整委員など数多くの役職をこなし、八面六臂《はちめんろっぴ》の活躍を始めた。一九五九年(昭和三十四)の不知火海漁民暴動のときは、島から三隻の船をひきいて指導者として戦いに馳せ参じた。

この闘争は、水俣病事件史の上できわめて重要な位置をしめる。昭和三十年代初期、水俣市百間《ひゃくけん》港を原点にした不知火海の水銀汚染は、地域経済にも大打撃をあたえ、深刻な状況を呈していた。漁獲高は激減し、漁民はぬきさしならぬ生活困窮に追いつめられていたのである。

昭和三四年十一月二日、芦北郡の漁協を中心とする不知火海沿岸の二千余人の漁民が新日本窒素《ちっそ》株式会社(チッソ)に対して抗議の工場乱入を行なった。漁民が秘めていた会社に対する怒りは、「垂れ流しを即時中止せよ」「返せ元の不知火海に」「餓死を待つより起て五万の漁民」などと記されたプラカードの文字に躍動していた。水俣工場の本事務所、工場長室など二十三棟の内部を徹底的に破壊し、深夜まで警察隊と乱闘をくりひろげて多数の負傷者を出した。

不知火海沿岸でこのように大規模な「暴動」が行われたのは、延享四年の大一揆以来のことといってよ

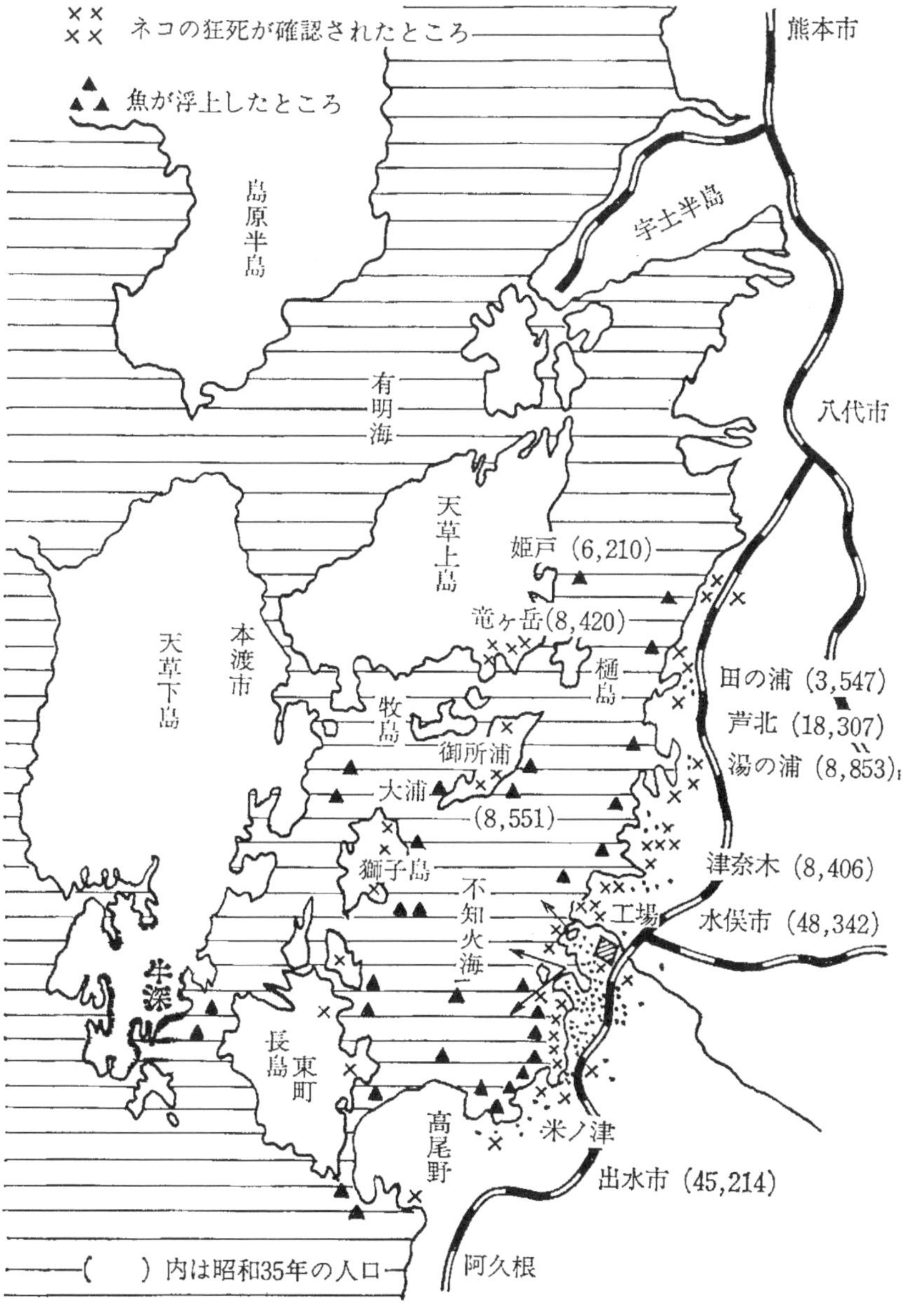
ネコの狂死が確認されたところ
魚が浮上したところ
熊本市
島原半島
宇土半島
有明海
八代市
天草上島
姫戸（6,210）
竜ヶ岳（8,420）
天草下島
本渡市
樋島
田の浦（3,547）
芦北（18,307）
湯の浦（8,853）
牧島
御所浦
大浦
（8,551）
獅子島
津奈木（8,406）
不知火海
工場
水俣市（48,342）
牛深
長島
東町
高尾野
米ノ津
出水市（45,214）
阿久根
（　）内は昭和35年の人口

不知火海周辺図

い。事件を計画・指導したという理由で、不知火海沿岸の漁協長、特に最高幹部であった三人が懲役八ヵ月から一年の刑を受け、五十二人の漁協幹部が罰金刑に処せられた。白倉さんも御所浦漁協の組合長代理として検事の尋問を数日間にわたって受けているが、その辺のいきさつも当事者であった白倉さんの語りから証言されている。

総じてこの聞き書は、日本の歴史全体が戦争と平和の間で大きく揺れた大正と昭和という激動の時代を生きぬいた離島の一人間の自分史となっている。そのため、水俣病の問題に直面しながらも、それにかぎらず、白倉さんの個人的な印象はむしろ戦時下の体験に強烈であったように見える。それがこの時代を生きてきた庶民の一つの特徴であるのかもしれない。

白倉幸男聞き書　プロローグ

石牟礼　白倉《しらくら》さんはとてもいい短歌をつくられるな、昨日もそんなお話を色川先生としていたんです。

白倉　はぁ、あのね、楽しみが何もないでしょ、目が見えないからな。昔、少し歌を習ったことがあって三《み》十一文字《そひともじ》といいますかな、形体だけ覚えとるもんだから、どうかするとできますな。じょうずじゃありません、決して。もうああた、勉強がでけんもんやからな。それでまあ、悲しみにつけ、あるいは楽しいにつけてですね、詠むんですよ。

で、水俣病に関する歌なんかも作りますけど、雑誌には通りませんねえ。『おとなみ』という雑誌に加盟してますが、本社は大阪じゃなかろうか。家内が書きとめるでしょう。もうたいがい、やめんかなぁって。書くのがね、もうきつか、疲れるて。

石牟礼　心打たれる歌です、本当に。水俣病は歌にしにくうございますね。

白倉　それでとらんとですよ。

石牟礼　まぁ、とんなさらんでもよかでしょう。

白倉　むなしい歌が多いもんですから。

石牟礼　むなしいですものねぇ。むなしい歌でも人の心を打つということございますから。

森　こんにちは。

白倉　この人は患者の候補者みたいな。

今日は先生方をはじめ皆さんおいでだからひとつ歌をご紹介します。これは土本先生の映画（『不知火海』）にもなりましたな。あの歌。

不知火《しらぬい》の　ふぐつり舟の群《むれ》いしが

光の中に　流れ染めけり

石牟礼　ああ　いい歌ですね。

白倉　きれいな歌でしょう。

石牟礼　はい、非常に完成度の高い美しい歌ですね。

白倉　それから怨《うら》みの歌のあっとですたい。

このうらみ　螢火《ほたるび》となり　あかあかと

夜は燃えなむ　不知火海に

石牟礼　ああ、いいですねえ。

白倉　怨みばっかりなら、いかんから、不知火海で美化せんといかんと思いましてね。まさか日窒工場の上になんてね、ハハハ。

石牟礼　うーん、私はいつも眠るときに夢じゃないですけど、夢は少し物語がありますけれど、なんか非常にはっきりしたイメージが出てくるんです。ゆうべはおばけがたくさん出てきた。気にいらないのね。「このうらみ」ってそれなんですよ。この怨みというのがおばけで表現させたいと、きっと自分で思っているんでしょう。気にいらない、もっとすごいの出てこんかなぁって、ふふ。それお気持ちよくわかります。

白倉　迫力あるもんなぁ、石牟礼さんの読んでみれば、夢といいますと私ね、夢ははっきり見るんです。不思議ですね。きれいな、うちの家内の若いころの顔でも、会った人たちの顔でも見えるんですよ。でね、

夢にのみ　ものみな見ゆる　喜びも

寝ざめて闇の　重さに耐える

石牟礼　こういう歌をとってくれないんですか、雑誌は。

白倉　とりませんな。やっぱり美しい歌。

石牟礼　これは水俣病でなくても独立して、普遍的ないい歌ですね。深沈《しんちん》として。

森　白倉さんはなかなか勉強家やっで。

白倉　この人は、私が代用教員やってたころの教え子ですたい。悪童。勉強はもうよか帰りなっせて言えば、まっさきに飛び出たのがこの子やった。悪童、悪老人。

一同　笑

白倉　わしは短歌を朗詠するから、あんた次にやらんか。

森　いやぁ、よか。まえにな、わし映画ん中で歌までうとうた。

石牟礼　ああ、あのおじさんですか。それはおめにかかれてどうも。じょうずですもんね、あれで映画が打ちあがります。

森　作詩作曲やもん。

白倉　（朗詠）幾千の　命奪ひし　海かとぞ

思えばかなし　波の青さよ

おそまつさまでした。こんどあんた。遠慮せんと、焼酎なっと一杯飲んで。

森　〽御所の浦から船出して

回り回ったその先は

からでなければど唐木崎《からきざき》

唐木崎から船出して

浅いところは棹《さお》でさす

深くなるほど櫓《ろ》でおす

沖へ沖へと進み出る

右に見ゆるは弁天堂

左に見ゆるは元浦《もとうら》か

元浦　崎《さき》をばちょと越えて

こんな所で住んだなら

三年三月は長生きで

花の都の御所浦

Ⅰ　島を出て島へ

夢多きこころ

私の少年時代ね、海に生まれ海に育って、海というものがどんなに親しかったか、想像にあまりあるものがあったですたいね。でね、五つぐらいで海で泳ぎましたもん。また美しい海でしたね。底もはっきり見えるし。たこなんかがね、たこちゅうやつは妙な性質のもんでね。あれ平気で陸《おか》に上ってくるんです。なかなか死なんとですね。上ってきて、そこに神社があってでしょう。あの階段の真中ごろまで行って木の葉といっしょに騒動しよる。どうかすると蛇なんかといっしょにけんかするんですよ。

また、きれいか魚がたくさんおりました。弁天堂あたりに行くと誰でも糸一本持ってるとおもしろく釣れたもんです。今日みたいにお客さん方がお見えになると、私の弟がですな、「兄さん待っとれ」で釣りに行くんです。そうすると皆さんの夕飯にかざるだけの魚が釣れたわけです。今はおりませんね。昔はこの浦の内まで鰯《いわし》がきよりましたよ。

小学校は本郷《ほんごう》まで行きよりまして。前は今よりもっと小さかったですよ。で、粗末な分教場だったですね。先生が二人、免許あったのか無免許か知りませんけどね。じいさんのような先生来るし、ときにはお寺の坊さんみたいな人も来るし。そうして我々教わってきたんですよ。だから中学校へ行くような人は少なかったですね。私もですな、だいたいが学校に行くあれじゃなかったんですよ。

おやじは百姓してかたわら漁業しとりました。両方やらなければ食えなかったばってん、わりあいにここの部落では良かったんですね。私たちが生まれたころは部落では良かった方でした。それで上の学校にも出してもらっとるんですけど。私の知ったかぎりでは医者になったのが二人、工業学校へ行ったのが一人、四人しか上の学校へ行きまっせん、専門学校へ行って医者どん、あるいは中学卒業して役場あたりへ勤めるのが良かところやったですね。

学校の程度が低いでしょ。よっぽど頭が良くないと熊本済済黌《くまもとせいせいこう》（高校）とかね熊高《くまたか》とかに通らん。そして天草中学も通らんとですよ。ま、私立のおかしか学校しか行かれなかった時代ですよ。私はそして師範を受けて、師範はお金がかからずにただでしたからね。鹿児島を受けた、私は。受けたが他県の者はだめだといってね、通りませんでしたもんね。年は十五で人よりも二、三年遅れてまして、小学校のとき留年ですたい、浪人でしたよ。そして、熊本の中学にかろうじて入って、ようやく世の中というものがわかってきたですね。

御所浦《ごしょうら》には電気もなければ道路もない。もちろん電話もね、そうした文明の利器なんて物ぜんぜん無かった。見るものが私にはことごとく珍しかったですね。電話のかけ方も知らんかった。それで下宿したけれど、なかなかなじまなかったし、転々として。そして今の家内のところがですね。どういう関係か、私を下宿させてやろう、と。家内はそのころ高等女学校に行ってました。

最初は大きな希望でね。五高（第五高等学校）から東大に、あるいは京都大学にって、夢でした、夢。まあせっかく学問することになったんだから、せめて、先輩に医学博士が一人おりましたからね。その人について医者にでもなろうかと。で、五高を受けた。受けたけど通らん。そのころは落第というものが恥しいことのように考えられてましたものね。浪人することがですね。で、ならばせめて早稲田か慶応か、今は難しいでしょうが、ちょっと勉強した者ならだいたい通りよったです。しかし早稲田に行かず明治にも行かず、そういった東京の大学をやめてですね……。今の家内と恋愛におちいって。こら私の一身上のことば話さんならんな、ハハ。それで恋愛になりましてね。そのころ家内のおやじは十三聯隊の中隊長か、陸軍少佐でしたな。恋に国境なしといいましょうかな、それがそもそものこうした苦労のもとになったんでしょ。ハハハ、あんまり根ほり葉ほり聞きなさんな。

義兄の悲運

それで、私の義理の兄貴たいな、お母さんが違った兄貴がおりましたもん。それが平壌の新聞社の主幹でしたもん、あとで社長になりましたけどね。それを頼ってですな、新聞記者にでもなろうかなと淡い希望をもって行ったわけたいね。固い決意じゃなくて。朝鮮に渡ればなんとか兄貴が就職を世話してくれるだろうと。それで学校を出て一年か、遊んでおって朝鮮に渡った。ところが兄貴がいわくですな、新聞記者なんて人間が非常に横着になるから人を人と思わんようになるから、もう私一代でけっこう。おまえは固い役人になれて言うわけですね。

役人て、さて文官の試験を受けて通らなけりゃならない。昔は普通文官の試験、高等文官の試験、このどっちかを通らにゃいかんだった。私もですね、中学校出たっだから、高等文官の試験を受ける資格がないし、だいたいね。普通文官の試験というのがまた難しかったですよ。本当。通ると新聞に出たり雑誌に載ったりするような時代だったです、大騒ぎしてね。で、警察官はどうか、警察官はおまえ身体がどうか、通らんだろうというわけで一応あきらめて、それで文官の試験を受けてかろうじて通った。それで総督府の官吏になって平安《へいあん》南道の各地をまわったんです。

私の兄貴はですな、森幸二郎というてね、戦前は立志伝中の人で、そら有名なもんでした。兄弟はね、姉が二人、弟が一人おったけど戦死してね。姉は私といっしょに朝鮮から引揚げてきたっです。戦前に南米のペルーね、ペルーで成功してきて、そして帰ってきて、さっき申し上げた社長ですね。父の名が幸一、だからそれからとって幸二郎《こうじろう》、私が幸男《ゆきお》でしょ。これは東久邇宮《ひがしくにのみや》殿下とも交流があったようですたい。交際といってもあれですが、戦前の皇族と交際のなんのな、大変なことだった。平安《へいあん》南道の知事とは大分懇意でした。

兄貴も終戦と同時に戦犯ですね。戦犯第一号ですか。平壌の刑務所にひっぱられる。そして連れていかれたのが満州国だったと思うですがね。それで、そっちからそこまで行くにも自動車でしたがね。そんな生活がガラッと変わって一介のきこりか、あるいは百姓させられたか知りませんけど、重労働に耐えながら生活しとる。その間に頭が狂ってしまったわけですね。日本に帰ってきて小林（宮崎県小林市）に住んでる姉のところへ行きよりました。やっぱり年齢的に姉と近かったからな、私とは義理の上に年齢的に遠いもんだから、あまり親しくはしてなかったですからね。姉のところへ頼っていきました。で姉から、電報が来ましたもん。私はそのころもうここにおったっですたい。幸二郎が帰ってきて危篤だから来いて、行ったけれども、わからんとですよ、頭が狂っとるもんだから。末路は哀れなもんでしたね。小林の町で死にました。

島に帰って

私が帰ってきたのは昭和二十一年の、ここに着いたのがちょうど十一月でしたもんね。敗戦から丸一年向こうに止められて、ありとあらゆる苦労したっですね。そのころ三十五歳ぐらいになっとったでしょうかなあ。終戦になって逮捕されて、国事犯《こくじはん》ていいましょうかな。何も悪いことしなかったですけどね。やはり内《ない》鮮区別《せん》（日本内地と朝鮮との差別）をしたという罪ですね。それからすっかり役人がいやになって、役人なんかなるもんじゃないなと思ってね。しかしまぁ、よか体験になりましたなぁ、平壌で。朝鮮人が私の減刑を嘆願してくれよりましたな。何ていいましょうかな、ああいう所にうちこまれることも一つの勉強ですね。

そして、終戦になって帰ってきました。まあつまらないながら家があったもんですからね、田畑があったしですね。それがいかんじゃったかもしれません。祖先の家に執着したことがね。それがため翼《つばさ》を広げることができなかったのかもしれません。東京や大阪へね。

宮崎に私の働き口があったですよ。それをことわりまして、まだおやじが元気でしたからね。おやじをみていくことが私の義務でもあったし。おやじはですな、私が朝鮮に行っとる間、小林市の姉のところに行ってたわけ、この家は人に借して。私が帰ってきたころ、この家には姉むこの兄さんがおったですよ。私の綱子になってくれた人ですね。私は下に住んで。

帰ってきてみたところがですね、朝鮮よりもおかしかってすたい。田舎でね。何にもない。道路もなければ水道もない。第一、学校がない。っていうのは昭和十七年の台風ですかな、小学校なんか吹き倒されてしまった。分校はもとより本校もですね。吹き飛ばされてないんですよ。子供は長女が高等女学校の二年生でしたものね。長男が小学三年生でしたろうか。学校はない。どうしたら良いかなと、まず考えたですね。そのころは混乱状態でした、日本自体が。そして小林の姉のところに娘をあずけて高等女学校に行かせた。宮崎県の小林ですな。

私は帰ってきたけど何もない。そこで役場にでも入ろうかと思ったんですよ。ところが部落の発展のためには、どうしても議員をしなければいかんだろうと思って、英雄的な気持ちになりましてね。小英雄的な気持ちが私が進路を誤ったことに繋《つなが》るんですが、ここに居坐って部落の発展のために開発のために一つ努力をしてみようと。昭和二十六年に町会議員になったったですよ。それと同時に漁業を始めたわけですね。町会議員の月給なんてそのころなかっただけん。ま、二千円か三千円くらいくれましたかなぁ。それじゃ生活ができんからということで漁業を始めた。

町会議員になってまず考えたことが、小学校を作ることですね。そして電気ですね、ひとつこれをつけなけりゃいけん。幸いなことにはですね。私と同輩で八幡製鉄に勤めとったのがおりました。牧島《まきしま》の人で、出水《いずみ》の中学を出て今の熊大の工科ですか、あそこを卒業しておりました。その人が尽力して最初は自家用、長島《ながしま》と同じ、自家用電気を昭和二十七年の暑いころ、七月でしたかね。それが電気の始まりです。それは時間をきって、十一時になったらパッと消える。ランプにちょっと気のきいたようなもんで、こうしたりっぱなものじゃなかったっですよ。そうして小学校ができたのが、それと前後してでしょうね。堀立《ほったて》小屋から、ただくさんの人間を収容する屋根葺《ふき》の家を作ったっです。それで先生も生徒もがまんしてもらって。

私、小さい時代、四年生まで本郷まで行きよりまして、ここから四キロですか。歩いていったっだからね、その苦労がわかっとっとです。道路がないでしょうが。雨の降る日なんかころびつまろびつですね。山坂をね。それで泥だらけになる。照る日曇る日、学校へ通ったもんですよ。でね、町長に言って、その敷地を作るのに困ったですたいね。我々部落の力で作ろうじゃないか、ということで、ここの学校は町有財産に登録されてないはずですよ。部落のしなものです。

漁《りょう》はですな、網船が一隻、灯《ひ》船が二隻、手船が一隻あればな。作れば何千万何百万かかる、金はないしね。裸一貫だからどうしたら良かろうて、せめて灯船は自分で作ろうて。私の財産を売りたくなかったけど、食うためには、子供を教育するためにはやむをえんから、おやじを説得して一ヵ所売って、それをもとにして船を作ったわけたい。それからやとう網船も新しく作らにゃいかん。で、二隻を作った。

敗戦で知った人生の機微

ここは今は豊かな部落になっとるけれども、終戦当時はそれは言語に絶する貧乏でしたよ。そらあなぁ、メリケン粉の配給だけしかなかったです、役場で。私自身も、人のことはあまり言いたくないが、そら食うに困った。隣が漁業してましたもんね。おじだったばってんか、米いっちょくれんやった（くれなかった）。おじでもそげんあったでよ。一粒の米でも恵まなかった。

昔の私が想像してきた夢というものがですね、人間性というものが変わってしまっていたね。戦争のおかげででしょうね。昔のように素朴で心温かい人間がおらんかったわけ。みーんなとげとげして、我さえよければよろしい、こういうようなことのようでしたね。これはしかし、生活が貧しいゆえにこのようになっとるんだ、戦争のためにこうなっとるということは感じられましたけどね。

町会議員として、まぁ、自分のことを言うちゃいけませんけど、他人はですね、冷淡なもんですよ。利用するだけ私を利用して、目的を達成するとですね、あとは知らん。今、目が不自由になったら訪ねてくる人も、昔はそれこそ驚くほど来たもんですよ、ここにはね。それは私を利用するがために来たんですよ、今考えるとね。ああた方のように純真に研究のために来て、私をいたわって下さる、それがうれしいからですな。よその人たちの方がかえっていいんですよ。しかしな、よく熊大の学生やら、このあいだは京大の学生、医学生ですな。みんな頭も良かでしょうな。その中の一人くらいはこの離島に残ってですな、我々のために治療を、あるいは研究を続けてくれる人はいないのかて、言うたばってん、返事は重かですな。

地元の連中は本当ですな、冷淡なもんです。電気がこうなったのも、波止場もそうですよ。波止場作ってやった。道路も昔はこんな道ではありませんでしたよ。これ私が作った道路です。今でこそ町が作っとるでしょう、大きい道路は、計画は私たちが始めたっですが。この小さい部落の道路は、ずーっと山の上まで作っとっとですよ。区長といっしょに寄付を仰いで。また水道も仮のを作ったわけですたい。昔は部落営で多くの人の起債で作りましたよ。それ昭和三十四年でしたか。

町会議員に、漁協に、海区調整委員に、まぁいろいろやってきました。海区調整委員はですね、どうせそうした議員族にならないと、県会はでけんからね、県会議員に類するようなものになろうと。それなら何がいいかというと、海区調整委員。で、こいつは選挙側でしたものね。私のようなものがな、当選するかなと思いながら、一応部落の人たちに呼びかけて、これ金一銭も出さずにですな、部落の機動力で、船をお貸りして、あんた方は牛深《うしぶか》に、あんた方は水俣《みなまた》って、村の人たちの協力を得て幸か不幸か当選したわけですたいね。これが昭和二十七年だったと思います。最初は任期が二年で、その次が四年制になったな。二十九年から一期、立候補しませんでした、もめてね。で、三十四年のときまた出て、それから八年間やったわけですたい。それで十年になるわけですね。海区調整委員は知事の諮問《しもん》機関でね。漁業許可の問題、県境の侵犯問題なんかでトラブルおこるでしょ、そうしたことすべてね。だから「海の県会議員」ていわれた理由がそこにあったっでしょうね。

ところが途中で黒い霧といいますかな、事件がおきましてね、私たちが争ったことがあったっです。真珠養殖問題で。お前は金もらったとか、酒飲んだとかで。で、まあ、ぜんぜんないことじゃないもんだから、火のない所に煙は立たずで。真珠にからむ贈収賄問題、許可問題ですたい。昭和四十三年じゃったと思う。諮問私がやめる間際《まぎわ》でしたから、そのとき、決議機関か諮問機関かいずれであるかと闘ったわけですたい。諮問ならば何もひっかかるところはないと、むしろ県庁側に責任がある。そうでしょう。しかし、諮問であって決議機関だという。それはおかしいじゃないかって。検事さんもなかなか頭よかもんだからとうとうやられて、ひっぱられたわけですたいね。

みんな有罪になりましたよ。一行十六人、賑やかなもんでした。ただ一回飲まされただけですよ。しかし、ハハハ、このごろは取った方が勝ちですな。松野籟三《らいぞう》は五億ですか、またロッキードのなんのってなあ。このごろしもうたなぁって。

真珠《しんじゅ》はそのころ花形でしたもん。天草あたりはな。ある会社のごときは私に一千万円くるっていいましたよ。そのころ、昭和三十九年だったかな。それで問題になったのが四十三年ですからね。そのころの一千万円、しかし、やっぱ人間がばか正直にでけとったですね、もらいきりませんでしたな。これ本当。

漁協はですな、二十五年勤めてましたね。ずっと専務理事です。ここの御所浦漁協は本郷が中心だから本郷の人を立ててね。組合長は巾着網《きんちゃくあみ》の親方、地曳《じびき》よりも大きい漁業ですよね、その人たちが組合長になって。実際の実務は専務がほとんどその仕事をやったわけです。組合長会議にも出席してね。

II　不知火海漁民暴動

〝暴動〟の前夜

色川　昭和三十四年に水俣でおきた漁民暴動のとき、白倉さんは漁協の理事でしたか。

白倉　そうです。そのときは水質汚濁防止委員やら何でんかんでんやっとりました。で、そのとき警察に押収された日記帳が返ってきましたからな、これです。家内が私の日記から必要なところだけ書いたもので間違いはなか。

色川　九月七日にお宅の猫が狂死した、と。

白倉　はい、猫の死んだときからずっと書いて、大会終るまでな。

色川　水俣へ行く前、漁民大会へ出席を決議した理事会をやってますね。

白倉　はい。理事会をやって。私は御所浦漁協組合長の代理でしょう、専務理事だからな。私一人で大会に出席するのなんの独断はでけんでしょうが。だから一応はじいさん（組合長）中心に、理事を呼んだよけですね。年よりばっかりでしょう、理事は。十五おったですよ。そして、こういうふうにするが、漁民大会には出席しても良いかどうか計ったわけですたい。そしたら助役が、それも理事でしたね、反対して、とうとう私とけんかした。私はもうそれなら行かんていうて行かんじゃったですけどね。短気《たんき》は損気《そんき》ですな。

色川　昭和三十四年十月十七日のときですね。

白倉　はい、そのときは本当のあれじゃなかったですもんね。十一月二日が本当です。

色川　で、二日の日は朝八時ごろ出発されたようですが、船は何隻ぐらい。

白倉　船はね三隻だったかな、こっち（大浦）から。本郷から一隻ね。嵐口《あらくち》はもう別箇のもん、そのとき行ってませんね。

色川　大会の前に佐敷《さしき》の坂本旅館で組合長や指揮者だけの会議をしているようですが。

白倉　はい、佐敷の駅前の旅館で。そんときにですな、もう時効でしょうから言ってもよかでしょうが。水俣をね、爆弾で破壊しようという話も出たっです。

一同　ほう。

白倉　それがあとで検事にしめられましてなぁ。やっぱりどっからか漏れてたんですね。そのとき寺本知事も来て。県会に行ってしまったあとで、私たちが計画立てたっですよ。水びたしにしようと。あそこは、水俣の会社（チッソ）のどこかの栓を抜けば市内がみんな水びたしになるそうですよ。工場はもとよりあの辺一帯。それで煙突に手榴弾を投げこむとか計画を立てたですばってんな、そらぁやめようじゃないか、と。

そういうことはやめようと。

色川　そのやめようという発言はどこから出たんですか。

白倉　私が言いました。私はもう暴力はやめようじゃないかと言いました。

石牟礼　指揮者が集まったところへ知事たちが来たんですね。

白倉　なだめに来たわけですたい。そのときいたのは、桑原に竹崎に私に、田中ね。

石牟礼　公式には招待しなかったんですね。じゃ、それも漏れたんですかね。

白倉　でしょうね。漁連の会長もいっしょだったと思いますよ。

色川　しかし、工場に爆弾投げろとか水びたしにしろとか、そういう計画が出たというのはおもしろいですね。

白倉　うーん。私はどっちかというと消極派でしたもんね。暴力は好まん方だったもんな。

石牟礼　今になればどんな思われますか。あのときそんなに決めておいた方がよかったと、今思われますか。

白倉　そうですな。自分の目なんかもね、水俣病の、これはわかりませんよ、実際ね。しかし兵隊に行って陛下のお役に立ってきたんですから、それがこういうふうに目がだんだん不自由になっていくということは、これもやはり水俣病にも一連の関係があるかもしれんですね。そしてね、足腰がしびれますもんね。それはね、先生がたが診てもだめです、わからんから。うちの家内なんかね、とても元気そうでしょ。これーはもう嘘みたいにどうかするともうだめですね。私が医者んなって妻の頭おさえてやらにゃいかん。飯もくえないしね、動けんのです。そんなの発作的に来っとですよ。私どうにもできんもんですたいね。吐気がきたり嘘みたいですよ。熊本の女学校では体育のチャンピオンだった家内が、やはりここに来たおかげで。子供はみんな元気な子ばっかりです、六人おりますがね。

チッソ工場へ討入り

色川　十一月二日の暴動のとき田浦《たのうら》なんか、けが人出てますが、こちらは出なかったですか。

白倉　ここはね、けが人出ませんでした。私の訓辞がきいとったでしょうね。

午前中に衆議院の調査団が来とらして、このときまではまだ静かでしたもんな。十二時から一時まで各班が昼めしをとったわけ。私は姉のむこが市役所の近くで食堂をやってましたから、そこへ行った。見たら、そこにおる者がみんなえくろう（酔っ払う）とるもん。わぁ、これはたいがい飲んでるだろう、こら荒れるばいな、と思っとった。私はぜんぜん飲まんだったですけどね、ほんと飲まんだった。

そして水俣の漁協から借りた自動車、荷台のついとる車に乗って出発した。田中熊太郎に私に桑原勝記、竹崎正巳。さあー、ところがうしろをふり返ってみれば、えくろうてよろよろしとるやつがおる、こらおおごとばいと思って。それで普通のデモじゃなかったもん。なんかお祭り騒ぎ。わっしょい、わっ

しょい、わっしょい、いうてな。社会党とか共産党とか、学生のデモやらと違う。デモじゃなかったもん。えくろうて（酔いが出て）お宮のちょうど御輿《おみこし》かつぎのような。

一同　爆笑

白倉　こら、おおごとばいと思って。騒ぐな騒ぐなってこうするばってんかな。あっどもから見れば進め進めて思ったんでしょうな。わんわんわんわんいうて、ああた、指揮者より先に駆けていったもんな。さあ、チッソの正門に着いた。着いたところが前に橋がある。橋の欄干ば、よいさよいさと引き抜いて、人間の力て大したもんですな。ちょうど大石内蔵助《くらのすけ》の討ち入りと同じこってすたいね。やんやんいうて門ば打ち毀《こわ》して。

色川　各漁協の代表は指揮者の腕章をつけて、そのとき一応統率したわけでしょう。

白倉　統率したってすたい。ところがその統率がね、やれ！　やれ！　ですよ。

一同　笑

白倉　それがあとで裁判のとき問題になってね。みんな写真とられてますもんね。私も聞かれたんですよ。あんたも手をこうしてるじゃないかって、私はそんなするなって手をこうしたってですよって。私は暴力はやめなさいやめなさいと言うたんだと。大変な騒ぎでしたよ。

石牟礼　何しろ物音が、すさまじい。石投げる音とか物壊す音とか、殺せ、とか何か、もう怒号ですね。双方の怒号。市民たちが、あらあらあら、という。なんかそういうようなのがもうわんわん、あの辺わんわんいうのが夕方まで続きましたね。

白倉　正門の前の塀ね、あそこに通勤する人の自転車をうず高く積んで。自転車の山でしたよ。それから報道班なんかね、写真とりに来るとそれに石投げるんです。証拠写真とられるって、そう言いながら投げよったですね。それで記者も命からがら逃げた。大変な騒ぎでしたよ。

色川　このとき漁協としては？

白倉　天草では樋島《ひのしま》が行きました。高戸《たかど》、大道《おおど》ね。姫戸《ひめど》は行きませんでしたもんね。

色川　大浦から拘留された人はいなかったんですか。

白倉　私が一人ですたい。他の者は決して犠牲にしませんでした。私だけが四、五日行きましたよ。宿屋づきでね、八時頃には帰してくれよりました。私、日記を押収されて、それには穏やかなこと書いてありましたもん。

検事とのやりとり

最初は浅田という刑事が調査したっですよ。それであんたの日記帳見れば、ぜんぜんやってないじゃないかっていうわけですよね。そうですよって。私は決して会社の従業員に対しては我々と同じ労働者だから礼節を重んじてやさしくしろ、とそういうようなこと書いとった。浅田刑事はあんたの問題にならんじゃないですか、と何もなかったですたいね。

そしたら、若手の検事が来ましたね、西岡って、まぁだ二十代じゃなかったかな。その人が私を、最初にがなりつけたもんな。君のこの調査はなんかってな。なんかって、それはあんたの部下が調べとったけん警察にいいなっせって。こういうたっですよ。そしたらけんかをやりに行く者が礼節のなんの、そがんことがあるかって、嘘じゃありません、日記に書いてあるじゃないですかって。で、また最初からやりなおしですよ。午前中は、とってもやかましかったですね。厳しくて茶も飲ませんし、たばこものませんし。えらいこの人は非民主的なんだなぁと思いながら、「西岡さん、あんた年はいくつかな」って。「まだ若こうしていばるもんじゃありまっせんばい」て。ああたの部下ば信用しなくてどがんしますか、仕方ありまっせん、あんたがよかごと書きなっせて。ちょいちょい黙否権使うてうそぶいとったですよ。

そしたらこれがどうしたこっか歌集ばひっぱり出しましたもんね。宮柊二《みやしゅうじ》の歌集ば出して、「あんた歌作るか」て。「いいえ、作りません」て私言うたっで。「中島愛郎《なかじまあいろう》て知ってるか」って。「名前だけは知ってます。佐賀ん人でしょう」て。「なんだ知っとるじゃないか」って。私が「検事さんに似合わず歌のなんのって悪人じゃなかですな」って言うたっです。「悪人って何事かて」。それから歌やら朝鮮のことやら話したっです。それで私は、はっと思って。あんた長富久《ながとみひさし》を知っとるかて言うた。「長富？　うちの次長ね」て。どうしてあの人ば知っとるか、というもんでわしは朝鮮時代からよく知っとって、あの人に私はちくいち申し上げます。あんたにはこの辺でもうしゃべりません、て。そうしたところがぐっと違いましたな。

長富久の兄と私は朝鮮で友だちでしたもんね。だから名前だけは知っとったですよ。弟に検事がおると。知らんとで、本当は、そしたところが、くるっと違いました。検察庁とか階級意識の強いところは上官には非常に弱いですね。それから七時頃うち切って、自動車で送ってくれたですばい、旅館まで。本渡《ほんど》（天草）ですよ。

そして、わたし言うたっです。かわいそうに桑原君（樋の島漁協長）も出してやりなっせ、奥さんも来とるじゃないですか。もともとは水俣の会社が悪かじゃが、て。私たちの生活ば剥奪するのが会社じゃありませんか、わしばどん、やかましいのはおかしいじゃありませんか。君の言うのも一理あるが暴力はいかん、て。まだ企《たくら》みがあったはずだって。いやーそげんとは知りません、て。

漁民の被害

最首　三十四年の坂本食堂あたりでの会合では漁業被害の算定はどのようにはじき出されたんでしょうか。

白倉　そのときね、漠然たるものでしたね。というのは水揚げ高を業種別に隻数からわり出して算定したんですよ。そして最後に分けるときに、その計算だと御所浦は相当に大きいんですもなね。牛深《うしぶか》が第一でその次だった。ところが、牛深は水俣病に関係がないということで除外された、八代《やつしろ》もそのとおり。それで私のところが第一じゃないかと。そしたらそうではないと。やはり水俣が第一で、その次に津奈木《つなぎ》、佐敷《しき》、田浦《たのうら》というふうになるんだと。そしたら今度は、けんかに参加したものの数による、すると水俣漁協は参加しませんでしたからね。で、津奈木なんてところは、たいしたところではないんです、水揚げは。佐敷もね、御所浦に比べたら。ところがけんかの人数でいこう、て。ということは天草で一番受けとったのは桑原君ですもんね。あやつはけんかが強かもん。相撲とりあがりだけんな。あやつが、白倉黙っとれ、て。お前のところたった三十人しか来てないじゃないか、三十人分でよかて。向こうは二千万円ですよ、私んところは二百万か二百四、五十万円だったな。被害の補償金がですね。

色川　御所浦で最初の水俣病認定はいつでしょうか。

白倉　ここで発掘されたのが昭和四十六年です。原田（正純）先生と熊大の研究班ですね。その方々が来て。それにＮＨＫの記者と。そのときは、もうみんな反対したっですよ。絶対にごめんこうむるって、検診に家を借さんし、なぐるって、いうてきかんです。先生たちば。漁をしなければ魚が売れんて。私が現役の町会議員しとったし、なだめすかしてですね、検診をしたっです。そのとき二十人ばかり受診しましたな、最初にこの部落で。そのあと八人認定、私の網子《あみこ》ばっかり、幸か不幸か私の網子さんばっかりじゃもんな。

鳴子　主人が最初、隠れ水俣病さがすいうて先生方おいでましたでしょう、十年前になりますかね。もうとても村八分なっとやもん。きらわれて。鰯がだめんなるとかね。白倉さんしてくれて困るいうて。患者が何人か出ましたときも、そらそら、もうとっても悪口言われましたけどね。でも病気ある人、しょんないからなぁ。助けてあげんと。先でどんなんなるかわからん。今んなりますとか、その悪口言うた方が、申請して下さいて頼みにこられる。

III　抑留生活

敗戦前後の朝鮮で

昭和十八年かな、中堅官吏講習会というのをやって、その錬成会には私も中堅だったですから二週間の錬成を積んだ。その後、大同江《だいどうこう》、平壌《へいじょう》たいな、大きな河があるんですよ。このあたりの川と違うもん、河が。その河でね、風上《かぜかん》なって、どんどんどんどん流水が流れて来よるんですよ。そこで裸になってみそぎを、例の神代《かみよ》の伝説を忠実に守って。寒かもん。それで水の中に三十分ばかり漬からせて陸《おか》に上る。陸は砂でね。熊本の白川なんかもあるでしょう。あれなんか問題にならんもんな。そこで体操じゃ、体操。ああ、どがんこっでんやってきた、戦争んおかげで。

私の入ったところは京城の十九師団だったんじゃろかなあ。その頃二十師団まであったからね。脱走？そんなのもおりましたよ。自殺者がおったな。そんなの捕まれば上から打たれるからね、打たれる前に死ぬとです。自殺。秘密にしとっとけれども、伝わってきますもんね。何番の誰それが銃を捨てて、銃を捨てるなんかすれば、これは大変だもんな。殴る、蹴るで。今の自衛隊なんか問題にならん、想像もつかん。『人間の条件』であるでしょ、あれよりひどい。

兵隊は日本人ばっかりだったけれどね、あとで特別志願兵制度が朝鮮と台湾に敷かれて。朝鮮人やら台湾人にとってはですね、そらぁ日本を敵《かたき》にすっですたいね、いらざるこっぱして。なんで日本のために命を捨てにゃならんか。台湾人もそうだった。日本は自ら戦争をやっただけん、勝手にすればいい。罪のない我々までと、特別志願兵制度なんか作らんでいいと、いやだと言いおった。だけど、いやだと言うても、そん頃は日本の植民地だったからみんな黙っとったよ。

そのかわり、終戦になったらひどかった。終戦になったならね、朝鮮人をいじめた人、中国人をいじめた人、必ず返ってきたね。私はよかったものな。私はわりにですな、何ていいますか、博愛主義というかな、愛情には国境がないとね。朝鮮の人に私はよかったもんな。仲が良かったし、いじめもしなかったしな。で、お互い助けあう、石鹸《せっ　けん》持たん者には石鹸を与える、あるいは着物を持たん者には着物を与える。心の交換もやりおったですよ。そのために、わりにですね、目立った内鮮区別をしなかったために風当りも少なかったな。風当りの多か者は皆殺されたですよ、打たれて。

やはりな、教育というもの、決して子供を打つなと。やっぱりどんなに愛のムチいうても感情が入る、人間だからな。それでそうした気持ちが少なかったゆえにですね、私は終戦当時ですね、朝鮮人からの仕返しは少なかったようですな。で、帰られたのではないかな。

帰ってくるのも、そら、筆舌には尽くされんな。その頃、家内は次男坊がお腹に入っとったもんな。昭和二十一年に生まれた子がおったもんな。で、妊娠八ヶ月。それで長女が女学生、長男が小学校の三年じゃったかな、それと三歳の子。その子を肩にかついでね、一斗の米をかついで、食糧を持たなければ、どこで野たれ死ぬかわからんから、子供をおんぶして今のリュックみたいのでかついできた。その頃、長男が肺門リンパ腺でね、もう心配しとったです。よその子でも私は連れてきたですよ。人間はやはり愛情というかな、弱き者、平等に可愛がる、愛しあうということが必要だと悟ったな。

ということはね、その頃、警察権が朝鮮に変わってしまったでしょ。今まで日本が軍隊も警察も握っとった、敗戦で警察権というのがもうないんだから。敗戦国は哀れな犬と同じことね。これを殺しても誰もとがめる者おらん。戦争てそんなもんですな。何も理屈じゃない。

逃避行

平壌《へいじょう》に三つ警察があったってですよ。大同署《だいどうしょ》、平壌署《へいじょうしょ》、それに船橋署《せんきょうしょ》。船橋署《せんきょうしょ》っていうのはね、橋を渡って大同江《だいどうこう》たいな、大きな橋を渡って京城の方へ帰ってくるもんな、そこを渡らなければ絶対帰ってこられんけん。その橋を渡るとですね、しばらくすると警察があるもんね、そこをうまく逃げて来られるとですな、もうしめたもんですよ。

と、案の定《じょう》捕まった。自動車を高い金で借りきって、何人かでトラックを借りた。それを調査すっとだから。おまえらどこから来た、どこへ行くのか。な。こらぁ困ったな。一人一人検査するやけん。責任者出てこい。で、私が行った。帰れんかもしれん、なんかかんか交渉するから安心していてくれ、て。一行男女、三、四十人ばっかりおったでしょうねえ。そして身体検査、調査室に連れていった。もう一《いち》か八《ばち》か、これ買収してみようかと思ってね。そして三千円持ってた刑事が三人おったけんね。あなた方に少ないけどね、たばこでも買ってくださいと、そしたら黙って取ったもん。それから、姓名から住所からいろいろ聞かれた。で、その時にね、おーッて、おめく。おーッ、あんた白倉さんじゃないかって。そーれで、そんときね、ヒャッとしたね。私の名前が悪い方にとられておるのか、良くとられておるのかわからんからね。ま、悪か方に考えたが良かもんね。こらずい分いじめられた男じゃないかな、私に恨みのある人じゃないかなって考えた。そしたらその刑事がつかつかと来たもんな。そして「あんた、白倉さん、わたしを覚えとるか、覚えとらんか」てね。うーん何ていったらいいかわからんたいね。覚えとるっていえば、何かある。覚えとらんていえば、また。それで「記憶ははっきりしませんけれども、何かああたが知っていらっしゃるならば、どっかでわしはつきあったことがあっとでしょう」って、あいまいな言葉を言ったとった。ところが「私はあんたを知っとるとが」って。

うちの兄きは平壌《へいじょう》毎日の社長をしとったもんな。その新聞社に行ったときに、よく薬の注文とりにきよった大きな薬屋があったもんな、そこの金という人だった。「あんたとは友だちみたいにしてつきあったじゃないか、忘れたか」って言ってね。「あーあ、思い出しました」。その人は良か方じゃもんな。「ああ懐かしい」と、「あんたえろうなった」と言うた。

金さんは警察の課長になっとるでね、「本当に人間はわかりまっせん、日本は敗けました」て。「今からどがんしよっとか」と聞くもんで、「刑事さんが検査中で結果は知りませんけど、国境に向かって出発しよるところです、帰るところです」と。三八度線たいな、これを越せばですな。「三八度線に向って進発中でございます。よろしくお願いします」と頭下げたですな。「そら、おれがなんとか手伝ってやるけん」て。「そうですか、そうしていただければ四十人ばっかりおりますが、みんな子供連れで私の班ですから、何とか無事に通れるように先生一つ力を入れてくれんですか。三人の先生方も、おそらく私の気持ちをくんで協力して下さると思いますから、よろしく一つお願いいたします」

で、その三人の刑事が朝鮮語でペラペラ話しとる。千円づつくれてあった。そのころの千円だけんなぁ。で、そしたら「ペッチャンセンナム　チョンゴシサラメ」チョンゴシってはりっぱな人とかいうわけで、そこは言葉がわかるもんな。ははぁ誉めよるばいね、そんならばこら成功したろう。「心配するな、おれがついていってやる」て。それからな、刑事に白倉君を守れて。「この人は内鮮区別をぜんぜんしなかった、我々の仲間だから助けてやれ」って、そう言われてほっとした。

毎日「よぼ、よぼ」言いよったけんね、朝鮮人に。これは朝鮮人にはもしもしという言葉だそうだけれども、日本人がその言葉を使えばね、軽蔑する言葉なんです。で、やはりね、そういう面で悪かところがあったんだろうな。私はよく言うたもんな、絶対にいじめちゃいかんと。弱い者、女子をいじむるのはやさしいことやけんね。でね、日本はその頃権力の座にあったやけん。そん頃は三大強国の一つで、朝鮮、満洲、南洋あたりはみんな日本の権力下にあったわけでしょう。それをいいことにしていじめちゃあ、それはいかん。

で、軍国主義のな、兵隊やら警察の行動はそらぁ目に見えてひどかったもんね。警察官、検事、判事、それに私は反対した、日本人に抵抗したってですよ。そんなことをするなって。憲兵あたりに言いよったですよ。そんなすんな、かわいそうなものをな、あなたがたは権力によって、そうするのはいかんて。愛情を持って政治ばせにゃいかんて。私は友達に役所関係で憲兵隊長やら大尉やらを知っとった。それでよく交際しとったから、その人たちに、日本が勝つかどうかわからんけどね、勝てば勝つように優しくしていこうじゃないですかって。ずい分助けてやったもんだからな、それが帰ってくるとき為んなった。それで三八度線を越えるとちょうど開城《かいじょう》じゃもん。ちょっとした町ですよ。今は大きな市になっとるでしょうな。そこに収容されてね、そこに来るまでが怖かったったい。佐世保に着いたのが昭和二十一年の十月ごろだったと思うがな。

人間裸《はだか》になれば……

終戦から一年間抑留されましたけんね。平壌《へいじょう》で働いておったの。留置所には三ヵ月おった。役所に務めとったからな。役所では物資配給ばしとったからね、資材の配給。今ではもう夢にも思わんでしょうが、もうぜんぜん物が無い。米も衣類も地下足袋、全部配給。あそこの白倉幸男のところは家族が三人おるから、一足はやりなさいと。米はこしこでよかろう、砂糖は一人に百八十匁《もんめ》でよかろう。

朝鮮人にはな、いらん、と。朝鮮人には砂糖はいらん、そのかわり胡椒《こしょう》をやろう、胡椒も配給。ああ、こんなことはいかんなと思いながら、しかしそのまま、上の命令だから。石鹸もいらん、朝鮮人には石鹸もいらん。そーれは、しかし、いかんな。日本人に三個のときはせめて一個なっと配給しなきゃ。それでね、そういうような配給のあれをわしはやっとったですよ。例えば家を建てる、それにも許可制でした。くぎは何匁、柱はいくらいる、畳がいくらいる、もういちいち見積もりを作って申請しよったです。

そして国家総動員法というてね、昭和十三年にできた。ちょうど治安維持法と同じこっだ。これはもう厳罪ですよ。それを守らん者は重罪やったもん。これは役所が発動権を持っとった。そして、私はどこへ行くにも、ただだった。映画に行くにも、料理屋も、ただでよかって言いよったな。いわれたばってん、そげんことすれば、やはり国家総動員法守る本人がなあ。やっぱり払ってきたよ。そういうわけにはいきません、と。私がそげなことすれば憲兵もそうする、警察もそうする。やはり守るべきところは守ろうじゃないですか。一億一心で皆が火の玉になって働く、銃後は守らにゃいかん、と。

で、敗戦の一年間いろいろ仕事をしてきましたよ。留置所に三ヵ月おって、そのあと何になったかというとですね、今まで役人でいばっていたんだからね。自分はいばらんつもりだったけれども周囲の者はいばったしか思わんもんね。いばっとったんだから、一番最悪の、人のせん仕事をしよう、と。そのころソ連の自動車が来た。これが毎日人を轢《ひ》くんですよ。大きなトラックに兵隊さんがいっぱい乗ってな、傍若無人ですな。そして身元引受人がおらんでしょ。もう恐ろしいからな。で、それを始末する。それから大同江《だいどうこう》で死んだ人間なんかね、来んですよ、遠くてね。誰も受け取りにくる人がおらん。公益社《こうえきしゃ》っていうてね、そこに務めたんだ、わしは。どのくらい務めたかな、二週間どま働いたかしら。気持ちの悪してね。死体運搬。引き取り人の無い死体運搬。

それからね、ホテルがあったの。うちの兄きが経営しとった三根《みね》ホテル。あとから高麗ホテルって名前変えたもん。ソ連と朝鮮軍が接収したんです。そこのボーイになった、にわかボーイに。それで最初は釜焚き。ボーイというと、いかにも事務でもとるようだけど、そんなのじゃないんですよ。ふろたき、三助《さんすけ》。ハハハ。三助で習うたのでも、「三助物語」と書けばな、芥川賞でもとれると思うばってんか。

これは良かったな、飯は沢山たべさしてもらうしな、焼酎も飲ましてくれるしね。女の裸も自由自在。嫁さんや子供に黙って、ああ朝鮮人は裸になると、こんなかなあ、ロシアのいばっとる、そのころロシアは戦勝国でいばっとったもん。戦勝国の女も裸になれば、こんなもんか。それを、ちょうど学校の植物観察と同じ。私がお湯の調節をしなければ、熱いとどうもできんでな。ヤポンスキー来い、て、調節せろ、て。そういうようなことで、ずい分面白い生活をしてきたんですよ。失敗もあったばってんか。

その生活の中でね、おそらく敗けてこういうような人に会うことができた、敗けてこういうようなことを学んだ、教訓たいな。敗けたことによって多くのことを学んできたな。朝鮮人はあるいは中国人は、日本人よりもまさっとる。日本人は悪いと。

我々が習ってきたのは大和魂《やまとだましい》、腹を切ること、敗けることはな絶対にいかん。勝つことが日本のあれだったものな。それでいいことばっかり教わってきたから。しかし、日本人は敗けて初めてここが悪かったな、この点は改めにゃいかんなということがわかったな。やはり軍人なんか特にそうだった。いろいろおりましたよ。その人たちは劣るところがたくさんあったような気がするね。朝鮮人に学ぶ。中国の人に学ぶ。敗けてわかったな。な、勝てばわからん。

山下奉文、あんなのは大将だったたど、何のために誰のために大将になったたかな。「一将功成《いっしょうこうな》りて萬骨枯《ばんこつか》る」という言葉があるけれども、なる程、家柄も良かったでしょう、勉強もしたでしょう、しかし、人間的には劣っところがたくさんあったな、と思うんですよ。今の大臣にもそれ言える。水俣病の問題なんかにしても、あんまり薄情すぎる。弱き者をね、いじめる人種は良くない。アメリカにしてもソ連にしても。まぁ、それを身をもって体験してきたよ。恐ろしいこともあったし、命を助けられたこともあった。

三助《さんすけ》と将軍

あんた方、曹晩植《そうばんしょく》って知らんかな。これは有名な思想家なんですけど。その当時はね、南に李承晩《りしょうばん》っておったな、初代の大統領になった。でね、あなた方の歴史には載ってないだろうけど、今の文部省では抹殺してしまうものな。そのころ日本は負けるということは我々だけ知らんだった。朝鮮人は知っとったでしょう。朝鮮ではちゃんと政府を作っとったんですよ。まぁだ日本が戦争遂行中に。まだポツダム宣言がない時代に。天皇陛下が負けた勅語ば読ますどがな、その前に日本が負けるということがわかって、ちゃんと朝鮮は独立国家ができとった。政党もできて内閣もできとった。その大統領が李承晩だった。そのときの外務大臣がね、曹晩植。そういうふうになっとったそうだ。

朝鮮に金日成《きんにっせい》が来る前だから。その人はな、金日成と違ってアメリカ主義ややったもの。日本の大学の出身でね、日本語もじょうず。でね、ソ連主義じゃなかった。金日成はな、白頭山の虎と呼ばれてソ連側の大将だもん。曹晩植はね、日本には反対するけれども、実際はな朝鮮の愛国主義者よ。そして平壌におって日本政府からな、ずい分マークされて苦しめられた人ですよ。

その人が初めの三ヵ月くらいは天下取ったですよ。ちょうど明智光秀と同じように三日天下。ところが、そうですね、私が留置所から出たのが、昭和二十年の十一月十三日やったもんな。そして出てきたらね、曹晩植の姿がもうわからんごてなったって話やったもんな。私がそのときすぐ思い出したのが、美濃部達吉が行方不明になったことだった。天皇機関説の問題で、軍部からにらまれたでしょう、で軟禁されたことがあった、その事件。曹晩植も結局愛国者であるけれどもやはり主義主張が北では通らんばい。金日成が入城してくればね、金日成はソ連式だからな、おそらくマークされてどこかに拉致《らち》されてな、軟禁されたに相違なかろう。そしたらね、私の思いが当たった。

私は高麗ホテルで働いとったからね。私何も知らずに廊下からふろ場に入っていった。そしたらね、兵隊が銃剣を向けて「まて！　日本人待て！」って。きさま誰れが入っとるか知ってるか、てね。曹晩植が入ってた。で、守りのために軍隊がおって、実際は軟禁。その人のふろ場にわしがな、突びこんでしまった。敗戦国の日本人が、しかも私は釜たきでしょ、三助でしょう、な。これはえらいことだ。そうしたら、もうもうとした、朝鮮の冬は寒いからな、もうもうとしとる中で何も見えん。その中から声あり、白煙の中から声あり。厳粛な声があって、「待て」と。朝鮮語でね。「この人はここの従業員だから助けてやりなさい。おまえはあっちへ行きなさい」鶴の一声たい。軟禁されとってもやっぱりえらいんだから。まだ刑は決まっとらんけんね。

その話を帰国してから大阪朝日の新聞記者に話したら、あんた日本の軍隊ならば殺されとるって。山下奉文とかね、敗戦国の釜たきが将軍といっしょにフロに入るということはな、それは許されんて。口じゃ八紘一宇の精神とかね、良かことを言うばってんな、それは嘘だ。曹晩植閣下は私を助けてくれた。私は学ぶべきところは朝鮮に学ぶ、中国に学ばにゃいかんばいなぁと思った。その私の知った記者はな、その話を日記体で書かんかって言った。日記体で書けば面白いと。日本の新聞社でもな、この人の行方はわからんて、未だに。で、最後に会った人間も、最後に話した人もわからんて。ま、今なら書くが、そのころはなぁ。高麗ホテルでは半年ぐらいおったかな、日給くれよりましたよ。

もう役人やら、留置所生活やら、そうした生活に耐えてきて、やれやれということで帰ってきた。帰ってくれば日本も、ご承知のように食糧難でね。とても就職する気になれんじゃった。

宮崎県庁からね、入らんかってきたんですよ。外務省には私の友だちがおったしね。それをあえてここさね戻ってきた。まあ考えみれば、東京の生活もよかっろうし宮崎の新天地も良かったばってんな。しかし、私がそんなところに務まったかどうかな。務まりきらんじゃったろうと思う、ね。実際は虚無、虚脱状態になってた。もう何かしらんけど、世の中に抵抗感じとった。おそらくうまくいかんじゃったろうな、とも考えられる。何かやっぱりここに魅力があったんでしょうね。これ家内の立場だと、なんでこんな田舎に帰ってきたかということやろうが。東京で外務省に入っとれば末席でもですね、務めて退職金でももらっておれば、こんな貧しい生活はしなかったかもしれん。そう思うばってんな、うーん、これでもよかと考えることもある。負けおしみだろうばってんね。そういうようなことがあったんですよ。

エピローグ

妻 私にね、百まで生きてくれって言うんですよ。おれ先に死ぬからって。さあ、私は貧血でめまいがして、しょっちゅう頭が痛いから、ああたより先死んだらどうしようかしらって。百まで生きろって、ふふ。

夫 私にお茶ください、お茶。

妻 はいはい。ここにおきますよ。お父さん、チーズあげようか。もう、目が見えんでしょ、魚も骨があっとは、ひとりじゃたべきらんです。チーズが好きでね、たぶっとにも楽ですもんな。

はい、私は熊本から来よりまして。まさかこんなところがあるとは思わずに。私来たのが昭和七年ですか。電気もないし、水がほら、水道がないでしょう。前に川があったけれど満潮時になると潮が入るんですよ。それで向こうまで肩にね、大きなおけを荷《いな》うだそうですよ。もう、私、したこともないのにね。夜、月夜の晩にみんなが寝たあとで、おけに少しづつ水入れて、こう、けいこしたんです。肩に乗せるのを。そうせんとお舅《しゅうと》さんがおられて、そのお姉さんがここにね、だからやかましいもんだから夜けいこして。それでだんだん水を増やして人並みに荷うようにけいこした。そのかわりここ（肩）がずーっと紫色、本当に汲むまではね。みんなびっくりしとらしたそうですたい。ああ、あの熊本から来たあねさんは、て。こちらそんな言いますね、嫁さんとも言わんであねさんはまあ、ようあの太かたんごで、て。おけをたんごて言うでしょ。水たんごに水をいっぱい入れて荷わすて、感心して言いよったそうです。私は知らんけど。近所の人が遊びに来て、あねさん、あねさん、あんたいつ、そがいに水の荷い方けいこしたかなって言わすけん、笑うて言わんかったですね、恥しいから。そんなふうで何もかも初めてでしょう、電気のないのが一番淋しくて涙が出よったです。そのとき二十二でした。

　朝鮮から引き揚げてきてから、また苦労が始まったわけですね。麦を作ったり、さつま芋を作ったり、地引網に行ったり。昔は麦を刈りてきて千歯で扱《こ》いてね、それを石臼《いしうす》で、かみ臼ていうて足で踏んで搗《つ》くんですよ。そしてそれを夜は炊いてたべるんですね。

夫　引き揚げてきたころは、本当、これ苦労してですね、自殺せずがよかとこだった。なんでこんな所におっとか、と。宮崎県庁にでも行っとればな、違った人生があったと思うばってんかな。とにかく後悔だらけです。

妻　でも、しようがないですよ。年よりの父親がいましたから。

　今朝は朝が遅かったから。おまえより寝とったねえて。足をもんでもらったわけですよ、ゆうべ。こう、ずーっと腰から。それが気持ちのよかったで、私目がさめたのが遅なって。この人は早いもんだもんなぁ。とにかく早よ目がさめて。そして表に出て体操して。

夫　もう秋ですなあ。

妻　もう秋だなぁって、虫がね、セミのなく声が。

夫　セミのなく声がだんだん細る。それでひぐらしがね、それがまた哀しそうになくな。

この夏も　終りとなれり　ひぐらしの　なく山に秋の風あり　と。

妻　もう目が見えんからな、おれの想像だからしっくりいかんて。耳で聞こえるもの、においしかないでしょう。もう昔に見たことしか想像できない。

このあいだ、サルスベリがどこかにあるかなぁって。おれはサルスベリって知らんて。こう言うもんですけんね。どうぞお茶を。ごはんたべて下さい、どうぞ、遠慮いらん。

あの、ちょうど蓑田《みのだ》眼科の前が、本渡《ほんど》の教育会館ていうのがありますもんね、その前。ああた方、あんな所は行きなさらんか。あそこにサルスベリの花がね、いっぱい咲いとったですよ。そしてちょうど、にわか雨のあがって、しずくがポテポテと落ちてたから、光って太陽に。この人の手を引っぱっていって、これがサルスベリの花よ、ってかからせたわけ。

あれはこう盛っているでしょう。花がひとひらじゃなくてね。一つの花がいっぱいかたまって盛っているでしょうて。かかって、はぁ、しずくがあるなぁって言って。色はどんな色か、って言うから、ピンクの濃い色かなぁて。それでサルスベリの木《ぼく》もね、普通の木と違ってつるつるしてるから、かかってごらんといってさわらして、ハハハ。

そして船で帰ってくる途中で、もうおれ一首作ったって、こう言う。もうおれ一首できたぁ、て。

附記

最後にこの聞き書書は、不知火海総合学術調査団の現地調査の一環として行われたものであることを附記します。なお、御所浦島訪問の折、同行された土本典昭、石牟礼道子、最首悟、角田豊子の皆さんにはとくに御世話になりました。そして私たちが行くたびに心から歓待して下さり、また何度もお話し下さいました白倉幸男、鳴子御夫婦には厚くお礼申し上げます。

(この研究が本学の個人研究助成に負っていることを附記する)

注

1 「不知火海漁民暴動」で白倉さんが爆弾闘争を打ち合わせたと証言している会合とは、昭和三十四年十月三十一日午後二時、芦北郡佐敷駅前の坂本屋で、不知火海の十二漁協長と熊本県漁連会長らが集まり、十一月二日の行動計画を協議したときのことである。この会合に田中熊太郎(五部会長兼田浦漁協長)、竹崎正巳《まさみ》(芦北漁協長)、桑原勝記(樋島《ひのしま》漁協長)らと共に、白倉さんは御所浦漁協代理(専務)として出席した。また、この会の直前に熊本県知事寺本広作が芦北漁協を訪れ、漁民を説得し、その後、津奈木から水俣へ向かっている。この十月三十一日の会合は、正式には不知火海水質汚濁対策委員会と五部会の合同会議である(詳しくは色川大吉「不知火海漁民暴動」(1)(2)、「東京経大学会誌」一九八〇年九月、一九八一年一月、参照)。

2 「抑留生活」の章で白倉さんがめぐりあった朝鮮の政治家曹晩植《そうばんしょく》の略歴は次の通りである。曹は一八八三年、平壌生まれ。日本の明治大学を卒業。一九一九年、朝鮮独立運動(三・一万歳事件)に参加。のち五山学校長などの教職についていたが新幹会に加盟。平壌支会の会長となる。一九三〇年代、金性洙らと改良的自治運動を組織し研究会を結成。一九四五年、解放後はキリスト教徒を代表し朝鮮民主党を組織し委員長となる。また北朝鮮臨時人民委員会副委員長に推されたが、共産党系の土地改革やモスクワ協定に反対し、一九四六年党大会で非難攻撃を浴び失脚した。白倉幸男さんが逢ったのはその頃の曹晩植であろう。

3　李承晩（一八七五〜一九六五）はワシントン大学やプリンストン大学に学んで一九一〇年に帰国し、独立運動に参加、投獄され、再渡米している。彼は三・一万歳事件の一九一九年、上海で大韓国臨時政府が樹立されるや、その臨時大統領に推されているが、じっさいに朝鮮に帰国したのは一九四五年の十月である。やがて独立促成中央協議会、大韓独立促成国民会などを結成、一九四八年七月、アメリカの後押しで大韓民国初代大統領に就任、一九六〇年四月、学生デモによって倒されるまで専制権力をふるった。三十六年も前のことなので、白倉さんの記憶には多少の混乱があるように思われる。

4　一九四五年八月一五日の日本敗戦、朝鮮解放の日の劇的な瞬間を、高峻石氏は次のように表現している（高峻石「ソウルで迎えた八・一五」『季刊三千里』15号）。
〈解放の時点から、ソウルの街には興奮と歓喜の波が渦巻いた。民衆の「朝鮮独立万歳！」「朝鮮民族万歳！」の叫び声がソウル周辺の山々にこだまし、踊り狂う者、むせび泣く者、日常の怒嗟の声を放ちながら慟哭する者、民謡「ノードル江辺」や「東海の水と白頭山……」の愛国歌を歌う者、頓狂な声ではしゃぐ者などでソウルの街は埋めつくされ、その喚声は天地を揺るがした。いつの間に準備されたかは知らないが、「民主政権樹立」「朝鮮独立万歳」「祝解放」などのプラカードや太極旗（旧韓国の国旗、現在も同じ）や赤旗の波がうねり出し、日本帝国主義者によって使用を禁止されていた朝鮮語も「自由の身」となった。〉

（「東京経済大学　人文自然科学論集」第六〇号〈研究ノート　日本民衆史聞き書（五）〉（一九八二年三月）所載。
羽賀しげ子との共同執筆）

漁師八十年

——下田善吾聞き書——

I

九州農政局芦北統計情報出張所の漁業統計担当の藤井敬司氏の紹介で、鶴木山《つるぎやま》の下田善吾さんを訪れたのは、昭和五十四年三月三十一日であった。

熊本県の南西部にあって、球磨《くま》人吉《ひとよし》と薩摩に連なる街道の岐路に位置する（旧）佐敷町は、七世紀末に郡衙が設けられて以来の交通・軍事上の要地であった。昭和三十年に芦北町が生れ、その中心部となったこの（旧）佐敷町を、佐敷川に沿って下ると、不知火海打瀬網漁業の基地である計石《はかりいし》に出る。計石から海沿いに、かつて島津藩に対する肥後防衛の前線基地であった御番所鼻《おばんしょのはな》をまいて北上すると、静かなたたずまいの鶴木山に出る。いまは佐敷からも、北側の海浦《うみのうら》からも海岸道路を通って簡単に行ける鶴木山だが、下田さんの聞き書にあるとおり、大正時代のはじめまでは、計石からの道は干潮時にわずかにわたれるような磯伝いであり、佐敷へは山越えをして行かなければならなかった、隔絶の地であったのである。

そして現在、鶴木山は別の意味での隔絶の地である。鶴木山を南北にはさむ計石や海浦では、さらに海浦の北の田浦や、野坂の浦をへだてて眼前にみえる南の女島《めしま》では、不知火海有機水銀汚染の結果としての水俣病認定患者の分布がみられるのだが、鶴木山はエアーポケットのように、分布は空白となっている。これは疫学上より見てあり得ないことで、なんらかの人為がはたらいた、あるいははたらいている結果であることを物語っている。

そのことについてはまたあとで触れることにして、下田さんについて述べる。

下田善吾さんは、明治三十四年（一九〇一）二月十九日、網元《あみもと》下田末吉の次男として生れた。善吾さんは後年、「鰮《いわし》でへその緒をきった男」と称されるようになるが、これは、鰮はもっぱら網漁で獲る魚であるから、網漁の名人、網漁に執念を燃やす男という意味である。お会いした時が七十九歳、その称号にふさわしい、鰮を追いもとめる鋭い目は、まだその名残りをとどめ、しかしそのまなざしは漁の話になると、ふと和むかのようであった。現役をしりぞいて三年、漁の話には懐旧の情がにじみ出ていた。

しかし、下田さんは生来、利発で、父末吉は、この息子は教員になるのだと、いい聞かせていた。村から教員が出ることはたいへんな名誉であったのである。その父末吉が、大正元年、胃腸と膀胱を病んで、四十五歳で亡くなった。大網（ボラ漁）をひいて、三十人くらいの網子をかかえていたこともあり、網元の死は大打撃で、十八歳だった兄善喜が網元をひき継いだものの、漁は円滑に運ばず、下田家の苦労がはじまった。当然、下田さんの中学校行きは、かなわぬ夢となった。

兄善喜も、二十歳を過ぎて胃腸を病み、下田さんが、いよいよ山見の役をひきうけることになった。十七歳、大正七年のことである。七年後、兄善喜は亡くなり、下田さんは二十四歳で網元を継ぎ、以来半世紀にわたって鰮《いわし》漁の采配をふるうことになる。

子どもの頃の思い出を含めて、下田さんは、釣をいっぺんもやったことがないそうである。魚がよってくるのを待つ漁は、好かんという言葉に、下田さんの漁業観や漁師観が表れている。単に性分の問題ではない。規模の大きい網漁は、資本が必要であるし、投機性もからんでくるから、網具商に借銭ができる信用が代々にわたって形成されていなければならない。そういう条件があって、はじめて性分がきいてくる。一本釣りの漁師の子どもが、釣り漁は好かんといっても、大きな網漁をうてるわけではないし、逆に網元の子どもであっても、網子の和をはかり、指導性を発揮できる性分でなければ、血筋の誰かに網元を継いでもらう他はないのである。

下田さんは、網元の子として、網元になるにふさわしい性格の持ち主だった。そしてもちろん網の歩合計《ぶあい》算に必要な、二ケタ、三ケタの割り算のそろばんができる能力の持ち主であった。そうであるだけに、一本釣り漁に対しては「眼中になし」という姿勢が、おのずと強く形成されたにちがいない。網元は多かれ少なかれ、その点では、皆同じといってしまえばそれまでだが、しかし、幼時の頃から釣りを一回もしたことがないのは、やはり珍しいのではないだろうか。

最初に訪ねたとき、下田さんは喘息気味だった。それからすでに十回近く、漁の話を聞きに伺っているのだが、冬は喘息の発作が激しく、春に向って軽減し、夏は比較的お元気のようである。中程度の発作がおきていても、お電話すると快諾されて、伺うことになる。一時間ほどもすると喘息がしずまっていることに気付かされる。

「それはもう、漁の話をしているのが一番の薬で、二度思い出をして、ほがらかになるのですよ」と、奥さんがいわれる。二度思い出とは、いつも思い浮かべているのに、なにかのきっかけで、更に強く昔を意識するという意味なのだろうか。しかし、昭和五十四年、奥さんも激しい喘息の発作に見舞われることになる。

視力が落ちたのも、喘息も、若いときの山見のせいであると下田さんはいわれる。朝から弁当と水をもって山にのぼり、一日海をみつめている。その間、煙草はスパー、スパーと吸い続けだし、「いったん鰮を発見したならば、大声でおめんでしょうが、船がいったん出たならばいくらおめいても聞えるはずはありませんが、布で手旗のように、それかせ、それひかえろと合図しまっすが、それでもおめき続けるわけですたい、それで目ものどもやられてしもうた」。

慢性水俣病と疑われる人に、肝臓疾患と喘息が多いという事実を念頭に置きながら、ある時不躾《ぶしつけ》に、水俣病と思われたことはございませんかと尋ねたところ、下田さんは、爽やかに、「考えたこともない」と答えられた。しかし奥さんについては、ある時期に申請すれば認定されただろうということであった。

Ⅱ

鶴木山はかつて鶴来山といわれ、天正六年（一五七八）の銘がある棟木が発見された古い村落で、明治以来ほとんど変動のない八十数戸は、下田、山本、田中、中村姓で占められ、他には浜田姓が一戸、山石姓が二戸あるのみである。いわゆる「流れ」は一戸もなく、昭和の初期からは、五統の網元による網漁が続いてきた漁村であった。昭和二十四年に温泉が出たとはいえ、経済的な基本構造に変化はなかったが、水俣病発生とカタクチイワシ漁の不振により、昭和三十四年以来急速な変貌をとげた。現在は鰮船引稼働網一統、老齢の一本釣りの漁師五戸をのぞいて、ほぼ完全に甘夏経営で成り立つ漁村となっている。

鶴木山の転換期となった昭和三十四年の、チッソ水俣工場に対する漁民抗議行動は、漁民暴動といわれる激しさをもって展開されたが、鯔網漁をなんとか維持しようとする鶴木山漁民の危機感も深く、芦北漁協の長老理事であった下田さんは、昭和三十年代の初めに芦北漁協組合長をつとめた実弟の山石藤九郎《やまいしとうくろう》（昭和三十七年死亡）らとともに奮闘した。

しかし、このときの補償金調停条項の一項にしばられて、芦北漁協も他の抗議行動に参加した漁協とともに、有明海第三水俣病発生問題による魚価暴落がおこった昭和四十八年まで沈黙を続け、漁協として水俣病申請の規制をはかった。不振をきわめる漁にとって、水俣病認定患者の出現は致命的な打撃になると判断されたのである。そして鶴木山の住民構成、漁村構造からみて、この規制はほぼ完璧に浸透したことは想像に難くない。おそらくその規制も規制として意識されず、むしろ村落の生活防衛と共同体の存続を確かめ、誇示するものとして、他地区よりも長く機能したのであろう。

現在鶴木山では、一本釣漁師で被害者の会鶴木山支部長の中村勘太郎氏が、十九名（昭和五十四年当時）の申請者とともに運動している。熊本県は、鶴木山という知名から山間部からの申請と受けとっているのではないかと、担当者を招いて、縷々説明する努力などを続けているが、認定への道は険しい。疫学的にあり得ないこのような空白状態に対する行政責任がまず第一に問われなければならないが、率直にいって、指導者層である網元のはたした役割も批判されなければならないだろう。

この点についての下田さんの話には、聞いているうちにやはり一種の感銘をおぼえないわけにはゆかないものがある。救済されなければならないのは、一本釣漁師であるという前提をおいて、この前提にはいわず語らずの下田さんの自己批判がこめられているように思われるが、しかし、漁師は働けるうちは働きぬいて、不労所得を得ることなど夢にも思ってはならない、それが漁師の誇りというものだというのが、下田さんの持論である。

漁師は海に向って立派な構えの家をつくる。自分一代の稼ぎで、そういう家を建てかえることが、漁師のはげみであり、そうして建てた家は漁師魂の表れでもある。重症患者が、補償金をもらうことは否定しない。将来の生活を保証するのに是非とも必要だからである。だが、まだ働ける漁師が補償金をもらって、それで軒なみに家を新築するというのは、漁師の堕落であるといわねばならない。元気で稼ぐことができれば、当然建てられたはずなのに、身体がいうことを聞かないために蓄財できない、だから補償金で家を建てるという理屈は漁師のものではない。漁師にとって板子一枚の下はいつも地獄で、元気であってもいつなにがおこるかわからないのだ。家を建てるのは運の強さの結果であって、予定調和的に建つものではない。海を汚し魚を死滅させた責任をチッソに問うことと、苦しい苦しいといいながら補償金で家を建てたり、遊興につかってしまうこととは、全く別のことである——。

下田さんが、このままを話されたわけではない。要約して意を体すると、およそこのようになるだろうと思われるのである。下田さんの意見には、海上での狩猟行為にまつわる不安定をひきうけ、ひきうけることによって剛毅さが生じ、剛毅さの故に、陸上生産者の則の埒外に生きるという、漁師の理念がほのみえるような気がする。あるいはまた、『芦北町史』に、鶴木山のことを何故書かぬという慷慨に通じる、歴史に根ざす奥深い漁師差別への憤懣をおのずと物語っているのかも知れない。

水俣病の悲惨さは、人体の被害にとどまらず、「社会病」として現出したことのうちにあり、患者が苦難のすえに自分の力で手に入れた補償金によって、「社会病」の悲惨さは増しこそすれ減りはしなかった現状を思うと、下田さんの持論を、「水俣病隠し」を助長するものと単純に批判することは到底できない。

下田さんの聞きとりは、漁業を中心につづけられている。その詳細はおって発表されるが、私たちの聞きとりの過程で、下田さんは、身体の調子がよいときに、心覚えを記されるようになった。そのうちの一つ、

「私の部落の昔から歩いた道」は、昭和十年代まで続いたらしい鶴木山の年中行事を叙述したものとして貴重である。ここに、その一月の部分を、若干の語句を補って紹介してみたい。

Ⅲ

一年の計は元旦に有りと言ふて、特に田舎の漁村は忌《いみ》を嫌ふ。今日は何事も術べて静かに一日を送る様に心がけた。

元旦の初参りは、権現山《ごんげんやま》に鎮座まします故、零時が過ぎると参拝した。其の帰り道に、天草灘を眺めると、お天気の良い夜は、不知火《しらぬい》が荒口島に添って点々とする光景がみられ、二時過ぎに家に着く。しかし此の不知火を見る体験をもつのは、今では筆者一人と思ふ。なぜならば、零時過ぎに神様に参拝する人は誰も居なかったからである。夜明け近く三時四時頃になると、村中の人々は揃って参拝したが、其の時は最早不知火は影も僅かで、不知火が見えるのは一時間足らずの間である。

二日になると、漁師は漁船の舟玉さんに、御雑煮《おぞうに》吸物を持って御祝に行く。百姓は百姓で田畑に御神酒《おみき》をもって祝ひに行く。此の日は漁師は若肴取《わかさかなとり》と言って、祝の物を取りに漁に約一、二時間位行き、百姓は若仕事といって一時間位仕事に行く。

元旦の夜は三時頃から若木と言って椎の木を切りに行き、男の数に合せて切り、暗い内に家の軒に立てて祝った。百姓に働く者は、馬の縄と言って、三時頃から藁を打ちて一年一二ヶ月の時は一二棒、閏年《うるうどし》の時は一三棒ないあげて、其れから遊んだ。

正月三日五日位迄は、色々と正月の行事続きで、是れを五日間と良く言った。

七日になると、鬼火と言って、子供が正月二日位から薪を山から集めて、其れを山の様に積んで、火をつけて焼いた。村中の人が其れにあたると、一年中病気にかからぬと言はれた。子供は餅を結はえて焼いて食べた。これを食べると病気にかからない、また運が良いと言った。

この山の様に積んだ大木を一本立てて、一番かしらと言い、火に焼けて倒れるのを待って、めいめいに枝を折って家に持ち帰りて、床畑に立てるともぐらが畑を荒らさないと言はれた。

其の日は夕方から夜遅くまで、老も若きも、男も女も、皆んな火にあたる。此の日は、月の七日と言って良く天候の荒れる日である。

拾日は観音祭と言って、女は何歳になっても、馳走を作りて網元に送った。

拾一日は伊勢講と言って、部落が各組に別れて集会をなし、其の日各組の行事が決った。此の日をまた長祝と言ひ、正月二日になった縄を御互いに手伝って作り上げた。また御互いが呼び合って楽しく呑み交しもした。

拾五日は、小正月と言って、俗に我々貧乏人の正月と言った。此の夜は成る丈荒れた天候が良いと言った。天候が荒れると、色々果樹類がなると言って喜んだ。又今夜は子供はモグラ打ちと言って、山から細長いカシの木を、先のほうはねじりて切って来て、藁を付けてカズラに捲いて、其れで一晩中自分の所の畑、他所の畑も叩いて遊んだ。其の時、「うちの麦は良《いえ》の麦、となりの麦は悪《いね》い麦、一斗まき八石《こく》、上も下もゆらゆら」と唄いながら、夜拾二時、一時頃たたいて、その後カシの木を海に流した。其れで明日たたくと死んだもぐらは又生きかえると言はれた。

拾五日は枯れの御飯と言って、正月二日の朝切った若木の枝を枯らして、其れで御飯を焚いた。又、木は小さく整理して其れを割って、五月の田植の時の御飯焚きにした。

拾五日、拾六日は、鬼の釜も遊ぶと言ふなごやかな一日と言って、今日だけは言い争いせずに暮した一日である。しかし初嫁の人には嫌な一日である。なぜかと言えば、嫁の尻叩《しりたた》きといって、樫《かし》の木を一尺位に切り、嫁の逃げるのを追いかけて叩いた。身重の人は左に非らず。此の日は嫁ばかりでなく、若い娘も叩かれた。とにかく昔からの慣はしで、只、遊び事ゆえ、別に何事もなかった。

二十日は、今日畑に七度行って、七度飯を食わねば、一年中空腹と言った。又、今日餅を食べないと蜂がさすと言われた。今日で最早、客に餅を出すのは仕舞と言った。

二十日から二十五日、二十八日、各組で仏の供養があった。しかし太平洋戦争で、物資が統制された其の頃から部落の組運営は、隣保班となりて、第一班と言ふ工合に別れるようになった。

鶴木山で、八十最以上で存命の老人は、下田善吾さんの他に、お婆さんが一人の二名にすぎない。それだけに鶴木山の歴史を語り残しておかなければならないという下田さんの思いは深い。私たちの春、夏の訪問をいつも待ちかねておられるのは、私たちがその仕事の一端を荷なうはずという期待の想いからでもあろう。

本稿は、下田さんの聞き書の抜粋にとどまるが、硴瀬《かくぜ》に打ち寄せるタレ（カタクチイワシ）の卵の大群や押網代などの、重要かつ印象深い話が含まれている。

下田善吾聞き書

鶴木山《つるぎやま》というところ

だいたいここは、もと四家《しけ》ちいうてですね、四軒あったそうです。天正六年（一五七八）にできた家が二軒あったっです。それがですな、文化財に指定してもらいたい、と言っても見に来んですもん。そんみんなとうとう崩れて焚物《たきもの》にひっ切ってしまった。それが何に残っとったかちいえば、書きつけがあったですたい。

ところが何年位でしょうか、あたし、よう（よく）と年号は覚えませんが、あの、旧暦の正月七日に鬼火てしよりましょうが。海岸や山の上で正月の間お飾りした紙や何か寄せて焼いて、餅ば竹でくびって焙《あぶ》るとですたい、それを喰ぶれば病気ばせんちいうて。ところがそれが風のため燃え上って山が全部燃えたそうです。田舎のことで、色々な品物は神社にあずけてあって、（書きつけも）全部燃えて、それで、なあんもなか。

で、昔はここに鶴が来よったそうですもんね。そこの十字屋ちいう所に温泉が湧きよったとが、そこで鶴が湯治をしよった、脚の悪かつを。ところがその火事のために鶴が来んようになってしまったそうですもん。ここは元は鶴来たり山ですもんなぁ、今じゃ鶴木山ち言いよりますけれど。

それから権現《ごんげん》さんというて、神社さんの鰐口《わにぐち》が宝暦二年（一七五二）ですか、ここにあげてありますもん。そっで、ま古かことは古かっじゃち思うとるわけです。もと上の方が部落じゃったそうです。ここは海岸じゃったそうですなぁ。そして波止からあっちは江湖《いえご》ちいうて、ずっと洲《す》になっておったわけですたい。そこを開いて家を建てたから江湖《いえご》ちいうわけです。そって上から見りゃこっちが下《しも》ですけん、ここ近辺が下《しも》ちいうわけです。中心はこの辺ですなぁ。

戸数は百軒内外。やっぱり終戦後はまぁだ百以上あったですよ。それからもう不景気になって、甘夏ができる前はぼつぼつ他所《よそ》に出稼ぎばかりですたい。もう漁は水俣病で不漁になるしですね。最近はどうやらまた余り減らんですよ。今は八十何戸ありますかね、九十戸はなかち思いますが。

そいでですね、下田、山本、中村、田中ちいう名字《みょうじ》で、まぁ埋《うず》まっとるわけですたい。ご承知のとおり廃藩置県になってから、名字帯刀許されたでしょうが、そんときにやっぱり親類関係でずっと、田中なら田中ちいうお宅ば作られたっじゃなかかち思いますがな、はい。あと浜田ちいうのが一軒、山石が二軒あります。

天草からはですな、ああた達のおいでた途中の静観《せいかん》のところからまた隣に一つあるでしょう、少しばかり部落が。あすこも鶴木山の部落でしたもんね。あすこには、原石《げんせき》を採掘するため天草方面からだいぶん来ておいでて、百戸あまりやったでしょうね。はい、石切りの人、石工《せっく》が来よったです。

ちょうど、忘れもしませんが、あたしが小学校二年生のとき、あの村で、わしどんが学校の机を持って、あそこさ肩げて行って、そこで原石山の採掘いたってから十年目ちいうて十年祝いじゃったですもん。じゃばってん、天草から来られた方は、またもとの天草に帰ってしまわれた、石山がつまらんようになったから。

あたしの家は、その漁師としては、まあ一番古かろうち思うとります。明治十年の戦争に西郷軍があたしの祖父《じい》を、その下田善左衛門を捕らえに来たそうです。何のために捕らえぎゃ来たかちいうこっば、私も相当にたずねてみたけどわからんとです。して、天草に逃げとったそうですもんなぁ。

で、佐敷《さしき》の、あの、学者の連中が『芦北町史《あしきたちょうし》』を作ったから、その人に尋ねたばってん、『芦北町史』になんら載らんとですよ。鶴木山のこっだけ載らんとです。それで、なぜ鶴木山は載らんかと、わしがいうわけですたい。こういう町史なんかを作る際には、そら、学者ばかりで作っとはあたりまえかもしれんばってん、たまには部落の人も交えて、こんな物《もの》は作っちゃどうかち、わしゃ言うわけですたい。

だいたいこういう話も、あたしは学者から聞いたですが、あのとりまぜた話ですけど。頼山陽《らいさんよう》が『雲か山か』（漢詩）を作ったでしょう。あれは天草の富岡《とみおか》で作ったちゅうけれども、ここに権現さんちいう神社のおられたですもん。その神社の前に腰掛岩《こしかけいわ》ちいうて椅子ぐらいの石のあったですもん。それに腰掛けとってその詩を作ったとわしゃ聞きました。そすとこっちにお手植桜《てうえざくら》というとがあるとですもん。しかしながら誰のお手植桜かこれがわからんとです。あたしもだいぶん凡《あら》ゆる何をしてみましたけれどわからんですたい。

ここに頼山陽先生は二十日といわん、遊ばれたそうです。佐敷に遊びに来とって作った「芦北にのぞむ天草の灘、萍《うきくさ》の如く郡島……」ちいう詩もあっとですよ。この萍ちいう字がなかなかわからんとでした。ある人が昔の字引きで見つけてようよう今知ったっですたい。

そしてお寺の坊《ぼん》さんが「下田さん、ああたが言うのが本当じゃ。天草のどこにも『雲か山か』を詠《うた》う所がない。ここの権現さんから腰掛け岩に座って詠うたのが本当じゃ。しかしながら、そん岩がないのが残念」と言うわけです。岩は山の崩れて下さ落ちたっです。なかです。で、「腰掛岩の崩れてしもうて物的証拠がないから町史に載せられん」と言われるとですもん。

そん岩は見とってですよ、わしは。まぁだ崩れてから二、三年しかならんとです。（道を作るので）削《と》ったために大水が出て崩れたとですけん。ここは通れなかったです、昔は石のこう出て。あたしども学校行くとにこの坂ば行きよったです。ここは海岸で、潮のようと干《ひ》ったときに通るだけやったっです。ほんのここはもう陸の孤島と同じことだったですたい。

網元

私で何代になりますかなぁ、祖父《じい》が善左衛門、それから鶴吉、そすと下田末吉。兄貴が当初継いだっですが死にましたもん。私はだいたい四代目。はい網元です。

私のこまいときはずっと陸曳《おかび》きで、そうですな、陸曳きをやってたのは私が二十二、三の頃までやりよりましたね。それから船曳きもやったけれども、船曳きの悪いときには陸曳きをやるというような調子でした。何年でしょうか、あたしは明治三十四年（一九〇一）生まれですから。そうですな大正ころですか。

船曳きもずい分長かですよ。地曳きからやった人は私と、あすこの山石ハツちいうがずい分後からそうしたんですけん、じゃって、もう一番鰯網で古いのは私のところです。

わしどんはご承知の通り尋常高等ちいうて、昔は尋常（小）学校の上に二年間あったっですけん。今の中学校。そして（上の学校は）熊本に行かな無かったもん。あたしは、おやじが「教員にする。学校に出す」と言いましたけど、あちしが十のときおやじが死にましたもん。そいでもうおじゃんですたい。とうとう漁師で暮らしました。あたしが二十《はたち》……二十二、三の頃迄は真鰯《まいわし》はどんどん獲れよったですな。その時分なもう盛んですけん。

あの、私は二番目でしたが兄貴は少し病弱でしたもん。それであたしは三十四歳まで本家におったですが、その間《かん》ずっと地曳網も全てしとりました。今は電波探知機があって魚群でも何でも見るけれども、昔はこの山に登って行て……。はい、山に登っていて海の色合いによって魚を見つけて、そして地曳きを曳かせよったっです。

網元の統数はですなぁ、船曳きなればですね、昭和の初めから五統あったっです。そのあと四統になった。やっぱり昭和三十四年でしょうね。この頃はもう三統ですたい、わしがやめましたから。

船曳きが動力船になったのは、やはり戦争前、戦後でしょうなぁ。戦争前までは動力船ちいうても、動力でやる人もやらない人もある。やる人は交渉ばしょったわけですたい。まだ許可がないもんですからなぁ。ローラーなんかまず持ってて往き戻りに引っ張ったり、船をすうっと引き回すだけだった。四馬力か五馬力ぐらいの何でした。二十馬力になったのは何年かなあ……。わしの日誌ば見ればわかるち思います。ああた方がまたおいでるちいうなれば、日誌は見つけてみましょう。

日誌はずうっと継続しておるかおらんか、わからんけれど確かにあるはずです。大正からありゃせんかち思います。もう近年は魂《たましい》入れてずうっとですたい、ああた。そんとき（昔）は忙しかって漁に行って二日でもかかったこともあるし。鰯網の帳簿のなんか、のけとけばどげんち（ああたの）参考になるでっしょがなぁ。しかし悪《わり》い話ですばってん、もう過ぎたことですけん言いますが、帳簿はああた税務署関係が恐しゅうしてポンポン処分しよりましたもん。

まあ親方は、二、三十人（の網子）をその働きを見て、それから商人と（鰯を製造した製品や魚の）値をきめて計算せなならんですから。やっぱ容易じゃなかったですな。

もう、わしどんは自分で率先して働かにゃ、ああた自分が他人《ひと》まかせにしとっちゃあ、漁も獲れんば人並みにはできまっせんもん。で、漁に行たなれば、もう人も変わってくるとです。「おやじはやかましか（怖い、うるさい）」ちいうとったです、漁に行けば。はい、あたしはそして声が大きいしでな、普通なこと言うとってもやかましいようなふうに当たるとです。しかし、やかましゅう言うても、あとはあっさりせえば漁師は何のことなかとですよ。

峠登り

あたしはもう二十歳前から（実質的な網元の仕事を）やりましたなぁ。山にもう登らんば鰯見《いわしみ》に登る者《もん》なかでしょうが。鰯見登るとは一通りじゃあできまっせんもんなあ。山見は田舎の言葉で峠登りちていうですたい。「もう峠登ったか」ちいうとです。峠登りの場所はたいがい同じ所です。そこでなからんと鰯が見えませんもん。そして鰯が位置の変わった場合には、あっちゃ走り、こっちゃ走りして見える所さ行くわけです。そのときはもう、その人（網元）その人によって位置は変わります。しかしながら平素はたいがい決まっとります。

やっぱぁ、ここの場合は村の前峠ちいいますもんな。峠に権現さんちいう神社があるから権現さんの上ともいうとです。で、網代《あじろ》によって、第一番の所が小倉、二番がここのですけんね。三番が硴瀬《かくぜ》、四番が椎《しい》木《き》峠、五番が井手《いで》の峠です。

喚《おら》ぶときですか。最初に網船といって網を積んでいるのが沖にかかっとるわけですたいね。そすとあたしは峠に登るわけです。そこで煙草をスパーッスパーッやって、そしたらすぐ鰯がこんな色（黄土色）になって来ますもんな。岩じゃないかち見るわけですたい。それがすうっとへ々さん（岸近く）やって来る。それでこんだ「錨《いか》取れ！」ち言うて錨ば下しとりますけん。そうですよ、旗ば作って赤と青で、それで合図ばする。喚《おら》びながら。

そしてまだずっと沖を「押せ、押せ、押せ、押せ」、櫓《ろ》を漕がせておいて、もう太刀魚がそこから網に入れんば遅うなるとなったら、「網ば拡げろ」ちいうて、分くるわけですたい。そすとこっちは真網《まあみ》、こっちが逆網《さか》ちいいますもん。そいでこっち行ったとき、こうやったとき櫓《ろ》は控《ひか》え櫓、こうやったときは押え櫓ちいうわけです。押さえたなれば舳先《へさき》はこっちさ向く。控えの場合には櫓はこっちさ行く。機械船になってからもやっぱりそう思うとるです。昔やったときの面舵《おもかじ》、取舵《とりかじ》ですたい。機械船になれば左右ばかり見とってやる。もう喚《おら》らんでも聞こえんですけど、喚ぶとですたい。張り上ぐるように。ボンボンボン機械がいうから、精いっぱい声あげても聞こえんです。ばってんか、やっぱり癖《くせ》になっとるもんですけん。

そのときの気持ちは言葉には表せんですよ。いっちょ失敗すれば馬鹿やなんじゃと思うけど、それはもういたとこ（いうこと）ないです。しかしながら失敗しても、漁ばして魚を獲れば平気なもんです。また元通りです。山手の人は「鶴木山の人たちは喧嘩さす。喧嘩さすが漁をやめて来らっしゃるときはまた仲良うなっとらすけん」こういうふうに見とる。もう今はそんなことはなかですけど、昔電波船に乗らんときはそらまるで喧嘩です。

こっち一ちょ、こっち一ちょ網ば打つでしょうが。漁場の一つを、ここに二統の網が張っている。ここから前はどこからどこまでこっち行くか、あっち行くかわかっとるですもん。そこの中心にわしが動くわけですたい。でわしがこっちゃん来ればよかばってん、あっちゃん行くでしょうが。あっち行けばあっちの人が責任たい。追っかけ鰯というて、網代《あじろ》の向こうの、先方の半分まで追うちゃよかことに決めとります。自分のところが逃げたってですけん。しかしなから、向こうから来るとをくじる（うばう）ことはでけん。もう海の田は十メートル二十メートルはわかりやしませんばってんな、たいがいくいに掛《かか》っとりますから、くじれば大問題になります。そういうふうに決めてやっとるですたい。

それは一分を争うとですけん、漁師の網代が商売は。少しこっちさ船ばやらんばならんのに行手を間違えてこっちさやった場合は、鰯はたけくならんとですたい。逃ぐるとですけん、一分ば争うとですよ。それはむごいですよ。割合に百姓の人から見ると、仕事はやっぱりこう手捌《てさば》きはいいですな、漁師の人は。

峠では、煙草があぁた、この喘息の原因ですけん。一日六十本ものみよったです。もう魚の見えん時はいつもこうしとって、見外《はず》さんように海ばかり見とりますけんなぁ。自然に（火を）つけちゃあのみ、つけちゃのみですたい。峠登りは沖獲《おきど》りのときは一日中です。そすと地曳きのときも四月頃から梅雨《つゆ》入りまでは一日見よったですたい。まず朝出て夕方《ゆうがた》帰るまで。便所やなんかは隠れ場所で、一々下さくだるわけいかんですから。

きつかですよ。そりゃあきつかです。あたしは決して生水は飲まん主義でしたが、峠に登ってもお茶を入れて。一ぺんどま私が水筒は忘れてきましたもん。あとで弟が「またもとのお茶になっとった」ち笑いました。太陽でたぎって。

峠に覆いのなんのあるもんですか。もうカンカン帽子ばかぶるか、帽子のなかときは手拭いかぶっとるかです。太陽の加減によって下からは見ゆるときも見えんときもあるけんなぁ。それによって場所を変わったり木に登ったりすっとです。木の上では帽子とか笠とかかぶられませんけんなぁ。

とにかくわしどんが商売は、チョロ曳網になってから、沖獲り網になってから太陽が一番作用すっとですなぁ、はい。それで太陽を目当てとしていて網をはめ込むわけですたい。一番直上に太陽のあるときは割合に平均に入りますが、朝の太陽のときは、口元ちいうて網の口にばかり来ます。それで割合にここに来たしこ（ほど）は漁がなかですたい。しかしながら太陽が西の方に傾いたち時分になれば、とにかく思ったより漁があるとです。太陽が一番作用すっとです。

網代と潮

網代《あじろ》はですね、五統分、五つ張ります。名前がですな、小倉《こぐら》ちいうて一番です。そして二番が村下《むらした》ちいいますもん。そすと硴瀬《かくぜ》。

そうそう、硴瀬は私の（漁業）日記に書いてある、最初のところに。当時は（二十代の頃）網代割りが付けてあって、網代の取直し、網代はですよ、魚が獲《と》れずに淀《よ》んどった場合あたしが日記ば附くるもんだから、いろんな親方があたしにばかり尋ねに来よったですもん。「善吾がにき（所）に行けば網代はわかっとじゃろう」て。

今の硴瀬ちいうのは牡蠣《かき》瀬ちいいますかな。牡蠣ち岩に這《は》って生えているでしょうが、あれのことを意味していう。硴瀬じゃ（名前が）相当荒いしゃろう、ち、他所《よそ》の人は鶴ヶ浜海水浴場ち言うですたい。うち辺《あた》りでは硴瀬ち言いますけどもなぁ。その海水浴場は広かために二つに区切っとったわけです。二つに区切って片方はいつでも網代を立てらるけれどもう一方は潮の流れの関係で立てられませんやったもの。

ここの海岸のうちあたりの潮は、あっちの瀬戸内海の方は知りまっせんけれどもな、不知火海の潮というものは満潮には上《のぼ》りちいうてここに来ますもんね。潮の流れが黒の瀬戸から入って北に向かって押し上げて行く。そした場合には他のもん（辺《へた》の潮）は鼻々（岬）に当たって、上って行く潮が当って、こう下り行く。正反対に行くとです。そして干潮になった場合は今度《こんだ》出て来る潮で下《くだ》り行くとです。その場合には辺《へた》の潮、岬々に当たった潮が逸《はや》って、こんだ下り行くですたい。正反対ばかりです。で、こやつは、打瀬《うたせ》（漁）かわれわれ地曳網《じびきあみ》、鰯《いわし》網を曳く人でないと、この潮加減はわからんですもん。して、また所によって潮加減が違いますけんなぁ。

かりに峠に登っとってですね、ここからああた（の位置）を目当てて登っとって、そしてここに（と机上の茶わんをさす）瀬がありますもん。鰯がこの岩に来た場合、この瀬の上によう鰯は来ますから、ああたを目的として、ここに乗っといて船に合図するわけですたいね。それをあたしが峠からこっちに変わりますと、もう瀬の場所はこう変わるでしょう。そしてここん道（船が魚群に近づく方法・道筋）はだいぶ変わってくるでしょうが。そいつによっといて漁はしえたり漁網ば張ったりしよったっです。今はカタクチ（鰯）というとばかりですけん。昔は、わしどんが学校卒業して、そして責任を持ってやるようになって暫くの間、ヒラゴって真鰯《まいわし》ですね、あればかりやったもん。鯛やなんか獲れんやった。

網代《あじろぎ》決め

魚を獲るときになれば、くじを引いて網代は決めます。くじは一から五まで書いて、盆に入れたら交《ま》ぜておいて出すわけですたい。わしの所に来てやるときは、わしがくじを作って出しますから、わしが一番最後に取るわけですね。それで五つの網代を五統で配分します。そしてこんど翌日になればまた替《かや》って、昨日五（の網代）に行った人が一に来るわけですたい。そすともう雨が降って風が吹いて操業のできんやった場合には、それで仕舞《しまい》です。一日にかぎっとです。地曳網のときはこれがやかましかってですよ。

くじはそのときの決まりようで、一ヵ月毎に三十一日に取り直すと決めるときもあるし、一応網代を組んだならばそのままずうっと（何ヵ月）も行くときもあるです。一月一日にやるときは、今日の網代が硴瀬となって、（魚が）どんどんどんどんおっても、三十一日が来れば網代は取り直さんばん（なければならない）

とですたい。そすとあたしは硴瀬に行けば魚は獲るかが、みすみす他に行かんばときがあっとです。くじに当たらんときは。

くじ引きの場所は順番のなんのなくして、もう何べんも「便利の良かけん、そこで引こうわい」ち言うて、あたしの所でよくやったっですよ。そして「余り漁がかたよりすぎるが取り直そうじゃないか」となったら話し合いした上で、不公平のないように番を取り直すわけです。

押網代《おあじろ》

しかしながら、くじ引きは網代の番を取るけど、最初からそいつをきめずにやる場合は必ず押網代です。押網代ばするときは網代木《あじろぎ》ちいうて、板のあっとです。五分《ごぶ》で三寸巾《はば》の板で長さは適当にやって、そるば海岸に立つるわけ。立つるのに先ば削って、「十」という字ば一番上に書きますもん。そしといて、「一」書いて「ニ」ばうって「網代区域」と書いて裏にあたしならあたしの名前を書きます。これば海岸に立つるきまりですたい。潮が満潮になっても浮からんような所に。「十」とか「一」の意味はなぁ、わからんとです。わしどま昔からのしきたりですけん。これが無からな網代木と認めんわけです。

そして網代に魚がいればわしと、他の者が一ぺん（一緒）にそれを見つくるわけです。今んごと機械船はなし、櫓《ろ》ば押して（網代木を海岸に）立てる。櫓ば押すけん押網代ちゅうわけですたいが。わしが早かればわしが一番、ああたが早かればわしは二番を取る。一生懸命漕いでいって負くればがっかりして「アーッ」とふりむっぱらくっとですよ。

その、木を海岸立てに行くのは、徒歩《かち》いて早か人が行けばよかばってん、それは許さんわけです。船でいって帰って来るわけですたい。しかしながら、もう二人こっからここまでの網代ば取っといて「ここはもう見込みなかけん、おらここさ直る」ちいうて上《かみ》から下りに木を持っていくときは歩いてよかったです。ちとずるか人間の、上りは歩いて持っていかれんけん、抱いて隠して行きよった。そのかわり目かかれば無効ですもんなぁ、見つかれば。

一番に（網代を）取った人が一番で、二番の人が二番、とこう言います。一番の人が立てたあと二番が立てて、二番手は獲れても獲れなくても一《ひと》アバ立ててそいで仕舞《しまい》でけん、一アバというのは一ぺん操業することを言います。一番の人はその日自由に一日立てられるわけですな。

漁師根性

それからですな、くじ引きの場合に井出《いで》なら井出を引いて全然獲《と》れなかときは次の網代に移りたいと思うでしょう。そんときはですね「二番（の村下《むらした》）ば獲らせんか」という相談ばするわけです。そして「よか」と言うなら二番ば立てる。親方がやむをえずに「よかたい」と言うても網子《あみこ》が「でけん」と言えばそっで終《しまい》ですたい。それは漁師の立前ですもん。

漁に行けば漁師根性ち言うて、汚《きたな》か根性があっとですよ。けど、ここ（鶴木山）では獲って（村へ）来れば、わんわんわん魚でも何でもみんなくれてしまう。喧嘩してどんどん言うたっちゃあ、ここでは何のこつ（何ということ）はなかっです、その場かぎりで、峠に登って押させたころは、誰か間違うたならば「バカ者《もん》、アホ者」言いよったですけんな。ああた方のごて旅のお方は「よう山国（山の上）から誰かわかるね」とこう言いますが、誰が何の仕事する、てわかっとるでしょうが。そっで誰はあれじゃとわかっとですたい。

みんな海に足を入れた場合には気持ちが（陸《おか》にいるときと）違うです。うちにおったようにのんびりしとったっちゃ漁はできん。人ん品物でも取ってやるっちゅう気持ちにならな。そうなっとです。

他人の品物を取るちいうことはできんことですね。ここを（持ち場の）境界とすると、こっちがわしがつ（私の領域）、こっちがああたんと。ここに（と両者の半ば程を指す）魚がいた場合、ああたよりか早よう網を曳き回して獲るちいうことがたまにあっとですたい。それでまるで盗人《ぬすびと》と同じことですもんね。そういう気持になっとです。いっちょ負くればだいぶ違いますからなぁ。

もう網代は区分けした場合は、ここが丁度境界になるでしょうが、両方（の網子たちが）ここに上《のぼ》っとって、こっちからずうっと鰯の来て相手側へ行った場合には、これ位までならばむこうの網代の親方が大目に見てくるるです、我慢してくるる。追っかけ鰯《いわし》ちいうて自分（の網子）が追うて来たってですけん。網代の真中まで認めてくるる。はい、（向こうから）三分の一位は認めてくるる。しかしながら、そこにいる違う群の鰯ば立つることはでけんとです、絶対に。走って逃げていくとば追うだけ。

しかしそれも潮越によってですもんね。潮越しちいうて潮が上《のんぼ》り行くときなれば、網がずうっとこう流れてくるけんよかですたい。そすと潮の下《くだ》りのときなれば、向こうが網代の三分の一追うたなれば網をこう張ってきますもん、鰯も何も入ってこんとです。で、こっちの人もそこまでは無理はせんとです。

シキが立つ

網子は陸曳《おかび》きの場合二十六人くらい必要です。毎朝、朝網ちいうて太刀《たち》魚を獲りに行きますもんな。太刀魚は朝からが一番あがっとですけん。それを獲るとに井手《いで》ちいうて一番遠か網代に行きますときは、夏の二時にはもう網元も起きて、そしといてずうっと網子ば起こす。「網に行くぞ！」と揃わせていって、網船に男の人は乗って、そして錨《いかり》を打って待っとる。そすと、女の人は地曳きだから海岸にずらぁっと横に寝とるわけですたい。そしてあたしは責任があるから、もうひと間も寝んとですたい。魚の見方ばかり。魚が見えた、となってはじめて起こして、そして（漁を）やっとです。網を手繰《たぐ》っとです。それが昔の地曳き、片曳《かた》きのときですな。

もう地曳きの、鰯網《いわし》のときはですね、夜はあんまり漁はなかです。あの、何ちいいますか、夜光虫いうてキラキラ〳〵するでしょう。あれが網の目はかまわずに出てしまいます。それで晩になれば集魚灯《しゅうぎょとう》焚いてやればよかったわけですばってん……。シキち言いますもん。夜光虫で海がベラベラ〳〵するのを。色が白に変わったときにシキちいう、うすいときは「今夜はシキ立ち方が悪い」ちいうとですたい。「あんまり魚も見えんぞ」と。

これ位のシキ立ちのありますと、五、六十貫以上おりましたもんなぁ、船には積み切らんように（魚が）固まってました。一番遊んで漂《さ》れきよるとですけんなぁ。晩じゃっでん、五、六十貫集まって来っときもある。魚は今朝それだけ獲ったから、明朝もそこに五十貫の魚が寄るかちいうと、そうじゃなかとってすけん。一匹も寄らんときもあるとです。それを倍して百貫も入るときもあるし、いち（一概）にいわれまっせんもん。

鰯のはなし

陸曳《おかび》きの場合、冬はだいたいヒラゴちいうて真鰯《まいわし》がおるでしょう、牛深《うしぶか》辺から来る。あれが小さいときはここを苗床ちいうた処ですけん、ここで育ってそして出よったです。

冬は漁なしです。正月から二月にかけて、まぁ何年かに一ぺんは着物着た——鱗《うろこ》が生えたとを着物ちいいます——そるば獲るるぞちいうのが、それが冬子《ふゆご》ちいうといてな、前に産卵したやつですたい。その冬子が獲れるときは一日か二日ですもんなぁ。朝だけ。経験のない人は獲れなかったですたい。今、ああた、失礼ですけど、その鰯の卵を知っとる者《もん》なおらんですよ。「タレゴ（カタクチ鰯）の卵ちいやぁどげんとか」位の調子です。タレゴの卵は桃色ですもんね。そしてヒラゴの卵は白色ですもん。もうヒラゴの卵は鰯になる前にくるくるくるくる回りますもん。「回るけんもう切るるぞ」こう言うとですたいね。

そして八十八夜をめどとして、「八十八夜が来たからもう獲るっど」ちいうて一応経験《ためし》に立ててみるわけですたい。八十八夜頃になるとそのときは泥棒ちいうて、こまぁーんかとのヒラゴの子かカタクチの子かわからんようなのが……ちょっと早うても商売にならんですね。はぁ、泥棒ち一説に言いよったですたい、そのこまかつを。「まだ泥棒じゃもん」ち言いよった。そしてまた暫くしてそうこうしていると、八十八夜を境目としてこんだシロゴが獲れる。そして一番全盛期は、真鰯の場合もう梅雨に入るまでです。梅雨に入ったなれば水を嫌うと言うよった。全部天草さん出てしまう。

卵はですな、ずうっと群れて海岸に打ち上げるとです。全部どこもかしこも。そしてその卵を見て三潮《みしお》といって聞かせよったですたい。二十日からちょっと沖潮ちいうのが、旧の十日から十八日までが沖潮、それから先がカラマち言うて、それから二十日、二十一日、二十二日、二十三日、二十四日。二十五日からがまた沖潮ちいうとですけん。それで三回返《かや》すから三潮です。一回を一潮ちいう。「三回返して鰯の姿になるぞ」と先祖が言うて聞かせよったです。それで漁師はな、その潮の加減でも何でもここに寝とってわかりますよ。そって新暦ば言うたっちゃわかりまっせんもん、旧暦なればもうわかりますもんなぁ。

はい、卵が打ち上ぐられた様子は、そら見事ですよ。真赤に桃色になって裏いっぱい。食べたりそんなことはでけません。もう手に掬《すく》うばってん、どろっとしてますもん。そして日向に干されて、よう死にもせんもんですたい。ガラ干上っとですよ。それが潮の来れば、またずうっと浮かって流れるとです。

それでここに卵が余計上ったから、ここに（その年）漁が余計あるちいうことは、そらいわれんとです。潮で流れ、風で流れするでしょうが。もう確実には言われんと。しかしながら今までの経験でいうと、幾分、卵の多く見えた年は（漁も）やっぱり多かように考えられますなぁ。

こげな話は知らんです、今の漁師に言うたっちゃ。

時期はですな、あの、カタクチ鰯ちいうやつはしょっちゅう獲ることがでける、いつ獲りに行ってもカタクチの入らんことはない。で、しょっちゅう育つからカタクチの（網に）入るとじゃないか、この前県事務所の調査会に、あたしはそげん書いて出したですがな。だから季節なしです。しかしながら真鰯、ヒラゴは一回ですよ。

いいえ、卵の打ち上がっとは今でもあるですよ。今年（一九七九年）あたりではまだ一ぺんも見んですが、去年は二、三回見えよったです。しかしながら多くはなかです、少しばかり。昔はタレ（ゴ）は見向きもしなかった。ところが今は逆ですもん、今ヒラゴを見向きする者おりゃせんですもんな。

飛ぶ太刀魚《たちうお》

太刀魚はなぁ、ああたたちば見に連れいたってやりたか。太刀魚の全盛期に飛ぶとば見すらるるとよかった。見事なもんですよ。鰯を食いに来っとですたい。早う起きて小《こ》まい舟から鰯の出《ず》っとを待っとる。そすと、わっ、わっとなれば、それから先は丁度片方ずつずり網立つっとです。こうしといて「来たぞ！」と言うて船のおくんば起して構えさせてやらすとですたい。曳き揚ぐるまで網の中ば太刀魚が飛ぶとがまた見事ですけん。こうこうして（刀身が海から突き出るように）飛びます。それは日の出んうちにせんば。網の中に入って行くとも見事ですもんね。飛ぶとは鰯を見つけたときじゃなからなせんとですけん。

太刀魚は歯が鋭《するど》かでしょう。カッちいくですもんなぁ。昔の地曳きのおりは五十貫（魚が）入ってもみんな（素手で）握ってつかんで船に乗せよりましたもん。食らわれて医者に行く時もありよったですたい。一ぺん握ったとき、こう返《かや》ってきてですな。それがどうもこうも血の出ますもんなぁ、あれに食らわるると。そるばってん海の中でありますけん、すぐになおります、はい。

そして、あやつは海の下では、こう立っとりますたいなぁ。ずーっと、もう。こういうふうになっとる。大体晩もですね、こうして泳いどるときは立っとってですよ。そしてコノシロなんかが前ば通れば、パクッと食うとですけん。しかしながら、朝の網曳き込んだなれば立っとるのはおりまっせんもん。全部長うなっとります。

地曳きには、ハマチのなん入りません。ハマチもですなぁ、黒《くろ》の瀬戸《せと》の方から一群が一反にも二反にもなって来よったですよ。わんわんわんわん、音のここにおったっちゃあ、聞こえよったです。そげん、ぐっさ来よったです。音があ あた、わんわん、ザブザブどころじゃなか。それがもう一つも来んとですけん、今は、そうですなぁ、もう終戦後はそういうことなかです。（戦後）一、二年どま（くらい）あったかもしれませんけど。

百姓は一反の土地を買うとに何百万といるでしょう、しかし漁師は知れたもんでしょうが。漁師はもう自分の品物使って僅かの金があれば一財産でくるとやもん、全部漁師になってしもうたわけですたい、終戦後は。そっで乱獲したっですたいな。

船乗りと島原

船は何トンでしょうか、やっぱり一番太か船は坑木ば積んでいきよった、三十トンくらいの荷方船《にかたせん》。漁師じゃなかです。

島原に何を積んで行って、そして女郎買うて一銭も持たずに（帰って）来る人が多かった。「鍋釜売っても逆乗りゃしてこい」ち、ハイヤ節にも歌うとです。まぁ何というか船乗りなんかはそのくらいのもんです。

「牛深ハイヤ」「牛深ハイヤ」と言うでしょう、わしも歌いますよ。ハイヤ節ちいうやつはここでも盛んに歌いよった。このあいだ老人会で「佐敷のハイヤ節ば歌おう」ちてわしが歌うたですもん。「こっちもはやっとりやなあ」ちいうた風で「あんた達が歌わんけん廃れよった」と言いました。計石やっても、津奈木あたりもハイヤ節ははやったです。

船方節《ふなかた》はですな、船方船とは帆船でしたけん「沖のエーンヤー」と、晩に走り方《はしかた》で行っといて（出発して）、私とか歌うとです。歌詞ば書いて行きなっせ。「櫓も櫂も波に取られて身は浮（憂）き舟、どこぞ取り付く島はない」

晩に今戸を発動船でとんとんとんとん行くでしょうが。北の風に遭って行くとか上り潮とか見えとって、こう行ってこう曲げて行きよった。南風《はえのかぜ》が吹けば、ずうっとそのまま帆は両方さ持たせて走って行きよった。しかしながら逆風に行くと、天草さね行っておいて、またこっちさ来てやっと行きよるとです。そげんして天草に行ってそれから牛深に、三角《みすみ》まで行くとです。三角の三年ヶ浦ちいうところに行って、それから北の風がどんどん吹くなれば、十日も二十日もそこで見送るとです、風の凪《な》ぐまで。そげん生活を送りよった。

島原あたりはまず文化の中心といいましょうかね。島原は色街じゃったから、いろいろの歌でも何でも流行が早かった。島原の新地《しんち》ちたなれば有名なもんでした。長崎やってもですね、そすと牛深からこっち下田あたりもやっぱそんな街でしたけん。

そうです、このあたりは漁と船乗りの村ですよ。半農半漁というけれども、百姓は僅か、しれたもんだった。やっぱり船乗りが主でそれは主に坑木を積んで行きよりました。それがずうっと何に（採算が）合わずに打瀬《うたせ》に変えたりなんかしていてしもうた、自然消滅になってしもうた。他所行く、と言う者はもう坑木がいかんようになってはほとんど無かです。

ここは漁師が多かった、船乗りは少なか。船乗りは何人おったですかね、船が四、五ハイもおったでしょうか。あとは漁師ばかり、流れの打瀬船が三十バイばかり。

そうですなぁ、あたしも船ば買うて（島原へ）行ってみましたが、二、三べんで女子《おなご》はこりました。島原に行けばもう夫婦喧嘩が始まったです。嫁さんな（荷方）船に置いていて、そして婿さんが上るわけでしょうが、芸者買いに。そすと他の人はどんどん置いていて港を出るわけです。さあ自分の主人ばかり帰って来んわけですたい。そんなときすごい（喧嘩を）やりよった。

あすこは両方に、向こうとこっちを前島ちいうて、こっちが街じゃって両方こうして繋ぎよりましたもん。それを「売ろう、売ろう」ちて、ああたたちのような娘さんがチョロちてこまか舟に乗って何でも乗せて売りに来っとです。それは物を売るだけです。食料品ば積んで来て船に売るわけですたい。よか女子が儲けよった、よか娘んとがなあ、先に買うもんなぁ、何十パイと。

何年か前に島原へ行てみたばってん昔の潟《かた》はなかですな。もう船なんかいっちょんおりませんもん。昔は晩になれば新地はじゃんじゃん三味線太鼓でな、歌って。今も面影のあるとですかなあ。

漁師の祭

わしどんは地曳網のときに四月二十日を網祭ちいうて、ちょっと人間を決めてあるごたるふうで、みんな（網子）を寄せておいて御馳走しよった。恵比寿《えびす》祭が十月の二十日で、二回はもうやりよった。

これは網元の費用です。網祭ちいうのは、いわば人間のきまりをするというような考えですたい。そうです、網子の決まりを……「おれはあんたの所に来て働く」という形になるわけですたい、今年一年な。親方もその気持ちでおるし、網子の人もその気持ちでおるわけです。それが四月二十日。

恵比寿祭もはぁ、賑わいますよ、一晩中。飲み放題ですたい。焼酎ば二人で一升びんいっぱい飲うでこかしとって、あたしに「下田、わからんばい」と網子がこう言いますもん。何かと言えば「もう飲みはえん」と。「もうよかがないか、二人で一升びんいっぱい飲めば」とわしゃ言う事《こつ》のあったです。女子《おなご》はうちあたり飲ませんもん、男だけです。

はい、恵比寿はうちあたりも飾っとりますたい。石像さんをですな。波止場にあげておりますもんな。それで祭りの晩は、そこにおみきとご飯ばあげますたい。いいえ、神主さんは頼まんです。ただそれをあげてお願いするだけ。本年もどうぞよろしくお願いしますち言うだけです。

そして、まあ大漁が意外にあったときは漁祝いばやろうじゃないかと言うておいて、夏あたりにやるときもあるし。そういう場合はやっぱり芝居を呼んだり浪花節を呼んだりするときもありました。賑やかなもんでした。

恵比寿さんと網祭りと……海の神さんです。そすとここの氏神の祭りは旧の九月の十六日です。氏神は三社権現ちいいますかな。「権現さん、権現さん」ちて。

わしどん若い頃まじゃ、まだよそさん繰《く》り出して遊ぶことは漁師じゃあなかったもん。しかしながらここは船が、大きな荷方船《にかたぶね》がおりましたもん。坑木《こうぼく》を炭鉱に送るわけです。そしてここの（石切りが切った）原《げん》石《せき》は佐賀県に行きよりましたもんなぁ。

その当時はですなぁ、船乗りはもう芸者遊《あす》びばかりで、船から行く人はみんな金なんか持って来なかったですたい。

「牛深《うしぶか》三度行きゃ三度裸《はだか》ち言うてな。牛深に三べん行けばもう三べん船賃を持たずに帰るち意味でな、戻りは本渡《ほんど》ん瀬戸ば徒渡《かち》りちいうて、船を質に置いて徒渡《かち》って来たちいうことですたい。そげん芸者遊びばしょったですな。昔は。もう「牛深まで飛ぶ烏《からす》、銭は持たずに買う買う（カアカア）と」。そういう歌があるとです。

あたしは部落の歌を歌うもんで、町の教育委員会から吹きこみに来たですもん、そのテープが今無かそうですたい。うちあたりに渦太鼓《うずだいこ》ちいうて、昔雨乞《あまご》いのときの踊りがあるとです。そんときの歌は誰も知らんとですもん、わしが死ぬればもうわからんとですもん。もうくった（くたくたになるまで）踊る。日中に、雨乞いのときはぬっか（暑い）ときばかりでしょうが。太鼓叩いて、鉦《しょう》ば抱える者な鉦ば抱える。

そうです、やっぱり農業（のため）ですよ。農業ちいうがですね、うちあたりは大きい川がないから水が少なかです。井戸の水のみでしょうが。湧水だから、田も干《ひ》上がるし。そすと栗とか何とか夏さか（だから）みなようで（弱くなって）しまうでしょう。山こばは在辺が作るばってん、ここは全部唐薯《からいも》と栗ばっかり作りますたい。

水かけの祝儀

もう嫁入りの祝儀なんかも今は全部旅館に行きますもんなあ。わしどんが嫁さん貰うたころは（その日にまず）嫁さんの所（家）に行ってそれから婿さんの所に来よったっですけんなぁ。嫁がわけ人一人付いて、わしには婿がわけ一人付いて行きよったです。そして（嫁さんの家で）祝儀ばして、嫁さんが出てから婿さんはそこば立って我家のとこさ帰って来るとです。

そすと、もうどげん寒かときでも、水ば汲んで（他人が）道路に構えとるとです。そして婿さんに掛くる。そげんしたこともわしどんが時代あったとです。余計に（水を）掛けらるる場合は「縁がある」と、そげん言うた。若衆でも子供でも誰でも待っとるわけです。水の中に泥ば入れて混ぜくって掛けよった。それがどげん寒かときでもですな、しきたりじゃったもん。

わたしは二十歳《はたち》で嫁さん貰いましたけん、そげんこつがあっですよ。かけられた、かけられた、動かんごとかけられました。またかけてもらわんば気持ちがかえって悪かですもん、「水かける人も少なかったばい」というてな。

いいえ、そんときんなれば襦袢一つで、ズボン下穿くじゃなし……羽織袴ですけんバアーッと脱いで、メリヤスだけ着てふかぶり（ほうかむり）していて走ったとですたい。それはもうえらいもんじゃったですな。

ここの上のある所（部落）は、そのときにやっぱり走って来っとですが、わらじに石ば付けてくれよったそうです。歩かならんごつ。そげんして水ばかけよったそうですたい。水かけはどこでもやるとですな。やっぱり何と言いますか、不浄払いという類やなかですか。

あたしが長男の嫁を貰ったときは焼酎ば三斗、酒ば三斗飲みましたばい。そのころまだ（水かけは）あったです。終戦以後、何もかにもすっきり変わってしまいましたもんな。そうですな、祝儀なんかに行けばまだ歌わされますよ。余計は歌えんけど一つ二つは、やっぱり時と所によってはいろんな歌が、自分から出てくるでしょうね。わしどんは主に民謡ですもんね。

昔は祝儀のときにはやっぱ「高砂や」が出よったですけれど、今はもう出もしませんもん。そんな古くさかこと、最初から舞踏で行かすが。

はい、家内のなくなったのはあたしが三十五でした。それから、そうですな、子供の小まいのがおりましたからずい分後入《のちぃ》れしようちしましたけれど、ま子供が可哀相ちごたるふうで八年か九年、やもめ暮らしでしたよ。そして今の家内が他に縁付いておりましたが婿さんが死んで帰りましたけん、で、どうかちいうけん、うんならもうようはなかろうかちなったわけです。

ええ、女子も漁に行きますよ。計石は皆打瀬にですな、夫婦で行くとです。今はもう心配なかですもん、網ば揚ぐるのもローラーですもん。網ば洗うのも石ば解かずに。昔は網ば揚げてから石を取ってしもておいて洗いよりましたもん。今は揚げたらホースば持っとってじゃんじゃん。また夫婦で行かんば経費が立たんそうです。

いえ、昔は女なんかいっちょん（漁に）行かんとです。そうですな、ここ十年でしょう。船に乗るようになったつは。

水俣病

もう水俣病が起こった頃はな、わしどん見まっせんばってん、漁に行った者が見とったんですが太刀《たち》（太刀魚）がベラ浮いたもん。硴瀬《かくぜ》の浜あたりに打ち上げて。だいぶん流れよったですな、潮と風に乗ってですたい。

最初の頃はなるだけ水俣病は出さんように出さんようにち言うたもんやったです、漁の関係から。そらぁ恐れたもんです。最近ですよ、もう出さなばかいらしかちいう風になったとは。女島《めしま》から水俣病が出た（一九五九年）ときはそれはショックでしたな。しかしながら、あの人は水俣湾近くまで行って操業して、そこで獲った魚を余計食うとったから、いの一番に罹《かか》った。そのとき、なるたけならば魚でも何でも食わんようにするち説も流れました。

もう水俣湾には行かなかったです。その話が出た以上は絶対行かん。最初は誰でも水俣病から逃げたってす。水俣病て言われて「何で水俣病か」ち検査官に理屈を言うた人もあったですけど、最後はそういう人が進んで水俣病に申請しとった。

わしはですな、そこのところがおかしかち言うわけですたい。最初は逃げておいて後になってていうのは、やっぱり詰るところ金でしょう。金がなからんば何で？……水俣病ていえば恥にもなるでしょう、しかし今はもう恥も何もなかですよ。恥ちいうのは何て表現すればよかですかなあ、わしどんもこれというのが出されんですたい。

そうですなあ、恥ちいうのは水俣病がおこるのになぜ（水俣湾のような）そういう所をせせったかということになるでしょうが。そういう所をせせらにゃ、このきれいか所ばかりやったら水俣病には罹《かか》らん。しかし漁をするために抜荷《ぬきに》をする人もあるとです。きれいに止める人もあるし、他人《ひと》の行かんのを幸い抜荷をする人もある。

いいえ、罹るから悪いということでなくして「水銀のめぐった水俣湾付近の魚を余計食った人程水俣病に罹る」と言うとったでしょうが。「水銀のないところの魚食ったたっちゃ罹らん」と言うておった者が、もう一も二も「水俣病、水俣病」申請さえすりゃもう水俣病になってしもうたでしょうが。神経痛で何年も寝とった人がなったでしょうが。糖尿病なんかの人でも、調査ばやってみればむろん原因があるかもしれんが、みんな水俣病になってランクつけられて（補償）金ば一千八百万、一千六百万て貰うでしょうが。水俣病にならねばバカらしいとなったけん、みんながそうなった。わしはそげん思います。

しかし水俣病がこういう風になるとば、警察なんかでも水俣の会社にもう少し適当な処置を取ってもらえば起こらんかった。そら、悪いのはチッソですよ。

そってわしどんがこう言うわけですたい。「第一回に（昭和三十四年）交渉した際にチッソがもうちょっと我々の要求に応じてくるればこういう騒動にはならん。僅か一億の金を二千万も一千万もへずってやったじゃないか。それが罰だ。こう（今になって）何百億何十億と出さんばんとなったでしょうが」と。そんときにチッソがあっさり「そうだった」ちゅうてすればひょっとして収まっとったかもしれんですよ。

そるばってん、それまでの間、政府が後押しばやっとったでしょうが、水俣工場の。工場の強かったってですもんな。警察のわしどんば逮捕（昭和三十四年の漁民暴動により翌年逮捕された）に来たとき、あたしは「あんたたちは我々ばかりを逮捕するがなぜ水俣の工場も一応は調査せんか」ちくねったですもん。「あんたたちは我々こまか者ばっかり目標にあげて大きな会社にはいっちょん取り合わんじゃないか」こげん言ったです。したところが「なしあんたたちが訴えんか」と言いましたもん。「訴えなくても現在わかっとるじゃないか。しょっちゅう訴えねばあんたたちは罪を取らんとか」ちわしが仕掛けたとですもん。そしたら、グーもスーも言わでな、家からボーと帰りました。

最初、こっちは余り関係ないからわしどんはあっち（水俣市）の人ほど関心はなかったたっです。とにかく向こうの方から「水俣に交渉に行くから、おい、船ば出してくれ」ちいうぐらいの調子やった。組合長の連中は寄って色々話ばしたけど、その緻密《ちみつ》に我々はわからなかったですもん。我々も（漁協）理事ばしてましたばってん。

だいたい一番影響したのは一本釣りですよ。一本釣は魚の値段が半分もしなかったわけですたい。一番補償を受けなければならんのは一本釣りです。打瀬《うたせ》やっても地曳きやってもエビはどんどん売れるし、わしどんも鰯ばどんどん売っとっとですけん。直接品物《しなもの》が売るるから影響ちいうても、さほどまで感じんやった。

水銀のために漁獲が減ったちいうことはあたしは考えられんですな。専門的に統計を取った人のおるかおらんか知らんけれども。水俣湾はだいたい獲れなかった。禁じられて獲りに行かんかった。鰯じゃってもエビじゃってもここばかりでしょうが。

平国《ひらくに》、津奈木《つなぎ》の人たちがだんだん水俣病ば申請したわけですばってん、ここはもういっちょんお構いなしじゃったもん。ようよう一千八百万円の金が来るようになってから、仕事もどうもならん、バカらしかちいうことになったとが計石《はかりいし》、それから田浦《たのうら》。そしてここは中に挟《はさ》まれて水俣病の金ば貰わん人がこの沿岸にこばかりです。もう湯浦《ゆのうら》なれば相当貰いますもんな。はい、ここは抜けとっとです、金にも抜けとったでしょう。

いいえ、あたしは水俣病と思うたことはありませんな。あたしは神経痛やったもん。家内は申請すればすぐ水俣病になったもん。松橋《まつばせ》からわざわざうちの家内ば調べに来よったつです。役場からも「水俣病に申請しろ」と言うから「俺はあんたたちには申請せん。井上の院長と付合があるけん、そこでしてもらう」。冗談《ぞうだん》に言うたです。「申請しとけばお前が病院の薬代になった、しもうた」と。

はい、やっぱ水俣湾の魚が危かってですよ。そして、まあ漁師の抜けがけみたいなのはあるですね、それは、現在漁業組合に魚ば納むるでしょう。一年間の収入を計算した場合、他人よりも百円でも水揚げが多かとなれば、そのときは鼻高々ですけん、わずか百円、二百円といえ。漁師はそげんあっとです。

やっぱり漁師はうっ立ち（出発し）ますとな、後は何も考えずにおって「行け行け行け行け」ですもん。（本能のようなのと）ひとつも違わんとですな。こう思い立ったなればやりっ放し、恐しかものはおらんとです、烏合《うごう》の衆で行きますからな。

下田さんと「漁民暴動」

下田善吾さんが住む芦北町鶴木山は水俣から二十数キロも離れている。昭和二十八年、水俣に「奇病」が発生して騒ぎが起こったとき、芦北漁民の目にはそれは対岸の火事のようにしか映らなかった。ところが、その五年後、チッソ会社が工場の排水口を不知火海に直接面した水俣川河口に変更したことによって事態は一変してしまった。

芦北町を流れる佐敷川にボラやスズキがふらふらになって上ってきたり、海には何千尾と知れぬタチやタイヤチヌなどの死魚が真白になって浮んだ。大量の猫がキリキリ舞いして狂い死に、鴉《からす》や鳶《とんび》が海中に墜落した。鶴木山とは対岸の女島《めしま》部落に激症の水俣病患者が発生し、魚価は暴落、漁民は生業を失って死命を制せられるという苦境に立ち至った。

昭和三十四年十月十七日、たまりかねた不知火海漁民は総決起大会を水俣の公会堂において開催することになった。このための準備として、芦北でも二日前の十月十五日に芦北漁業共同組合の役員会が開かれ、竹崎正巳組合長から次のよう言渡されたという（昭和三十五年二月、浜田秀義供述調書）。

「十月十七日、水俣の公会堂で不知火海域の漁民の決起大会を開くことになった。それで芦北の組合員も参加してくれ、百間港に十時に集合して水俣市内をデモ行進して公会堂に行く、公会堂で決起大会を開いてその後会社に交渉することになっている。それで芦北漁民は全部船で行き計石《はかりいし》の湾の入口の所で芦北の船全部勢揃いして行く。そして統制を取るために漁民を中隊、小隊、分隊という風に分ける、中隊は各部落毎に一中隊を作る、小隊は各組毎に一小隊にし、小隊は又分隊に分ける、各小隊毎にプラカードを一本づつ持って行く、そして鉢巻も組合で用意したのを持って行く……、と。それで、その場で鶴木山の中隊長は誰にするか、小隊長は誰にするか決めた結果、宮石栄喜が中隊長になり、小隊長は、私の組は多いので二つに分け、監事の下田善吾さんと私がそれぞれなる事に決りました」

ここで「私」とは故浜田秀義である。明治二十八年十一日鶴木山生まれのこの人は、事件当時六十四歳という長老理事で、六歳下の下田善吾さんと小隊長を分担した。下田さんはさっそく若い組合員を集めてプラカード作りをはじめ、「何人殺すか、日窒《にっちつ》さん」「返せ！　元の不知火海を」「工場排水を即時中止せよ」などと書かしたという。

十月十七日の漁民大会は、会社側が大会選出の代表に門前ばらいをくわせたため、大荒れに荒れ、激高した漁民による投石事件に発展した。それを見てチッソ会社は三十一日夜、西田工場長名で、竹崎漁協長ほか多数の漁民を暴力行為などで水俣警察署に告訴したのである。

当時、会社首脳は秘密裡に行ってきた工場廃水によるネコ発症実験によって（十月六日、実験用ネコ四〇〇号が発症した）、水俣病の原因がアセトアルデヒドの工場廃液にあることを承知していた。しかし、それを秘匿しておいて漁民側の要求を真向から拒否していたのである。

「問題が重大化するつい最近までは、水俣川口の排水溝から毎時五百トン近い褐色の廃液が音を立てて海に流れこみ、海面を染めていた。この海を見て漁民が工場を加害者だと信じても、それは不思議ではない」（熊本日日新聞、昭和三十四年十一月十一日）。

その一九五九年十一月二日、不知火海漁民は各漁協ごとに大船団を組んでチッソ水俣工場の表玄関百間《ひゃくけん》港にのりこみ、四列縦隊三千余人のデモを組み、市立病院前に行進、折から視察に来ていた国会議員団を歓迎し、陳情した。その直後、チッソ側が再度交渉の拒否を伝えてきたため、漁民の怒りが爆発し、ついに正門を乗りこえて水俣工場に乱入。守衛室、本事務所、工場長室、保安事務所など二十三棟の内部を徹底的に破壊し、出動した警察隊と乱闘になって数百人の重軽傷者を出すという一大事件に発展した。

この時、漁民の一部には火焔びんを用意していた者もあって、ビールびんやサイダーびんを持ちこんだ若衆が、「ガソリンを買うから金をくれ」と下田さんに迫ったという。芦北漁協は屈強な若者数十人を「特攻隊」（「特別隊」と改称）に編成してデモの先頭に立たせていた。この日のことを下田善吾さんが日記に書き残しているので紹介しておきたい。

「拾一月二日、月、雨。午後曇、夕西硫瀬《にしかくぜ》気遣《きやり》水之天気。午後雨も幸ひに止み漁民大会に絶好なる事、先づ波止場八時出帆の予定、雨の為多少遅れがち。計石邑上《むらかみ》真人の舟に乗りて水俣百間港に着く。先づ拾隻の打瀬船《うたせぶね》で船団を与《く》みて進む途中、福浦、津奈木《つなぎ》も加はり、天草船も加はり、今日雨の都合上、日奈久《ひなぐ》、二見《ふたみ》、田之浦《たのうら》ハ汽車にて来、百間港《ひゃくけんこう》に集合。

其より市立病院に国会議員調査団一行を歓迎して、水俣川の堤《つつみ》にて中食。

一時より出発して途中デモ行進を行ひ、駅前広場で漁民大会を開き、会社工場長に交渉せるも、交渉に応ぜず。愈々《いよいよ》実力行使に移る。其の前に恐れてか門を作り直し、扇方《おうぎがた》で堅く、思ふ様《よう》破れず。漸《ようよ》う破れた、約四千人の組合員雪崩れ込む。警察如何《いかん》とも出来ず、只傍観し、少しでも手出しすれば警察に打掛《うちかか》る体制に驚き、只見るのみ。充分荒しまはる。

後、一個中隊の応援隊熊本本部より来る。又両方もみ合ふ。其より逮捕者二名、釈放せし故、田中、荒木両県議仲裁に依り、万歳三唱して九時頃解散し、我家十二時に着く」

検察庁での供述調書や談話によると、下田さんも工場内に突入したようである。守衛所の横あたりまで来た時、窓などはほとんど壊されてしまっており、竹棹を振りまわして漁民が乱闘していたというから、行動は敏捷《びんしょう》であったらしい。それに昼食時に焼酎《しょうちゅう》が少し入っていたから漁民は燃えに燃えていた。小隊長である下田さんは、怒り狂う漁民をなだめて規律をとり戻そうとしている。夜の第二波の警官隊との乱闘は凄まじく、多くの者が負傷したが、鶴木山からは下田義光さんと山本義雄さんの二人が検挙されたという。とにかくこの「漁民大暴動」のニュースは日本中に報道され、これまでくすぶっていた水俣病問題をいっきょに顕在化させたのである。

不知火海の漁民の体当りの決起は六年間の抑えこまれていた「奇病時代」を突き破り、すべての矛盾を表面にさらけ出す力となった。この社会的、政治的効果の大きさは、田中、竹崎、桑原氏ら最高幹部の計算を越えたものであったろう。これによって行政の無為無策が世論の批判の焦点となったばかりか、チッソ会社も矢面に立たされ、ついに公的な調停の場にひき出され、被害民——漁民と患者に補償金を支払わざるを得なくなった。しかし、通産省や日経連に後押しされたチッソの姿勢は堅く、あくまでも直接の責任を認めず、交渉は難航した。第三者機関（知事や保守政治家ら）に調停を依頼した漁民側は、涙をのんで要求の二〇分の一にも満たぬ低額を受け入れさせられたのである。

不知火海漁協の当初の補償要求は二十二億円であった。それが交渉のたびごとに急減してゆき、十二月十六日、ついに九千万円にまで値切られた。下田さんは「竹崎の弱越めが！」と組合長をきびしく責めたが、このようになったのは交渉団の背後に漁民大衆の怒りをつねに組織し、〝闘う体制〟を備えておく用意が欠けていたためではなかったか。あまりにも調停委員会や少数幹部に自分たちの運命を預けすぎたからではなかったか。

それにしてもこの調停案はあまりにも屈辱的なものであった。補償が低額すぎたばかりでなく、「県漁連は新日窒水俣工場廃水の質と量が悪化しない限り、過去の廃水が病気の原因であると決定しても、一切の追加補償をしない」という重大な首かせまで課せられていたからである。会社首脳はこの時原因が自分たちにあることを知っていた。それでいて漁民に足かせ猿ぐつわをかませ、暴動の再発に備えたのである。そのため不知火海漁民はそれから十四年後の第三水俣病事件発生（一九七三）まで重い沈黙を強いられることになる。下田善吾さんたちがこの調停案に怒ったのは当然である。

この協定調印の日の翌日（一九五九年十二月十九日）、漁民の不満が爆発するのを恐れた熊本県警本部は、機先を制して二百余名の警官隊をくりだし、漁民の一斉家宅捜索を決行した。目ぼしい漁民のほとんどが一斉逮捕されるのは翌一月である。下田善吾さんも鶴木山の理事らと共に警察に連行され、さらに検察庁八代支部に拘留されて西岡幸彦検事からきびしい尋問を受けることになった。

今、その供述調書を読んでみると、下田さんが主張した〝真実〟がほとんど採用されていない。下田さん達は、なぜ被害者である弱い漁民ばかり取調べて、加害者である「殺人工場」の責任者を取調べないのか。警察や検察の態度は公平を欠くではないか。〝大きな被害者の小さな違法事件〟を仮借なく追究し、他方〝大きな加害者チッソの小さな被害〟の保護に汲々としているのは、社会正義に反するではないか、と精一杯の抗議をしたのである。しかし、取調べの検事たちは「余計なことを言うな」と一喝して、下田さんらの主張を無視し、ただの一行も供述調書に記載しなかった。そして、ただひたすらに暴力行為の謀議の裏づけをとる尋問に終始していたのである。

このような一方的な検事調書をもとにして歴史を書くようなまねは私たちには決してできない。

検察側は五十五人の漁協幹部を建造物侵入及び暴力行為の罪で起訴し、裁判の結果、最高幹部の三人（田中熊太郎田浦漁協長、竹崎正巳芦北漁協長、桑原勝記樋ノ島漁協長）に各懲役八月（執行猶予二年）の判決が下された。他の五十二人は罰金刑を受けたが、その中に下田善吾さんも弟の山石藤九郎さんも入っている。

下田さんの八十余年の生涯において、この「漁民暴動」事件は忘れることのできない強い印象をもって残っている。私たちが尋ねるたびに未だに激しい言葉が口をついて出る。

昭和五十一年五月四日、二十年ぶりでチッソ元社長の吉岡喜一と工場長の西田栄一が、水俣病被害者に対する「業務上過失致死傷」で起訴され、その判決の日が迫った時、下田善吾さんは、「遅すぎる、遅すぎる、わしらがあれほど言ったのに耳を貸さんで」と、ひとこと漏らされたあと、「あの時、やっていれば、何百人もの人が死なんでもすんだものを」とつぶやかれた。

「だが、社長も工場長も高齢でしょうが。今はあの人たちを憎んじゃいません」

下田善吾さんは遠くを射るような鋭い目つきをやわらげて、人なつこく笑った。その眼窩の辺に、私たちは漂泊の老詩人金子光晴のおもかげを感ずる。ほんとに下田さんはしばしば金子光晴にそっくりだと、私などはお逢いしたときから思っていたものである。

「漁師と親のかたきは逢うたとき――またということは無か」

下田さんにはある種の無常感がある。私たちが辞去しようとするとき、下田さんはきまって港のまえの道《みち》角《かど》まで送りに立つ。そして、「今度来られるまで、この世におられるじゃろうか」と言われる。私たちは熱いものを感じながら振りかえりつつ鶴木山を去る。

附記

最後に、この聞き書は一九七六年から始められた不知火海総合学術調査団の現地調査の一環として行われたものであることを附記します。なお同行された石牟礼道子、角田豊子の両氏及び聞き書の粗原稿を見て頂いた白木喜一郎氏に感謝致します。そして、私たちがお訪ねするたびに心から歓待して下さり、何度もお話し下さいました下田善吾さん御夫婦には厚くお礼申し上げます。

この研究が本学の個人研究助成およびトヨタ財団の共同研究助成に負っていることを附記する。

（「東京経済大学　人文自然科学論集」第六一号〈研究ノート　日本民衆史聞き書（六）〉（一九八二年九月）所載。

最首悟、羽賀しげ子との共同執筆）

不知火海総合学術調査団のころ
――色川大吉聞き書――

インタビュー――一般社団法人　日本ライフストーリー研究所代表理事　桜井　厚

調査団設立――石牟礼道子さんはストラテジスト

――最初に、色川さんが水俣に行かれて、石牟礼さんから、こういう調査団を作ってくれとお願いされた辺りから、どうやって人を集めたのかなど、お話いただけますか。一九七五年（昭和五十年）に色川さんは、石牟礼さんと水俣で会っているんですよね。

色川　そうです。それまで私は、石牟礼道子《いしむれみちこ》さんってよく知らなかったんですよ。卒業論文を書く必要上、徳富蘇峰と蘆花の研究をしていまして、たまたま熊本へは行っていました。ずっと昔から水俣に友達もいましたし、熊本にもいた。戦前にも訪ね、戦後すぐは、その蘇峰論を書くので行きました。水俣に蘇峰の文庫（淇水文庫）があり、資料もあったからです。そこの文庫を使って、卒業論文を書いた。徳富家は庄屋でした。あの辺の庄屋の上に立つ惣庄屋。そういうわけで、水俣は知っていたのです。ただ、石牟礼道子という人がいるということは知らなかった。その後、『苦海浄土《くかいじょうど》』（講談社、一九六九年）という名著が世に出て、それで、「あれ？　こんなことを書く人がいたのか、立派な人ではないか」と、そう思った。それからしばらくして、手紙のやりとりが始まった。

水俣で石牟礼さんとお会いしたら、「日本でも一流の総合学術調査団を東京から連れて来てくれませんか」と頼まれました。なぜそんなことを彼女が考えたかというと、当時、水俣病患者が迫害されて、水俣市の中でも白い目で見られていたからです。つまり、患者さんは認定されると、重症の場合千八百万、そうでない人でも千六百万円の補償金が出るようになったんです。それに対する嫉妬ですね。あいつらは、足が動かない、手が動かないって言いながら、チッソから金をむしり取っている、というわけです。

それと、川本輝夫さんという患者側のリーダーで、患者自身でもあるんですが、その川本さんが指導していたグループの未認定の患者二人が逮捕されるという事件が起きました。県議会の議員が「今の認定申請者はニセ患者ばかりだ」という暴言を吐いたんです。要は、やつらは金が欲しくて、手がしびれるとか何とか言っているけど、あれはうそだ、ニセ患者だ、銭が欲しいだけだ、と。それに対して患者さんたちが怒って抗議に行った。そのときに、お前なんかどいてろって手で相手をどけたらば、「暴行を働いた」ということになって逮捕されてしまった。同時に、そこにいた、支援の青年たちも二人逮捕された。

それで石牟礼さんが私のところへ電話をかけてきました。「いま、こんな状態です。水俣病患者が何か暴漢か、暴力団みたいに見られて、しかも、患者さんが逮捕されるところを一般市民が目の前で見ていたので、一層、孤立状態に陥ってしまっています」と。それを振り払うためには、各界の最高権威を持つ人を連れて来てくださいという話でした。

質問に答える筆者。右はインタビュアーの桜井厚氏

「それなら鶴見和子さんたちのグループがありますよ」と言ったら、「ぜひ、連れてきてください」という話になったのです。鶴見さんはとても有名でしたし、石田雄《たけし》さんは東大教授、菊地《きくち》昌典《まさのり》さんも東大教養学部の先生でした。そういう方たちを並べて、水俣の問題を調査するという格好で来てくださると、水俣市民の感情を変えることができるかもしれない……それが石牟礼さんの戦略だったんです。私は初めから、この人は相当なストラテジスト（戦略家）だと思いました。しかもそれは、権威をもって権威を打倒するという発想でした。

　鶴見和子さんのグループというのは、鶴見さんと哲学者の市井三郎さん、彼ら二人が代表をされていた「近代化論再検討研究会」です。そこに私も入れていただいていました。それから民俗学者の桜井徳太郎さんも。「近代化論再検討研究会」の業績は、『思想の冒険』という本に収められました。これが一九七四年（昭和四十九年）に筑摩書房から出たんです。そして、もう解散しましょうというときに、私が「ちょっと待ってください」と言って、「石牟礼さんから、水俣へ来てほしい、第一級の研究者をそろえてください、と要望が届いています。本当に近代化論を再検討するのなら、水俣の一般の庶民の中に入って調査してみましょうよ」と、そう提案したんです。渡りに船だと思って。

鶴見さんは、少しおっちょこちょいなところのある人で、はしゃぐ人でもあった。こういう人を石牟礼さんたちは大好きなんです。ちょっと変わったところへ行って、変わったことをしてしまう人。調査に行くのに、和服を着てくるんですよ。「そんな格好で行くんですか」って聞いたら、「いいの、これ、私の制服よ」なんて。調査団の皆さんも、水俣の人も、びっくりしていました。

現地の人たちは、あのおなごは素晴らしい、どこか品があって、しかも弁が立つ。聞くところによると、お父さんは政治家らしいではないか、と。そんな貴種が、地方の町へやって来てくれた、漁村にやって来てくれたと言って喜んでいました。調査団の格がぐっと上がったように感じましたね。呼び寄せたのは石牟礼さんだったから、彼女の立場もずっとよくなりました。そういう戦略的配慮が石牟礼さんにはあった。僕らは彼女に引っ張っていかれたんです。

後から聞いたら、原田正純さんと日高六郎さん、石牟礼さん、それに宇井純さんの四人が東京から水俣に大きな調査団を連れてこられるといいね、と相談をしていたそうです。私たちはそういう方たちの願望に応える形になった。だから、よく言われましたよ。「色川さん、よく引き受けてくれましたね」って。熊本の人は、そんな割の合わない仕事をする人、いないと思っていたのでしょう。口数の少ない渡辺京二さんにもそう言われました。

――メンバーの中では、そんなフィールドへ行くのは、よそうっていうような反対意見はなかったんですか。

色川　それはあったようにも思いますが、みんなを持ち上げて連れていきました。石牟礼さんも、「誰かがいつでも案内するようにするから。何でおまえたち来たんだ、なんてことは絶対言わせないから、大丈夫」と。地元の川本輝夫さんが率いる患者団体も、当然、受け入れると言ってくださっていましたし。ただ、行ってみて分かりましたが、チッソはもちろん、市役所さえもこちらを「敵」だと思っていましたね。そんな状況をどうしたらいいかと考えていたら、「権威に対しての権威で、おっかぶせるような態度で臨んだほうがよいです」と石牟礼さんがおっしゃいました。

それで、みんなをずらりと連れていき、市長に会おうとしました。はじめ、市長は会わなかった。でも、市職員の赤崎さんたちも努力してくれたおかげで、一流大学の代表のような偉い連中らしいじゃないかってことが薄々分かってきたらしく、ようやく会ってくれるようになりました。その結果、随分、風通しがよくなりました。それまでは、資料一枚、出してくれなかったんです、市民課も衛生課も。初めて水俣病患者が出たのは一九五六年（昭和三十一年）ですから、その頃の資料を出してくださいと言っても、ノーです。それが、第一次調査団（一九七六年三月から五年間）のうちに、向こうがだんだん折れてきて、協力してくれるようになった。それはやっぱり、私たちが総合調査団をこしらえていったからだと思います。

調査スタート——普通の社会学的調査ではなかった

——調査はどんな感じでスタートしたんですか。初日の様子などは。

色川　私たち一行がフェリーで宮崎県の日向港に着いたら、赤旗みたいな幟《のぼり》がいっぱい立っていたんです。「あれは何だろう」「どこの工場がストライキしているんだろう」と思いながら見ていたら、私たちを歓迎したものでした。石牟礼さんが手配したらしい。赤旗で迎えてくれたわけです。赤いのばっかりじゃなくて、青い旗もありました。日向市の第一糖業労組の組合員たちでした。そのときから、もうこれはえらいことになった、予備調査なんてのんびりしていられないぞって思いました。

石牟礼さんの家《うち》に着いたのが、夜の九時ぐらいです。それなのにみんな待っていてくれて。調査団に協力するという方々も大勢来ていて、座敷には山海の珍味が並んでいました。それから夜中まで大騒ぎですよ。

まず、「魂入《たまい》れの儀」をしますって石牟礼さんに言われて、みんなたまげていました。私は、徳富の研究で水俣へは行っていましたから、魂入れなどの儀式については知っていました。でも、他のメンバーはみんな初めてなので、度肝をぬかれたみたいです。シャーマンみたいに見えましたね、石牟礼さん。その後で、おもてなしと称して、お魚が出てくる、出てくる、助太刀する娘さんたちや奥さんたち、みんなお勝手でせっせと働いていました。

次の日は市役所やチッソに寄って、その翌日は、不知火海全体をざっと見ていただきたいと、石牟礼さんが船を用意してくださっていました。メンバーみんなで乗りこみました。海がちょっと静かな時だったからまだ良かったけれど。それでも酔いましたね。船に頑張ってしがみついたりして。みんな船酔いと闘っていましたよ。

船で不知火海岸をぐるりと周った後、何人かの患者さんのお宅を訪問しました。最初は、鹿児島県出水市の名護というところ。その人は訴訟派の患者さんの家族で、重症でした。裁判に勝訴して得た補償金を使ったのか、あの当時で一千万か千三百万ぐらいの大きな家に住んでいた。あの辺の患者さんは、ひと昔前までは、廃屋みたいなところに住んでいたんですよ。筵《むしろ》を何枚も屋根から吊ってあるだけのあばら家。ひどく寒かったろうと思います。ただ、私たちが訪ねた家は新築でした。その家でしばらく話を聞いていたら、「主人は数日前にこの鴨居《かもい》で首をつりましてね」と言うんですよ。つまり、家を新築したことで、「あのうちは公害成金だ」などと言われて村から疎外され、それを苦に自殺した。私たちが連れていかれたのは、その数日後だったわけです。あまりにショックで、お見舞いの言葉も出しようがなかったですね。

その次の日は、諫山《いさやま》さんという家《うち》に行きました。石牟礼さんが見舞ってあげてくださいというので、緊張しながら上がったんです。そこには、お母さんのおなかの中で水俣病になった胎児性水俣病の患者さんがいました。十五、六歳くらいかな、娘さんでした。とてもきれいな、かわいい少女でした。でも、足はねじくれ、手もひどく曲がっていて、目は向こうの方を見っぱなしでしたが、私たちの方を向いて、にこりと笑うのです。歓迎しているんでしょうね。もう私たちは息をのみ、泣き出して廊下に走った者もおりました。なんで人間がこんなふうにならなければならないのか、あり得ないことだって嗚咽していました。

それでも初めは、諫山さんのお父さんが会わせようとしなかったんです。石牟礼さんの連れだからと、ようやく奥の部屋まで通してくれました。私たちに対して、そういうショック療法を与えるんです、石牟礼さんは。本人はというと、玄関で、「諫山さん、よろしくお願いします」と言って、消えてしまいました。

初回の訪問時には、石牟礼さんからさまざまなショック療法を与えられた印象が強いですね。悪い女だなと思いました。でも、ただ悪いってわけではないですよ。相手の個性をどこでどう使ったら、最大限いいところ引き出せるかを考えているんですよね。いい意味で戦略家。石牟礼さんの悪い点は、自分の直感を信じすぎるところかなと思いました。

とにかくそういうところから、調査団は始まるんです。それはまだ予備調査ですよ。こうなれば誰しも、もう逃げられないなと感じていたと思います。普通の社会学的調査ではなかった。こういう手法はめったにないと思いますよ。

——最初は手弁当だったんですか。自分たちでやりくりして。

色川　最初の丸一年は、まったくの手弁当でした。何しろお金かかるんですよね。車を何台も持っていかなくてはいけない。東京からでしょう。フェリーで日向港まで行って、そこから九州の真ん中を抜けて、水俣へ行く。これで丸一日かかってしまいます。ガソリン代、フェリー代、それからチャーターする車や船もありましたし、それに皆さんの宿泊費もあります。

まったくの自腹ではみんながかわいそうなので、二年目からは私がトヨタ財団に申請したんです。当時、トヨタの窓口になってくれた事務長さんが大学の研究室まで来られて、「どうしてほしいですか」と尋ねるので、「トヨタは自動車の排気ガスの公害で、世間に迷惑をかけているので、違う方面で社会に貢献してくださらないか」と交渉したんです。「私たちは、あなた方が協力してくれたら、トヨタ財団が応援してくれていると大きく宣伝するし、もちろん報告書を書いて、新聞にも紹介しますから」と伝えたら、「そうしてくれるのであれば」と、支援を三年間、続けてくれました。申請書には、あることないこといっぱい書いておきましたけどね。

大トヨタにしてみれば、たいした額ではないんですよ、二百万かそこらでしたから。船一隻をチャーターして、不知火海をずっと調査すると五十万ぐらいかかります。船を運転する人も込みで頼みますしね。それでもやっぱり、いくらかの補助にはなりました。最後の一年は、まったくの自弁でした。その後の第二次調査団も、もう全部自弁でした。

いつだったか、水俣の患者さんや調査団を熊本に連れていって、数日にわたって熊本日日新聞社で夏期大学を開いたことがありました。メンバーたちには否応なしに講演させました。そこでの講演料をみんな団長の私が回収したんですよ。それをプールしておいて、調査のために使ったりしました。

——科学研究費は使わなかったんですか。

色川　科研費を取った人もいます。個別に。しかし、大多数は自弁でした。

調査団の評判——やりがいがあるから苦労する

——地元の人との交流は、かなりうまくいった感じですか。

色川　ええ。川本輝夫さんや浜元二徳《はまもとつぎのり》さんたちの患者団体、石牟礼さんが紹介してくださった若者たちのグループ（相思社）、それに石牟礼さんが関わっていた水俣の文化人グループなどが受け皿になってくれました。そのため、最初の時点で水俣の市民から排除されるようなことはなかったですね。東京から何だかおかしなグループが来たみたいだというような受け止め方をされた程度です。それでも、市役所は私たちに対してオミット（除外）でした。チッソも面会拒否です。本社へあいさつに行ったとき、資料を見せるのが嫌だったら、工場の中の見学だけでもさせてくださいと頼んでも、門前で追い払われました。

こちらには、土本典昭《つちもとのりあき》さんという映画監督がついていました。水俣に関する映画をたくさん作った人ですね。土本さんは、私どもが行く五、六年前から、あそこでカメラを回していたわけです。名作をいくつも作っていました。映画「水俣――患者さんとその世界」や「不知火海」、著書もあります。彼は素晴らしいドキュメンタリー作家でした。その土本さんが水先案内をしてくれたわけです。

とはいえ、地元じゃ、土本は赤《アカ》だと後ろ指を指されていました。人をあおり立てるような映画を作っているとまで言われて。でも実際は、患者さんや漁民や町を淡々と訪ね歩いて撮った映画なんですけれども。それを一度、市役所の教育委員会が後援して上映会をしてくれないか、市民会館を借りて上映させてくださいと頼んだら、やはり駄目でした。教育委員会が拒否。後援もしないと言われましたね。

それから、第一次調査の証《あかし》として『水俣の啓示』（筑摩書房、上下巻、一九八三年）を出したとき、その出版記念会と報告会を、まず水俣市民に対して開きたいから、市民会館を貸してくれと頼みました。あの辺りでは大きいホールが市民会館しかないんです。それも拒否されました。だから、土本さんや川本輝夫さん、石牟礼さんたちは、あの当時もまだかなり疎外されていたんですよね。

こういう現地調査は、ただ学問的に調べればそれでいいというものではなくて、そこの地域の人間関係とか、複雑な社会の対立関係に、良かれ悪しかれ巻き込まれてしまう。だから、盛んに言ったんです。

「私たちは、共産党系でも社会党系でもありません」と。もちろん、自民党の敵に回るものでもなくて、そういう政治的立場を持たない純粋な「不知火海総合学術調査団」なんですよ、と。そう何度も言ったのですが、みんな疑っていましたね。それはある程度は致し方なくて、石牟礼さんや川本さんが歓迎すれば、どうしても反体制派だと思ってしまうのでしょうね。

というのも、水俣は日本共産党が非常に強いのです。当時、五階建ての「水俣協立病院」という大きな病院を共産党は持っていました。水俣で最大級の規模でした。水俣の駅を降りてすぐのところにあり、リハビリの施設までちゃんとあるような、非常に設備の整った近代的な病院でしたね。そこの院長さんは、患者さんを党派なしに迎え入れていました。私たちは川本さんから、「共産党の病院だから行っちゃいけない」と言われていたのですが、そのうちに、待てよ、私たちはセクトを超えて調査するという立場ではないか、と思い直して、私は調査団の団長として院長に面会を申し込みました。すると、「どうぞいらっしゃい」と。

実際に行ってみたら非常に寛大で、全部案内してくれましたね。「ここは、共産党員であるかないかなんて、そんなことにこだわりはありません。患者さんは全部、受け入れています。資金は共産党の援助も受けていますが、どうぞ自由にご覧ください」と。それはもう、目からうろこが落ちましたよ。

当時、共産党と新左翼の激しい対立がありました。「近代化論再検討」となると、どうしても新左翼系というふうに見られてしまうんです。新左翼は、共産党に反対して、ある意味では、六〇年安保闘争や七〇年安保闘争で、激しく共産党とやり合ってきた歴史があるわけです。だから、どうしても共産党には身構えてしまう面がある。でも、それはあくまで中央の話で、地方へ行くとほとんど軋轢はない。勝手に党の中央周辺が政治的に対立しているときに、地方ではどうやって市民や患者に貢献するかという点で勝負していたというのがよく分かりました。

――その病院でも、水俣病の患者さんは診ているわけですよね。

色川　もちろん、診ています。水俣病の患者さんはかなりたくさんいましたよ。いろんな派閥に関係なしに、診察していましたね。

さきほども話したように、第一次調査で赴いたときには、私たちが調査した結果や『水俣の啓示』の中身を市民全体にご報告したいから市民会館を貸してくださいとお願いしたら、市は駄目だと言って全く貸してくれませんでした。「市役所はあなたたちに対して協力はしません。あなたたちは左翼だという話があるじゃないか」と。「いや、左翼もいれば、中立の人もいるし、右翼みたいな人もいるんですよ」と説得しても、「駄目だ、貸さない」の一点張り。

ところが、第二次で行ったときは、まるっきり態度が変わってしまいました。市役所が公共施設を全部提供してくれるようになり、市長も直接対応してくださいました。それはひとえに、第一期調査団の成果を見て、向こうがびっくりしたからだろうと思います。

――でも、第一次調査の途中で説得したら少し資料を見せてくれるようになった事実がありましたよね。

色川　そうですね。市役所の市民課に何度も通いました。そのうちに、赤崎覚さんという市民課長と知り合いになりました。この人は、「水俣病市民会議」のメンバーでした。赤崎さんは課長ですから、「おお、いいよ、いいよ」と出してくれるようになったのです。市長は恐らく「ノー」と言っていたのだろうけれど。

赤崎さんは面白い人でした。酔っ払って、僕が泊まっている大和屋旅館までたびたびねじり込んできましたよ。「何や、調査団なんつったってさ、現地の人はみんな、嫌々《いやいや》なんだぜ。どうすんだ、おい」ってクダを巻きにくる。私と鶴見さんとで、「まあまあ、まあまあ」ってなだめる。いろんなドラマがありましたよね。

――若い人たちとの交流はどうだったんですか。

色川　若者は気に入らないわけです。水俣には、都会の学生運動崩れもたくさんいました。学生運動をして、そのあと就職もせずに、三里塚や水俣へ活動家として流れていった若い者たちがいたんです。彼らは「水俣病センター相思社《そうししゃ》」にもいました。いろんな人がいて、一癖も二癖もありましたね。毛派もいれば革マルもいる。いろんなセクトがいる。大学を捨て、家を捨て、将来の夢も捨てて水俣へ来て、患者さんを助けようという一心で集まっていました。

あるとき、若者たちが私たちに向かって、「今さらお前たち、何しに来た」って息巻いたことがありました。それは、若者たちの立場になれば、そうも言いたくなるでしょう。「俺たちは身を捨てて来ているのに、お前たちは大学の先生とかで、いい給料もらってるんだろう。それが今ごろのこのこ来て、はい、水俣病患者のためになりますよって言ったからって、誰が信じようか、さっさと出ていけ」というわけですね。

それは水俣に来て四日目だったかな。歓迎会をしてくれるというので、調査団員みんなで相思社に行ったときの話です。彼らはお酒をがんがん飲んで、いい調子に出来上がっていました。そのうちに開き直って、「お前ら、今ごろ、何しに来た」と。そう言われたら、若い先生たちは、ひどいじゃないかって怒りだしました。向こうは、「ここで地獄の底まで付き合うか、お前らの仕事のちょっとした功績にするんだったら、怒鳴りつけるぞ」というような調子なんですよ。彼らは石牟礼さんを尊敬していたので、石牟礼さんが抑えてくれればいいのに、「そうね、そうね」と言いながら、相づちを打つだけ。

当然、調査団のメンバーは怒りましたよ。水俣港のすぐそばの定宿《じょうやど》、大和屋旅館にみんなで集まって、こんな感じでは調査などできないという意見が出ました。鶴見和子さんは、「私、帰りますわ」と言って、トランクに着物を詰めて駅に走り出した。私が慌ててあとを追っかけていき、引っ張り戻してきました。「我慢しなさい。これは石牟礼さんに釈明させるから、辛抱してください」と。そんな感じで、みんなが怒っていましたね。学者や先生という立場からすると、あの若者たちこそ、何のために来たんだと言いたかったわけです。ごろごろしているだけに見えたのでしょう。

私はまとめ役でした。こっちを止めて、あっちを抑えて。それは大変でしたよ。私は気がついてみたら、そういうコーディネートに慣れていました。つまり三十代の初めのころ、劇団で演出をやっていたから、それが役に立った。とにかくみんなを怒らせては駄目だと考えていました。水俣では、メンバーをみんな役者だと思うようにしていましたね。そのお蔭もあって、何とかまとめられたのでしょう。

本当に、しょっちゅうけんかをしていましたね。でも、面白いですよ。やりがいがあるから苦労をするのです。あるとき、「色川さん、あなた、五十代の、学者として一番実りのある十年間を水俣のようなつまらないことにつぶすのか」と、尊敬する谷川健一さんに怒られました。「すいません」と、謝るしかなかった。

こんな話もありますよ。石牟礼さんと、イザイホーという儀式の見学で、沖縄の久高島《くだかじま》へ行ったとき、谷川健一さんがそこで民俗研究をされていて、三人で見に行ったんです。女の祭りでした。そこで、いきなり「石牟礼、色川、君たち、一緒になれよ」と言われました、万座の前で。まあ結婚できないこともなかったけれど、そんな気にもなれなかったな、正直なところ。

調査団のメンバー――強烈な使命感と研究意識

――調査団には個性的な方たちがいらっしゃいますよね。おのおの思い出をお聞かせいただけますか。

色川　この調査団が何とか五年間、持ちこたえたのは、それぞれのパートの責任者の強烈な使命感、あるいは研究意識があったからだと思います。一人も脱落しないで五年間も続いたんですからね。

鶴見和子さんには、随分困らせられたんですよ。あの人は、本当にいい人なんですが、やっぱり名家のお嬢さんで育ったからか、甘やかされている面がある。もうすべての判断が、いつも自分中心なんです。だから、団長がどんなに苦労しているかなんて、全然分かってくださらない。

「今度の夏合宿は、石牟礼さんたちがとっても張り切って、歓迎の準備をばんばん整えているから、どうしても鶴見さんには来てもらわないと」と、何度も伝えるでしょう。そうすると、「はいはい、行きますとも、行きますとも」と快く応じてくれる。それから一週間ぐらいたって、「色川さん、悪いけど航空券も手配しといて」と頼んでくる。「買っておきますよ」と、航空券を買った。

それからまたしばらくして、今度はこちらから電話して、「航空券は何時ですから、何時までに空港に来てください」と伝えると、「あのね、私、ちょっと仕事ができちゃったのよ。それが色川さん、とっても面白い仕事なの。昨日は、私、寝ないで三十枚も書いちゃったわ、偉いでしょう」と嬉しそうに話すんです。「偉いけれど、それとこれは別ですよ」と。それでも、「私、もう一つひらめいて、また書き始めたの。だから今度は行けません」と言い出す始末。「何を言ってるの、行くって言うからちゃんと切符まで買ってあるんですよ」と、また説得するんです。何回も何回もかけて、そうしたらそのうちに、「それじゃ行くわ。私、今、面白いのを書いているのよ。ほら面白いでしょう、こういう考え方は」なんて言うんですから、私は嫌になっちゃいましたよ、本当に。

それで水俣へ行くと、あの人は賑わいのある人なので、ぱっと周囲が明るくなるんですよね。「賑わい神様」と呼ばれていました。とにかく、しゃなりしゃなりで和服を着ていますから、メンバーも現地の人も、みんながびっくりしていましたね。

早とちりの人だから、鶴見さんにはいろいろと面白い出来事がありました。あるとき、「タコ捕りの名人のところへ行くわ」と言うから、「ああ、行ってきてください」と送り出しました。

二時間ぐらいたってから、走りながら帰ってきた。面白かったわよ、と。タコだか魚だかをを入れるカゴまでもらっちゃったって喜んでいる。でも、その前に実は電話がかかってきていて、「何かおたくの調査で、うちの聞き取りに来るというから待っていたんだけど、全然来ない」という苦情がありました。でも、鶴見さんははしゃぎながら戻ってきたでしょう。訳が分からずにいると、「色川さん、面白いのよ、これもらっちゃった、もらっちゃった」と大喜びしている。「それはいいけれど、鶴見さん、どこへ行っていたんですか」と聞いたら、「○○さんのうちの二つ手前の左側のうちよ」と。

でも、実は左側じゃなくて、右側の家なんですよ。両方とも同じ名前、その一帯はみんな一族ですから。片方は、ちゃんと用意して待っていたわけです。もう片方は、いきなり変な女性が「こんばんは」とやって来てので、それはたまげたそうですよ。「俺は、ふんどし一丁だった」って。慌ててズボンはいて出てみたら、聞いたことも、約束したこともないおなごに丁々発止《ちょうちょうはっし》でまくしたてられて、すっかりその気になったそうです。漁師の暮らしについてあれこれ聞かれるものだから、最初は訝しんでいたけれども、途中からはすっかりその気になって答えたらしい。「実に面白いおなごだったね」と言っていました。

でも当然、片方は怒りますよね。待っても来ないじゃないかって。こういうことを平気でしてしまう人なんです。それが面白くもあってね。あんなに素直に自己中心で話したり、行動したりすると、こちらもだんだん悪く思わなくなるんですよね。石牟礼さんとは、すごく仲がよかったです。石牟礼さんも、そういう人の感情に感染しやすい人だから。鶴見さんが来ると、本当に楽しいって話していました。鶴見さんのお邸によく泊まったりもしていましたよ。

――市井三郎先生は、どういうふうな役回りをされていたんですか。

色川　あの人は、鶴見さんと二人で「近代化論再検討研究会」の代表をされていました。調査団はほとんどその研究会の移行でしたから、市井さんも鶴見さんと一緒に来てはいたんですね。ところが、来てはみたものの、哲学者だからすることがないと言うんです。旅館で、いつもごろごろ寝ているか、本を読んでいるだけ。そこで、「市井さん、せっかく来たのだから、哲学の勉強もいいけれど、いろいろ話を聞きにいってはどうですか」と進言したら、「何を聞くの、どこで聞くの、哲学が分かる人いるの」と、取り付く島もない。

患者さんに直接聞くのも嫌だと言うので、市井さんには課題を与えました。水俣病の患者さんは一種の身体障害者でもあるのだから、いわゆるヘルパーさんや看護師に代表される援助者たちがどういった気持ちで携わっているかを市井先生がお尋ねになれば、きっと話してくれるのではないか、と。それで、二、三回は話を聞きに行ったような気がしますが、そのうちやめてしまいましたね。

それでも、ずっと参加はしてくれましたよ。石田雄さんは息子さんを連れてきたし、市井さんはたまに奥さんと一緒でしたね。でもあの人は大体、旅館で寝ていて、夜になると出てきました。お酒が強いから、夜中の二時ぐらいまでお酒に付き合っていましたね。

石田雄さんの研究は、まるで使えないものでした。というのも、調査に行くと、自分があらかじめ用意したアンケートどおりに質問するんです。もう全部用意してあって、現場でぴしゃぴしゃっと入るようにアンケートを作ってあるわけ。それで統計を取るんだと仰るんだけど、私はこれでは全く意味がないと正直に伝えました。「最初のお子さんは何年に生まれましたか」というような形式張った聞き方をするのではなく、お産の苦労話辺りから始めて、ご自身の肉親関係やきょうだいとの関係から徐々に広げていかなければ、話をしようにも話せなくなってしまう。むしろかえって口を開いてくれなくなる、と私は言いました。

石田さんは真面目な男でした。水俣へいる間、朝四時ごろに起きて、みんながまだ寝ているうちに二時間ぐらい駆け足してくるんですよ。そして、「今日、行く予定のところを見て回りましたよ」と汗をびっしょりかきながら戻ってくる。夜は夜で、いつまでも付き合うんです、お酒をたらふく飲んで。タフな男でしたね。「今回の調査報告を東京へ帰って書くとなると、とても暇がなくてできないから、夕べ書いておきました」と言われたときは驚きました。しかも五十枚ぐらい。他のメンバーは五十枚なんて、はっきり言って書けませんでしたよ。なんとエネルギッシュな人だろうと思いました。

日高六郎さんは、教育問題に取り組みたいと言って参加していたんですよ。要するに、小中高、特に小、中学校で、隣の市町村と比べて、水俣では学歴に差が出るんじゃないかと予測していたのです。低濃度の汚染のために。でも私は、「それはちょっと問題になるから、やらない方がいいんじゃないですか」

と進言したことがあります。つまり、水俣の子は就職できなくなってしまうのではないかと心配になって。企業が採用しないというような差別につながる可能性があるので、それはかなりデリケートですよと私は告げました。

それと、宗像巌《むなかたいわお》さんはお坊さんみたいな人でしたね。話にうんざりしてくると、悟ってしまったようにだまってしまうんです。だからこの人は、無風状態でした。本当に慎重な人でした。

そんな感じで、テーマが決まらない人もいました。「花の三十年代」というのが三人いたんです。政治学の内山秀夫さんと宇野重昭《うのしげあき》さん、それに東大教養学部の菊地昌典さんです。この花の御三家が、言い方は悪いのだけれど、テーマが全然決まらないんです。しょうがないから、こちらからアドバイスしました。

「菊地さん、あなたは何に興味があるんですか」と尋ねたら、「僕の専門はもともと社会主義だから」と。「社会主義ってくくりじゃ困るから、労働組合の聞き取りはどうですか」と助言したら、「ああ、そうか、労働組合は少し近いかもしれないね」と言うので、チッソの労働組合の労働者の聞き取りに行ってもらいました。私から、あらかじめ労組の委員長に電話して、「菊地昌典という者が行くから、いろいろ聞き取りに応じてくれませんか」とお願いしておきました。当時、チッソの労働組合は二つに分かれていて、闘う組合と御用組合がありました。菊地さんは闘う組合の方へ行って、そこで組合員たちからよく話を聞いたようです。

宇野重昭さんに何をしますかと聞いたら、「いや、僕は中国問題が専門なんですよ」と。水俣で中国を調べても仕方がないから、彼は工場そのものの研究をすることになりました。チッソはもともと国策の肥料会社として興り、のちに朝鮮窒素を作って、戦時中は砲弾やら爆弾、弾薬を作っていました。肥料の生産は弾薬にわりと簡単に切り替えられるらしいんです。そうして軍需産業として栄えた。戦後もその基盤を受け継いで成長していきました。当時、朝鮮窒素から移ってきて係長ぐらいになっている従業員が結構いました。宇野さんには、中国ではないけれど、朝鮮窒素系の研究をしてもらいました。

残る内山さんは、申しわけないのだけれど、本当に箸にも棒にもかからない政治学でした。彼は何かしらの政治学的調査、確かチッソの規律というような調べものをしていたはずです。でも結局、まとまらずじまい。石田雄さんと、ちょっと似ているところもありました。

そういう意味では、桜井徳太郎さんは民俗学の大家で、聞き取り調査にも慣れていらっしゃった。聞き取りに行くと、おおかたの皆さんが、都から偉い方がおいでだからと、あれこれ用意して待ってくれているんです。お酒なんかも出してくださったり。桜井さんは、そういうちょっと緊張した場で「佐渡おけさ」を踊ったりしちゃうんですよ。そういうことができる方なんです。非常に名調子のおけさを踊って、すっかり溶け込んでいました。そうして場を和ませてから話を聞き出していく。「お産のとき、どうでしたか」という感じの、親身になった聞き方をしていくわけです。そうしたらやっぱり、天井からひもを下げて、うんと、きばるんだ、と答えたおばあちゃんがいたそうです。石牟礼さんのお母さんも、そう語っていました。石牟礼さんを生むときも、縄できばって、と。そういう聞き方をすると、常識的な質問では出てこない話を引き出せるので大変面白く、勉強になりました。

もう一人、特筆すべきは私の助手として参加していた羽賀しげ子さん。羽賀さんは、私の大学、東京経済大学の研究室の助手をしていた人です。東経大での正式な呼び名は副手でした。いつも私に付いて歩いていました。私が聞き書きを取っていると、羽賀さんが隣でカチカチカチと、タイプライターのような小型の機械で文字を打ってくれる。時には速記も。ですから、私もすぐ活字化できたのです。彼女はその後、立派な本、『不知火記《しらぬいき》　海辺の聞き書』（新曜社、一九八五年）を上梓されましたよね。石牟礼さんに可愛がられた人でした。

――それから、最首さんは、どういうふうに入ってきたんですか。

色川　最首さんは、第一次調査団に参加したころは東大の生物学の研究助手で、ご自身の専門をまだ持ってはいない立場でした。全共闘をやっているうちに万年助手になってしまった。むしろ、それで有名でしたよね。最首さんは、要するに反体制的だという理由で参加していました。最初、何をすべきかよく分からないという感じでした。だから、「海の調査をやってみては」と言ったら、「じゃあ海洋関係にします」と。

色川　第二期目になってから、最首さんは本格的に海洋調査を始めました。第一期は社会学、社会科学が中心でしたが、第二期は生物学、海洋学、水産学にフォーカスを絞りました。それで、最首さんが団長になったわけです。最首さんは、海洋と水産系の研究者仲間を連れてきました。東大の水産学科にいる人たちとか、あるいは国立の水産研究所のメンバーを引っこ抜いてきて参加させていたようでした。これはまさに最首さんの領域ですからね。そして大規模な海洋調査をしました。活動資金をうんと取ってきて。私たちも集めましたよ。

不知火海全域の海底のヘドロ調査のサンプルを取ると、その中にベントスといって、微生物がいるわけです。いわゆる海底生物。そうした海底生物の検査を行い、それからもちろん水質検査もして、泥の検査もしました。それらをビンに入れて大事に東京へ持ってゆく。そして、水産研究所で分析してもらいました。そこから汚染の具合がようやく分かるわけですね。

ところが、そのデータを最首さんは机上に積んだままにしてしまったのです。「最首さん、どうして報告書を出さないの」と聞いても、「ええ、すぐに出します、出します」と答えたきり、出してくれない。あれだけのお金かけて、あれだけの時間をかけて、第二次でも五年をかけたんですよ。サンプリングしたデータは、いろんな意味で使えるはずなんです。原発のセシウム汚染と同じです。水俣湾だけじゃなくて、対岸の天草の島の辺りまでずっと有機水銀で汚染されていた。その海域のサンプリング調査も含まれているのですから、非常に大きな意味があります。そのデータを持っていながら報告書にしなかった。普通ならば、学会誌や科学技術系の雑誌に発表すれば喜んで載せてくれますよ。それもやらないままになってしまった。

「早く出してよ、立派な本でなくてもいいから、まとめて報告書を出してください」と私たちがお願いしているうちに、時間がどんどん経っていきました。せっかく東大の水産学の優秀な方たちや、それから国立の研究所の所員まで参加してくれて、私たちも一緒になって応援して、船に乗ってベントスを集めたりしていましたからね。そのデータを死なせてしまったのは許せないなと思いますね。

――第一次のときは、わりかた、しっかりした記録を書いていますよね。

色川　それもずいぶん書くように促したんです。待ってくれ、待ってくれと言われましたが、こちらが駄目、駄目と粘った。じゃんじゃん電話をかけて、きりきり舞いさせるようにして書いてもらったものですよ。そうじゃないと、いつまでたっても書いてくれないから。それにトヨタ財団からお金をもらっていたから、財団に対して研究報告書を作らなくてはいけませんよね。そのために皆さんからペーパーを出してもらわなくてはならない。それを私がまとめて財団に提出するわけですけれど、そういう締め付けがなければ、なかなか人は書いてくれないものです。調査団のメンバーでも、そういう方がいましたからね、本当のところ――。

――『水俣の啓示』を出すときに市井さんと最首さんがぶつかりましたね。

色川　あれは、最首さんが食い下がったのです。あの事情はね、私には今でもよく分からないんですよ、どうして最首さんがあんなに頑張ったのか。要するに、市井さんの論考は、人生経験から来たものではなくて、ペーパー・ワークの屁理屈だと言うわけですよ。市井さんは市井さんで、ちゃんとカント流の論理を組み立てて書いてはいました。ところが、一般にはなかなか通らないですよね、カントがどうとか、かんとか言ったって。それを最首さんは屁理屈だと突っぱねた。要するに本質が何なのか分からないではないか、というのが最首さんの意見。

確かに市井さんは、先にも話したように、最初の調査団で五年間、ほとんど現地へは行っていません。旅館にばかり籠っていて。「市井さん、それで何が分かるんですか」と私たちが聞いたら、「いや、僕はここで寝て、じいっとしていると分かるんだ」と仰るんです。旅館の外へはほとんど出たことがないですよ。哲学はどこかへ行ってするものではないんだと言われて、驚きましたね。だから時々、酒の肴を持っていって、「退屈したでしょう」って慰めたりしていましたよ。

――『水俣の啓示』の出版にはどんな反響があったんですか。

色川　「日本環境会議」が水俣で開かれた、たしか第四回のときに取り上げられたことがあります。その会合で、私は発言を求められました。『水俣の啓示』が出た、丁度すぐ後に。人文系では、このようにたくさんの分野の人たちがグループになって、長い時間をかけて調査をするというのは珍しかったからですね。

それと、ハーバード大学での講演がありましたね。私は、英語を読むのはできるんですが、しゃべるのが苦手なんですよ。二年間も、プリンストン大学に客員教授としていながらね。書くことはできるけど、しゃべれない。ですから、ボストンへ行って、徹夜でキャロル・グラックさんから英語のレッスンをしてもらいました。すると、これくらいなら一応いけるなというくらいにまでなりました。

さていよいよハーバードの教室に行って、やっと覚えた英語でしゃべろうとしたら、「先生、ここにいるのは、みんな日本語専修の学生ですから、そのままの日本語でお願いします」と。なんだ、初めからそれが分かっていれば、あんな苦労もいらなかったのにと悔やみました。それで日本語で話しましたが、反響はたいそう良かったですよ。ライシャワー教授も来ていましたが、先頭に立って拍手して、「先生の英語と日本語のご努力に敬意を表します」と仰ってくださいました。

水俣の人々——友情が生まれる

——現地の研究者やスタッフとのあれこれはいかがですか。

色川　熊本大学で当時、助教授をしていた原田正純さんという医師がいました。岩波新書で『水俣病』（一九七二年）を出された、非常に有名な方です。原田先生は、お母さんの胎内で有機水銀の影響を受けて生まれてきた、いわゆる胎児性水俣病の証明につとめた方ですね。川本輝夫さんたちのグループの顧問、助言者のようなこともされていらっしゃいました。

先生の前では、もう共産党も新左翼もなかったですね。党派を越えて、どんな患者でも診ていました。しかも、胎児性水俣病の子どもたちを助けるために医療活動を一生懸命にされたという、大きな功績がありますから、各方面から評価され、尊敬されていました。そんな方が医学班のリーダーとして、われわれのグループへ入ってきてくださった。原田先生がいますと、市民の感覚が変わってきます。それはとてもよかったと思います。

それに、角田豊子さん。この方は県立玉名高校の先生をされていました。当時、三十歳ちょっとかな。角田さんは、石牟礼さんがごちそうを作るときのお手伝いでよく来ていらした。裏方で、台所にばっかりいて、表にはほとんど出てこなかった。そのうちに石牟礼さんが、角田さんは書けるのよって教えてくれて、それはもったいないという話になり、メンバーに加わっていただきました。『水俣の啓示』に一文を寄せてくださっています。

それから砂田明さんは、水俣病の勧進《かんじん》行といって、チリンチリンと鈴を鳴らしながら東京から水俣まで支援仲間で歩いたりした方です。水俣病のことを各地で説き、広めるために夫婦で全国を回っていた。そして、最後に水俣で息を引き取られました。元はある劇団の座長をされていました。私も新劇に携わったことがありますから、よく知っていました。砂田さんは自宅の前に「乙女塚」をつくって、自分はこの墓の塚守だと言っておられましたね。

あのころ、水俣病の責任を追及していたチッソの労働組合の委員長で、岡本達明さんという方がいました。後に、『水俣病の民衆史』（日本評論社、二〇一五年）という、全六巻もある分厚い本を書かれています。当時はチッソ第一組合の委員長でしたから、私は敬意を表しにあいさつに行きました。こういう調査団をつくりました、よろしくお願いいたします、と。立派なお邸に住んでいました。一九三五年のお生まれですから、私より十歳は若い。ところが、彼は傲然と立ったまま、一言も口をきかなかったんです。岡本さんは無言で数分、立ったままでした。いったいどういう事情があったのか、私には訳が分からない。帰って石牟礼さんが、「タッチャン、どうでした?」と聞く。石牟礼さんは、若いころから「タッチャン、タッチャン」と呼んで親しいんですね。「そうですか。やっぱりタッチャンは、先生がちゃんと行ったから、あいさつしたんですね」と言うんですが、私はすごく屈辱を感じましたね。でも、ここで投げ出したら敗北だと、最後まで頑張って『水俣の啓示』をお持ちしました。

水俣病に関する有名な映画をいくつも作った土本典昭さんも忘れられない人です。いつだったか、土本さんに、私がドイツで買ってきたフォルクスワーゲンのキャンピング・カーを提供したことがありました。「これ一台あれば、トイレ代わりから寝泊まりから食事から、何でもできますよ」と。ガスオーブン付きですから、そこで三食、作れる。そのうえ、寝られるし、大きなスピーカーも付いているし。後ろを開くと仮のステージに早変わりできるから非常に便利ですよと吹聴《ふいちょう》してお貸ししました。土本さんはそれで不知火海沿岸の天草の島々をぐるりと周って、水俣病の映画を上映してこられたのです。大変重宝したと話していました。

――石牟礼さんのご家族とも交流があったとか。

色川　あのころ、石牟礼さんは水俣から離れて、熊本へ仕事場を持って行かれていた。渡辺京二さんという、後に高名な思想家になる方が手伝いをしにしょっちゅう来ていました。夫の弘さんも、お母さんのハルノさんも放り出しているように感じられました。

私たちが水俣へ行けば、もちろん、石牟礼さんは帰ってきます。熊本から水俣駅へ来て、そこからタクシーに乗って、すぐ家へ行く。「歩いても行けるでしょう」と尋ねたら、「私、石投げられたりするから行けない」と。『苦海浄土』がベストセラーとなり、表彰もされましたよね。そうして有名になればなるほど、「あの女は水俣の恥を天下にさらして銭をもうけた女だ」と後ろ指を指されるようになった。石牟礼さんは私たちを受け入れてくれた窓口だったけれど、それは水俣ではとても限定された窓口だったわけですね。そうした関係性をひっくり返して、しまいに市長とも面会するようになるまでは、十年くらいかかりました。

石牟礼さんのお母さんは吉田ハルノさん。この方は非常によくできた明るい人でした。石牟礼さんが、夫の弘さんと生活していたころに、一緒に暮らすようになったのでしょうね。彼女が熊本へ行ったあとにも、旦那の弘さんとハルノさんが一緒に住んでいたように聞いています。ご亭主と義母が親しいとは、妙なものですね。

そのハルノさんには、とても気持ちが伝わるものだから、私は水俣に調査に行くたびに必ず寄りました。第二期の調査団では、専ら海と魚が対象でしたから、私の出る幕が非常に小さくなりました。そこで、弘さんとハルノさんのお相手をすることも私の大きな仕事になりました。

ハルノさんは、私が行くととても喜んでくださってね。「道子はどうしてますかな」と聞かれるので、「いや、何の消息もないけれど、多分、元気でしょう。私を代わりに送ってくれたほどですから」と答えたものです。そうすると、「いつも先生が来るのが楽しみでね」と、今日はお団子、今日はあんころ餅という具合にもてなしてくれるんです。私を少しでも長く引き留めようとされる。帰ろうとすると、他にもいろいろと持ってきてくださる。「もう饅頭でおなかいっぱいですから」とやんわり断って、後ろ髪を引かれる感じでハルノさんとは別れるんですよ。

調査団の終わりのころには、ハルノさんとの間で友情が生まれましてね。アメリカのプリンストン大学にいたときの写真や、チコちゃん（上野千鶴子氏）と一緒にドイツへ行ったときの写真を持っていってお見せしたものです。帰り際、玄関まで追ってきて送ってくれるんです。石牟礼さんには、「色川先生には悪い。私の母を最期まで面倒みてくださった」と、ずっとあとになって言われました。

旦那さんの弘さんに、「もうそろそろ定年でしょう」と聞いたら、「もう一、二年ですよ」と仰った。「定年になったら道子さんのお母さんと毎日一緒に暮らすんですか」と尋ねると、「ここはもともと俺の家《うち》だから」と。弘さんは魚釣りの好きな人だから、笹船という竹の棒でこぐ船を買って、〝されきよるよ〟と話していました。「されく」というのは、「さまよう」というような意味です。「かわいそうに」と思いました。石牟礼さんは文学賞などをいっぱいもらって、名声が輝いているのに、ご亭主の方は笹船で釣りをしながらさまようんだなあと。

水俣病――水俣も原発も構図は同じ

――調査していた当時の水俣病の印象についてお聞かせください。

色川　水俣で奇病の確認がなされたのは、一九五六年（昭和三十一年）。一九六九年に石牟礼道子さんが『苦海浄土』を書いてから世に知られるようになりました。石牟礼さんがその本を書いたころには、もう相当に患者が出ていました。当初は猫踊り病みたいに言われていました。猫が踊るようにして海へ飛び込んで狂い死にしたり、壁に頭をぶつけたりして死ぬ。水俣で奇病が出ている話は私も聞いてはいたけれど、まさかそれが公害だとは、あの時点では誰にも分からなかったでしょう。

土本さんの映画「不知火海」の中で、医者の原田正純先生が、海の見える岬のところで思春期の少女といろいろ話をするシーンがあります。一人は加賀田清子さんという胎児性の患者さんです。画面から、彼女たちが先生を絶対的に信頼している様子が伝わってきます。原田先生が患者さんたちを救い上げたわけですからね。先生が、「海を見て、きれいだなあって浮かんでこないの？　向こうの青い海は見えるでしょう？」と聞く。清子さんは、海を見ても、花を見ても、何も浮かんでこないと訴える。そして、泣いてしまうんです。これは感動的なシーンです。「自分で何を考えていいのか、分からない」って嗚咽して、ひとしきり泣く有名なシーンがあります。

その清子さんと、もう一人の胎児性患者の子を連れて、僕は海水浴へ行ったことがあります。それはもう、調査を始めて五、六年も経ってからのことです。相当に仲良くなってからですね。「海へ入ったことある」と聞いたら、「ない」と言う。清子さんの家は漁師で、目の前は海なんです。それなのに、その家の子どもが十五、六になるまで海に入ったことがないって言うんですね。じゃあ行きましょうと誘って、私は二人を車に乗せて連れていった。水俣の辺りで泳いで、誰かに見られて恥ずかしい思いをさせたら可哀想だと思い、ずっと北の、芦北の海岸の、誰もいないところを選びました。そして助手席から少女たちを抱き上げたとき、ひょっと見たら、下にもう水着を着ていたんですよ。で、二人の体を支え、そっと海に入れました。もう二人とも本当に感激していました。そういうことを繰り返しているうちに、だんだんと患者さんの世界の深いところへ入っていけたわけです。

例えば原発のセシウムの汚染拡大と同じで、有機水銀というのは消えませんよね。不知火海全域に広がってしまい、たとえ埋め立てて公園にしたとしても、まだまだ困難は続くと思いました。当時は水俣沿岸だけではなく、対岸の天草の島々からも水俣病が出ていました。有機水銀をプランクトンが吸収して、それを食物連鎖で小魚が食べて、最後に人が食していたからです。ちょうど私たちが調査に入ったころになって、ひどく汚染されている水俣湾から魚が出られないように網を張ったりしていました。この仕切り網の中の魚はみんな水揚げして、県の金で焼却していた。ところが、小さい魚は網の目を抜けて外へ出てしまう。外へ出ていくだけではなくて、対岸の方の海岸にも有機水銀が流れていますから、そこでまた食物連鎖を起こして、有機水銀を濃縮していきます。これらが全て収まるまでには、一世紀やそこら、かかるのではないかと思います。セシウムはまだ半減期が短いから楽観できるかもしれないけれど、有機水銀は消えないので、手に負えません。

原因や影響は違いますが、原発事故にしろ水俣病にしろ、関係ない人たちを大勢巻き込んで災害をもたらしている構図は同じですよね。これまで、環境汚染や自動車の排気ガスが大問題にされてきましたでしょう。このごろは、そういうことを言う人は少なくなっているけれど、そこでうるさく言わないできたから、原発のような問題がまたしても出てきたのだと思います。これも一代で終わるものではない。二代、三代にもまたがってゆくでしょう。とにかく、粘り強く食い下がって指摘していくしかないですよね。

――患者さんに対して、地元からも差別をするようなことが見えてきたわけですよね。どういう背景があるのでしょうか。

色川　そうですね、差別のすみ分けといえばよいのかな。水俣の岬の一番突端のところで、通称「トントン」と呼ばれる被差別部落がありました。そこでは、牛などの皮をなめして、乾かして、太鼓をつくっていた。できた太鼓をトントンと試しに鳴らし、音の調子で高く売れるかどうかが分かるのだとか。あるとき、「石牟礼さん、トントンって何ですか?」と聞いてみましたら、教えてくださいました。「私も小さいとき、トントン部落の近くに住んでいましたのでよく分かります」と、懐かしがっていましたよ。
お大尽の家柄と、極貧の農民や漁民の患者さんとでは待遇が歴然と違いましたね。お医者さんからの待遇も、ヘルパーさんのようなケアをする方たちの待遇もまるっきり違う。もはや社会保障の差別といえるもので、それが一番悪いかたちで出ているところに水俣がありました。水俣では、差別構造が重層化していました。患者さんの中にも差別はあって、重症の患者ほど、本当に貧しい、掘っ建て小屋のような家に住んでいました。一方、地元のお大尽は、チッソ全体を見下ろせるような、水俣湾を一望できるような丘の上に住んでいる。そういう幾何学的な構造を示していたのです。お大尽は、「ぬしら」といって、これは「お前ら」という意味ですが、「ぬしら、偉そうなことを言っているけれど、水俣の本当のあるじは俺たちだぞ」と思っているわけです。それこそ江戸時代から続く差別構造です。

聞き書き——世界に共感しながら話を聞く

——『水俣の啓示』の下巻で、色川さんが水俣の歴史からずっと書いていますよね。

色川　古いところから書いて、途中で物語のようになりますでしょう。フォークロアのような。それを読んだ鹿野政直《かのまさなお》さんや安丸良夫《やすまるよしお》さんから、「不知火海民衆史」は色川さんのライフ・ワークになるでしょうと言われましたよ。混沌としていて、民衆にじかに接触して、いままでの歴史学にはない世界が紹介されている。「深水《ふかみ》」について書いてある辺りは圧巻である、と。これは聞き取りを何回も繰り返して書いたものです。鹿野さんたちはその点を理解して、庶民の新しいフォークロアだと評価してくださった。
この中に、したたかなおばあちゃんが出てくるでしょう。たしか、ナソさんという八十歳くらいのおばあちゃんでしたね。岡本達明さんの『聞書水俣民衆史』（草風館、一九八九〜九〇年）でも読んだことがあります。そこに書かれていた内容と、私に話したこととがまったく同じなのには驚きました。さらに驚嘆したのは、話の内容だけではなく、言葉遣いまで、ぴったり一緒なんですよ。ほとんど一語も違っていない。これこそ本物の語り部だと思いました。

要は、会う人によって内容を変えていないんですよ。普通は相手によってその都度、話を変えてしまうでしょう。多少おみやげを持たせようと思って、面白く話してしまうんです。ところが、ナソさんにはそういうことが一切ない。淡々と自分の、当時の生活や暮らしなどを話しているんです。自分のところへ訪ねて来た、落ちぶれてこじきのようになったお大尽が、しまいにはニワトリ小屋のようなところで死んだんだというような悲話を語る。ナソさんはその人に昔、仕えていたわけです。お大尽はかつて、チッソをおびやかすほどの、水俣最大のお金持ちだったのに、没落して、ニワトリ小屋で飢え死にしてしまう。それでも、元はお妾さんのような立場だったおばあさんたちが、最後までお大尽を捨てないで、食べ物を持っていって食べさせる、そんな話でした。

ナソさんのいろいろの話を聞いていて、『遠野物語』の語り部はこういう感じなんだなと私は思いました。良い語り部は、勝手に語りの中身を変えない。聞き書きは、語り部と聞く側の心が合致したときに立派なものになる。語りも聞く方に色気があると、フィクションになってしまう。だから、ナソさんの語りには大変感心しましたね。

ニワトリ小屋ってどこにあったのだろうと調べてみましたら、石牟礼さんの家があったすぐ近くの山でした。でも、石牟礼さんは何も知らないと言う。こうしたお大尽とは、深水や緒方といわれる江戸時代から続くような名家で、チッソと対抗していた大地主でした。水俣へ進出してきたチッソは、明治の末に次から次へと土地を買収していく。深水や緒方は没落して、こじきみたいな境遇におちぶれてしまう。そして昔の小作の家を、食べ物を求めて訪ね歩く。そんな一部始終をナソさんたちが語るわけです。これこそが本当の民衆史なのでしょうが、まもなく消えていってしまうでしょうね。

――聞き書きした方で特に記憶に残っている方がいらっしゃれば。

色川　前田千百《ちを》さんはかなり早くから聞き取りしていましたよ。この方は、一般の人と違って知識人でしたね。非常に頭脳明晰です。こちらがまとめやすいように話してくれました。あとで書き起こしても、きちんとした文章になっていたほどです。江戸時代の話から、チッソの話まで、幅広く語ってくれた。もちろん私も興味津々で、次から次へと質問していきましたよ。でも、これは稀有な例で、おおかたはそうはいきませんでした。

――水俣病裁判原告団団長の渡辺栄蔵さん。

色川　そう、栄蔵さん。この方は異色でした。栄蔵さんは色事師でして、毎晩毎晩、相手を替えたていたと言うんです。私が会おうと思っても、「今日は三角《みすみ》に行ったよ」「今日は熊本じゃないかな」「あ、今日は鹿児島の女に逢いに出掛けて行ったかな」なんて、家の人からはそういう話ばっかりで、めったにお宅にいないんです。十回に一回くらいしかお会いできない。それに懲りて、まずは電話して、「栄蔵さん、いますか」「ああ、帰って来ましたよ」という返事を聞いてから、すぐさま出掛けて行ったものです。

「栄蔵さん、八十過ぎですよね。肌の色、つやつやしていますね。どこからその艶をもらってくるんですか」「いや、俺あ、あちこちのおなごからだよ」と。この方は、「水俣病裁判を始めた俺にノーベル賞をくれないで、何がノーベル賞だ」ってよく息巻いていましたね。ついには、自分の庭に「渡辺栄蔵の像」という堂々たる胸像を建てた。こんな傑作な老人でしたよ。かなり並外れた感性の持ち主。この人こそ、奇人中の奇人だと思いますよ。

――これまで三多摩の資料や自分史のときにも、書いたものを使って研究してきましたよね。だけど、水俣は基本は聞き取りですよね。その調査手法や違いについてお聞かせください。

色川　調査団員に一人一台、テープレコーダーを用意して録音しました。そして、書記として同行していた羽賀しげ子さんに、あとで活字化してもらいました。

そのときは調査というよりも、人々の中に溶け込んで、患者さんたちの世界に共感しながら話を聞くという形を取りました。専攻が異なる調査団員も、結局はそういう形で人々に接触するよりほかに方法はなかったと思います。そうしているうちに、調査する側の態度がどんどんと変わっていったわけです。そうなると、一般的な調査ではなくなって、相手の悩みや希望を聞く相談相手のような関係になっていきました。

「成人になったら、一遍、きれいな晴れ着を着たい、髪に花飾りを付けたい」と胎児性患者の娘さんたちは仰る。こちらは「できる、できる」とみんなを励ます。そういう子たちは、テレビで見ているようなきれいな娘さんに、自分もなりたいと思っていたんでしょうね。患者さんたちの世界になじんでいく過程で、私たちにもようやく本音が聞けるようになっていきました。

『水俣の啓示』に出てくる私の「不知火海民衆史」は、たくさんの人を訪ねた上での成果なのですが、これはほとんど四、五年を経てからの聞き書きがベースです。実際は一回や二回の聞き取り調査では駄目ですから。三回、四回と通っているうちに、「本当に悪いね、ご苦労さまだね、東京からわざわざやって来てくださって、しかも一度や二度じゃない、もう三度目じゃないですか」と言われる。何かおみやげを持たせなければと、患者さんたちも熱い気持ちになるのでしょう。

おみやげを持たせるというのは、二つの意味があるんですよ。NHKや朝日新聞などの大手メディアが取材に来るとしますね。NHKから来たのだからと、いろいろな質問に答えてあげる。それで、帰ってから、みんなで大笑いするんですよ。「せっかく来たから、おみやげ持たせてあげただけだよ」って。ありきたりの社交的なことだけで、本音は何も言っていないんです。それで、よい取材ができたとすっかり喜んで帰るのを見届けて、あとで放送を見ながら、患者さんたちはみんなで笑うって言うんですよ。単におみやげを持たせるというのと、何年も何年も通っているうちに、心が通じ合ったりしたときに頂戴できるおみやげとでは大違いです。

どこの歴史であれ、ある程度は文献だけで分かりますよ。けれど、人の息づかいまで伝えたいと思うと、テクテクと訪ね歩いて行くしかない。電話では駄目。映像を見せてもらっても駄目です。面と面とで向かい合って、相手の息づかいを感じながら理解をしていく。お互いにジーンと心に迫るから通じ合えるんですよね。だから長い時間がかかりますけど、旅して行くのと、電話や手紙でのやりとりは全く質が違ってきます。年を取ったおじいちゃん、おばあちゃんの漁民や農民、木こりと面と向かって話をしているときの、その気持ち、気分、これはもう面白くて堪えられないですよ。これまで文献史学に浸ってきた歴史家は、そういうのに触れると、ほんとうに弱いんですね。

――以前、聞き書きは補助資料だと話されていましたが……。

色川　ああ、もちろん、補助資料ですよ。だから聞き書きしてきて、文献に照らし合わせたり、いろんな人に確認を取る。そういう作業はしなければ使えないでしょう。しかし、実感として、魂として、一番大事なものは聞く相手との魂の交流です。そして、次に文献資料です。

――歴史研究の一つとして、聞き書きという方法が非常に有効であると。

色川　そうです。歴史学では、聞き書きは、せいぜい近世の終わりから近現代ぐらいの幅しかありません。日本の歴史学は、古代や中世が中心でしたから、どうしても文献中心にならざるを得ない。だから、近世の末期から現代までの世界しか照射できない聞き書きは、日本の国史学会では、これまであんまり正統視されてこなかったのです。国史学は徹底的な文献史学ですから。文献で確証できないようなものを、史実と認めないという常識があった。ましてや聞き書きなんて問題にもされなかった。

でも、今は民衆史も、歴史学での有力な分野に入ってきています。自分史や「ふだん記」の場合は、自分の心の中にあったものを自分で書いて表現しますね。ところが、自分で表現しない人、表現できない人もいる。そちらの方が数としては多いでしょう。そういう人たちからは聞き書きを取るしかないですよね。ただ、聞き書きだと、その方法によっては、深いところまで汲み取れないわけです。自分で書く場合には、脚色しないように心がければ、自分が一番つらかったこと、楽しかったこと、深刻だったことを、そのまま書けるのですが、聞き書きの場合には、相手との人間関係によっては語り得ないですよね。話者は話せないし、聞き手は聞き出せない。だから、どうしても限界があります。私は自分史や民衆史を提唱してきましたから、ある程度は、その辺りを考えながら聞き取りしてきたつもりです。

民衆史は、だいぶ前からやってきました。一九六〇年（昭和三十五年）ですから、私が三十五歳のときに、「困民党と自由党」という論文を発表しています。そのとき学会は、これはまさに画期的な論文だと評価してくれました。そして「民衆史」という新しいジャンルを打ち立てたと褒めてくれたのです。それ以来、民衆史は独り歩きをして流行していきました。民衆史というカテゴリーが生まれた後は、私は公然と〇〇民衆史という本をいくつも書きました。しかし、こんなことをしていたら学会で孤立するなと思いました。ところが、鹿野政直さんや安丸良夫さんなど思想史の親しい仲間が、「これは新しい歴史研究法の提示だから」と一斉に応援してくれましてね。私一人ではなく、三人が一致して民衆史を盛り立てたものだからあれだけ流行したんでしょうね。

そうそう、いつだったか、丸山眞男さんと熱海のホテルで同じ部屋になったとき、丸山さんが、「ああ、あなたが色川さんですか。初めまして」と挨拶されました。そのちょっと前に、『明治の文化』（岩波書店、一九七〇年）で、私は丸山史学を批判的に書いていましたから、これはちょっと険悪になると困ると思っていたら、丸山さんの方から「話題を変えましょうか」と言ってくれましたね。

「私は陸軍二等兵だったけど、色川さんはどうでした?」と尋ねられたので、「私は、土浦海軍航空隊の予備。少尉でした」と答えました。丸山さんは、「あなたのほうが偉いんですね」と。そういう与太話で一時間くらい過ごしました。陸軍と海軍では全然違いますからね。海軍は、手では叩かない。「精神注入棒」という棒で叩くんです。陸軍は殴るように叩く。だから、すぐに痣《あざ》になる。食事の仕方も違う、訓練の仕方も全然違う、なんて話をしてたら、夜が明けちゃいましたね。

それから最後に、突然丸山さんが、「これからは民衆史の時代になりますよ」と言われた。「そうでしょうか。でも、妥協しちゃ駄目ですよ、丸山さん」と。当時はまだ、丸山史学が学会を指導してゆくという風潮が主流でしたからね。それでも丸山さんが、「若い人はあなたの言う民衆史に流れるでしょうね」と仰る。丸山眞男さんのような大学者と、私のようなチンピラ学者を同室にするなんて、まったく誰があんな組み合わせをしたのでしょうか。

——学問的に言うと、どんどん民俗学に近づいていったというところはありますか。

色川　そうですね。やはり意識しているわけではないけれど、近づいてはいますね。あるとき、日比谷公園でたまたま宮本常一さんと会ったんですよ。「これからどちらへ？」と仰るから、私は「八重洲口の方へ行きます」と答えましたら、宮本さんは「地下鉄の公園口の方へ」と。そのとき、宮本さんはひとこと、「色川さん、民俗学みたいなことをおやりのようですが、やめられたらどうですかね」と言われた。「はい、私はあなたのように日本全国を歩き回ってきたわけではないし、文献史学で育ってきた人間ですから、やめるようにします」と応じたら、「その方が体にいいですよ」と言われました。宮本さんは全国をテクテク歩いて、聞いて、一緒に笑って、泣いて、長い時間をかけて帰って来るわけですよ。私はたまたま面白い話があったから拾い集めていただけですから、まるで素人《しろうと》です。だから、「はい、やめます」と答えたわけです。

でも、その後、私は柳田國男についての本を書いているんですよね。これは民衆史とは違う、民俗学の分野ですが、結局、聞き書きや民衆の動きを調べるということを続けていると、ほとんど境界がなくなってしまう。民俗学は時間系列を問題にしないで、もっと長い時間をかけて見るものですね。歴史学も民衆の聞き書きをしていると、これは明治時代のもの、これは大正時代のものなんて明確に区切れなくなっていきますから、学問的に重なっていくんですよね。

最後に——直感的英知でしか道は切り開けない

——「不知火海総合学術調査団」を率いて、色川さんは何を学んだことになりますか。

色川　たくさん学びましたよ。人は表からだけ見ていては何も分からないということ。階級とか階層、学歴とか経歴。そんなことをいろいろ考えに入れてみても分からないものは分からない。やっぱり、何というか、それらを凝縮したその人の直感的英知。あるいは、知恵。そういうものでしか道は切り開いていけないと、そういう思いを強くしましたね。

知識がいくらあっても駄目。判断力がいくらあっても、論理がうまくても駄目なんです。〝総合的な直感力〟……これだと、現地の人たちとふれ合って感じました。調査団のメンバーを見ても、自分の専門の中にこもっている人は、もともと調査団に加わるべきではなかったと、今にして思います。聞いて、話して、相手の反応を見ながら、それを自分の中に取り込める人、そういう人こそが調査団に入るのにふさわしい、そう思います。

——昔に戻って、同じリーダーとして指揮するという気持ちはありますか。

色川　ない、ないですね。もう人と付き合うのに、疲れてしまいました。人疲れです。できることなら、今はどこかの温泉にでもつかって、のんびりしていたいですよ。

――今はそうなんですね。では、五十代に戻ったとしたら。

色川　ああ、五十代に戻ったらやりますよ。調査団は石牟礼道子さんに頼まれたわけですけれど、あのころ、魅力のある女《ひと》でしたからね。やっぱり引き受けます。谷川健一さんに叱られても、引き受けるでしょうね。

――組む相手としては、鶴見和子さんと……。

色川　そうですね。あとは、角田豊子さん、羽賀しげ子さん、原田正純さん、桜井徳太郎さん。それに、宗像巌さんとか、菊地昌典さんたち。もともと自分でテーマを決めてしまって、それを押し付けるような人はもうご免ですね。縦軸《たてじく》で、上から下へ下りてくるのは駄目。水平軸で丹念に聞いて、一緒に笑ったり悲しんだりしながら、ずっと這っていくように調査できる人なら本物です。そういう総合調査団なら、また引き受けても良いと思っています。

――ありがとうございました。

（終わり）

※この章では、二〇一二年二月四日と二〇二〇年二月二十四日に、一般社団法人日本ライフストーリー研究所の代表理事で社会学者の桜井厚氏が筆者にインタビューした内容をまとめている。概ね二〇一二年の分を主軸とし、二〇二〇年の内容は補足として構成した。また、事実確認に関して、「認定ＮＰＯ法人　水俣フォーラム」のスタッフの皆さんに一方ならぬお力添えをいただいた。記して謝する次第である。

おわりに

色川大吉

約十年にわたる「不知火海総合学術調査団」の仕事は終わった。

この間にお世話になった人々の数は、ありがたいことに大変多い。筆頭に挙ぐべきは、言うまでもなく、石牟礼道子さんとそのご家族であるが、それを助けた不知火海沿岸の恩義深い人びとの名は、数え切れないほどである。

強いて挙げれば、道子さんの夫の石牟礼弘さん、「不知火海百年の会」の西弘さん夫妻、水俣病患者代表の川本輝夫さん、杉本栄子さんら、玉名高校の教諭角田豊子さん、石牟礼道子さんが頼りにされた渡辺京二さん、『不知火記　海辺の聞き書』の羽賀しげ子さん、全国を行脚して水俣病の苦しみを伝え歩いた砂田明さん夫妻、誰よりも水俣病患者に寄り添い、こよなく水俣を愛した熊本大学の原田正純先生、また当時のチッソ第一組合委員長で、『水俣病の民衆史』という大著を著した岡本達明さんにも敬意を表したい。最後に、この『不知火海民衆史』（上下巻）の初めから終わりまで、内にあって最も協力してくれた上野千鶴子さんは、本書にとって最大の功労者である。深甚の感謝を表したい。

二〇二〇年九月吉日

付記

本書は自費出版で刊行したため、実際にかかった経費は上下巻で1万円を越える高価なものになった。しかし、その価格で市場に出したのでは、まず、売れる見込みはない。そこで著者の判断で、実損を覚悟し、販売価格をコストの半分以下、上下巻で5千円と入手しやすい価格にした。なぜそんな選択をしたかといえば、広い読書界には本書を求める読者がいることを、私は信じるからである。そうした「志」のある読者の要望に応えたいと願う著者の意を汲まれんことを。

色川　大吉

色川《いろかわ》 大吉《だいきち》 略歴

1925年（大正14年）千葉県生まれ。歴史家。東京大学文学部卒業。東京経済大学名誉教授。「民衆史」の開拓、「自分史」の提唱などで注目を集め、水俣病事件調査や市民運動にもかかわる。
主な著書に『明治精神史』『ある昭和史――自分史の試み』（中央公論社）、『困民党と自由党』（揺籃社）、『北村透谷』（東京大学出版）、『廃墟に立つ』『カチューシャの青春』（小学館）、『若者が主役だったころ――わが六〇年代』『昭和へのレクイエム――自分史最終篇』（岩波書店）、『色川大吉著作集』全５巻（筑摩書房）、『東北の再発見』（河出書房新社）、『戦後七〇年史』（講談社）、『あの人ともういちど――色川大吉対談集』『五日市憲法草案とその起草者たち』（日本経済評論社）、『イーハトーヴの森で考える――歴史家から見た宮沢賢治』（河出書房）ほか多数。

不知火海民衆史《しらぬいかいみんしゅうし》（下《げ》）――聞《き》き書《が》き篇《へん》

2020年10月20日　初版発行
2021年２月20日　第３刷

著　者　色　川　大　吉

発　行　揺　籃　社

〒192-0056 東京都八王子市追分町10-4-101 ㈱清水工房内
TEL 042-620-2615　FAX 042-620-2616
https://www.simizukobo.com/

印刷・製本　株式会社清水工房

ISBN978-4-89708-434-3　C0036